Chemie in der Praxis

Siegmund Lang, Wolfram Trowitzsch-Kienast

Biotenside

Chemie in der Praxis

Herausgegeben von

Prof. Dr. Erwin Müller-Erlwein, Technische Fachhochschule Berlin
Prof. Dr. Wolfram Trowitzsch-Kienast, Technische Fachhochschule Berlin
Prof. Dr. Hartmut Widdecke, Fachhochschule Braunschweig/Wolfenbüttel

Die Reihe *Chemie in der Praxis* richtet sich an Studierende in praxisorientierten Studiengängen besonders an Fachhochschulen, aber auch im universitären Bereich. Ihnen sollen Begleittexte angeboten werden für solche Studienrichtungen, in denen die Kenntnis von und der Umgang mit chemischen Produkten, Denk- und Verfahrensweisen einen wichtigen Bestandteil bildet.

Darüber hinaus wendet sich die Reihe aber auch an Ingenieure und andere Fachkräfte, denen in ihrem Berufsfeld immer wieder „chemische" Frage- und Aufgabenstellungen unterschiedlichster Art begegnen. Ihnen bietet die Reihe Gelegenheit, fundamentales Chemie-Wissen sowohl aufzufrischen als auch neue und erweiterte Anwendungsmöglichkeiten kennen zu lernen.

Zielsetzung der Herausgeber bei der Zusammenstellung der einzelnen Titel ist, eine solide und angemessene Vermittlung von Basiswissen mit einem Höchstmaß an Aktualität in der Praxis zu verknüpfen. Hierzu wird bewusst auf eine umfangreiche Darstellung der theoretischen Grundlagen verzichtet, um statt dessen die für die Praxis relevanten Apekte in einer verständlichen Weise dar zu legen.

Siegmund Lang
Wolfram Trowitzsch-Kienast

Biotenside

B. G. Teubner Stuttgart · Leipzig · Wiesbaden

Die Deutsche Bibliothek – CIP-Einheitsaufnahme
Ein Titeldatensatz für diese Publikation ist bei
der Deutschen Bibliothek erhältlich.

Priv.-Doz. Dr. rer. nat. Siegmund Lang
Geboren 1945 in Neißbach (Schlesien). Chemie-Studium von 1967 bis 1971 an der Technischen Universität zu Braunschweig, Diplom 1971, Promotion 1975 zum Dr. rer. nat., Habilitation 1999 im Fach Biotechnologie. Von 1975 bis heute Forschung am Institut für Biochemie und Biotechnologie der TU Braunschweig auf den Gebieten der mikrobiellen Gewinnung von Aminosäuren, Biotensiden und Lipasen sowie der Biokatalyse mit Enzymen bzw. ganzen Zellen. Im selben Zeitraum Lehre (Vorlesungen, Praktika, Seminare) im Fach Biochemie und Biotechnologie für die Studiengänge Biotechnologie, Biologie und Chemie.

Prof. Dr. Wolfram Trowitzsch-Kienast
Geboren 1945 in Stralsund (Pommern). Chemie-Studium von 1967 bis 1971 an der Technischen Universität zu Braunschweig, Diplom 1971, Promotion 1974 zum Dr. rer. nat. Im Jahr 1975 Stipendiat der Japanischen Regierung (STA) bei Prof. Dr. Masanao Matsui und Prof. Dr. Tomoya Ogawa, RIKEN, Wako-shi. Von 1975 bis 1991 Wiss. Mitarbeiter an der GBF in Braunschweig, Abteilung Naturstoffchemie (Myxobakterien-Projekt). Seit 1991 Professor für Organische Chemie an der Technischen Fachhochschule Berlin. Dort in der Lehre tätig in den Fächern Organische Chemie (Grundvorlesung), Naturstoffchemie und Pharmazeutische Chemie (Vorlesungen und Praktika) für Studierende der Studiengänge Biotechnologie und Pharma- und Chemietechnik. Forschung auf dem Gebiet der Isolierung und Synthese von Siderophoren, Synthese von peptidischen Wirkstoffen.

1. Auflage Januar 2002

Der Verlag B. G. Teubner ist ein Unternehmen der Fachverlagsgruppe BertelsmannSpringer.
www.teubner.de

Umschlaggestaltung: Ulrike Weigel, www.CorporateDesignGroup.de
Gedruckt auf säurefreiem und chlorfrei gebleichtem Papier.

ISBN-13: 978-3-519-03615-9   e-ISBN-13: 978-3-322-80126-5
DOI: 10.1007/978-3-322-80126-5

Vorwort

Das Wissen um und die Bedeutung von Biotensiden nimmt stetig zu. Ein Grund dafür besteht vermutlich darin, dass den Biotensiden in allen Anwendungsbereichen ihre natürliche Abbaubarkeit zum Vorteil gereicht. Als Naturstoffe sind sie immer auch Substrate für abbauende enzymatische Reaktionen.

Mit der vorliegenden Monographie in der Reihe „Chemie in der Praxis" bieten die Autoren vor allem einen umfassenden Literaturüberblick über die Vielzahl mikrobiell erzeugter Biotenside an. Wir glauben, dass dieses Vorhaben auch deshalb gelungen ist, da der eine von uns (SL) seit vielen Jahren auf diesem Gebiet wissenschaftlich tätig ist und gewissermaßen täglich mit den Entwicklungen der Methoden (besonders der Fermentierung von Mikroorganismen) und mit den Fortschritten bei der Anwendung von Biotensiden konfrontiert ist, sie selbst mitgestaltet.

Sie, unsere Leserin oder unser Leser, mögen aus den unterschiedlichen Gründen zum Kauf und/oder zur Lektüre dieses Buches angeregt werden. Sie finden hier kein Lehrbuch im üblichen Sinne vor. Es werden für den Anwendungsbereich nur die notwendigsten Grundlagen, z.B. zur Messung von Oberflächenspannungen mitgeteilt. Gänzlich verzichten wir, wie sonst für Lehrbücher üblich, auf die Einbeziehung von Übungsaufgaben und deren Lösungen. Dafür liefert dieses Buch geballte Information auch aus der aktuellen Forschung für z.B. fortgeschrittene Biotechnologie-StudentInnen sowie für die PraktikerInnen in Industrie und Forschung, die sich mit der Herstellung von Biotensiden insbesondere durch Fermentation von Mikroorganismen aber auch durch enzymatische Synthese befassen oder aber befassen wollen. Eine Hilfestellung bei der Einarbeitung in die einzelnen Problemfelder soll Ihnen die Literatursammlung bieten, die mit über 650 Zitaten (darunter vielen Review-Artikeln) recht umfangreich ist.

Im Vordergrund unserer Darstellungen stehen die Produkte, die Biotenside, und hier an hervorragender Stelle die Glycolipide. Diese Sicht bestimmte auch die Gestaltung unseres Hauptkapitels (4.), das nach den entsprechenden Zuckermolekülen der Lipide angeordnet ist.
Wert haben wir darauf gelegt, dass für eine sinnvolle Fermentation von Mikroorganismen, die zur Biotensid-Produktion eingesetzt werden, auch deren Biosynthesewege – soweit sie untersucht wurden - vorgestellt werden.

Dieses Buch wird dem Anspruch der Serie insofern gerecht, als es tatsächlich die praktischen Anforderungen der Fermentation von Biotensid-produzierenden

Mikroorganismen intensiv beschreibt und eine Fülle von Kenntnissen hierzu aus der Literatur weitergibt.

Da seit Kurzem die Bedeutung der Glycolipide für den medizinischen Bereich in den Vordergrund rückt, haben wir einen Abschnitt des Buches den bisher bekannten biologischen Aktivitäten von Biotensiden gewidmet.
Bewusst behandelten wir nicht den Einsatz von Glycolipiden in der Kosmetik. Diese Thematik soll einer weiteren Monographie vorbehalten bleiben.

Für die sorgfältige Durchsicht des Manuskriptes danken wir Herrn Dipl.-Ing. Gerhard Lütge. Unseren Ehepartnerinnen, Felicitas Lang und Annedore Kienast, und unseren Kindern, Sebastian und Martin Lang sowie Manuel und Nora Sophie Kienast, danken wir dafür, dass sie uns – wenn auch so manches Mal nur unter Protest - nachgesehen haben, wenn wir zur Fertigstellung des Manuskriptes hinter unseren Computern verschwanden. Ein besonderer Dank gilt Felicitas Lang, da sie uns bei der Gestaltung und Erstellung des Buches tatkräftig unterstützt hat.

Braunschweig, im Oktober 2001   Siegmund Lang,
                                                Wolfram Trowitzsch-Kienast

INHALTSVERZEICHNIS

1 EINLEITUNG

1.1 Definition von Tensiden

Verbindungen, die einen hydrophilen (polaren) und einen hydrophoben (unpolaren) Teil enthalten, werden allgemein als Tenside bezeichnet. Infolge dieses amphiphilen Charakters sind sie in verschiedenartigen Lösungsmitteln, insbesondere in Wasser, grenzflächenaktiv. Das heißt, sie reichern sich in den Grenzflächen der wässrigen Phase an, und zwar unabhängig davon, ob eine gasförmige, flüssige oder feste Phase angrenzt. Bei dieser Adsorption bilden die Tensidmoleküle monomolekulare Filme an der Grenzfläche aus, die die Eigenschaften der Systeme nachhaltig beeinflussen können. Die Grenzflächenadsorption führt aus thermodynamischen Gründen zu folgenden Effekten:

- Reduktion der Grenzflächenspannung zwischen Wasser und der angrenzenden Phase
- Veränderung der Benetzungseigenschaften zwischen Wasser und Feststoffen
- Ausbildung elektrischer Doppelschichten an den Grenzflächen.

Außerdem bilden die Tensidmoleküle in der Lösung beim Überschreiten einer charakteristischen Konzentration durch reversible Aggregation größere Molekülverbände (Kugeln, Stäbchen, Scheibchen, Lamellen, Vesikel), die Mizellen genannt werden; zwischen Monomeren und Mizellen besteht ein thermodynamisches Gleichgewicht. Bei Mizellen in Wasser als Lösungsmittel sind die hydrophoben Gruppen im Inneren möglichst ohne direkten Kontakt mit der umgebenden Wasserphase, bei jenen in Kohlenwasserstoffen zeigen die hydrophilen Gruppen nach innen (inverse Mizellen).
Die Aggregation der Tensidmoleküle zu Mizellen setzt beim Überschreiten einer bestimmten, für das jeweilige Tensid charakteristischen Konzentration ein. Die Aggregation ist reversibel, d.h. beim Verdünnen der Lösung unter diese charakteristische Konzentration, auch kritische Mizellbildungskonzentration (cmc) genannt, zerfallen die Mizellen wieder in monomere Tensidmoleküle. Der Zahlenwert der cmc hängt für jedes Tensid von seiner Konstitution sowie von verschiedenen äußeren Parametern wie Ionenstärke, Temperatur oder Konzentration von Additiven ab. Im Allgemeinen liegt der cmc-Wert um so höher, je weniger hydrophob bzw. je mehr hydrophil die entsprechenden Gruppen des Moleküls sind. Die experimentelle Bestimmung von cmc, Ober- und Grenz-

flächenspannung erfolgt üblicherweise mit einem Tensiometer. Das Schema der ringtensiometrischen Messung ist in Abb. 1 wiedergegeben.

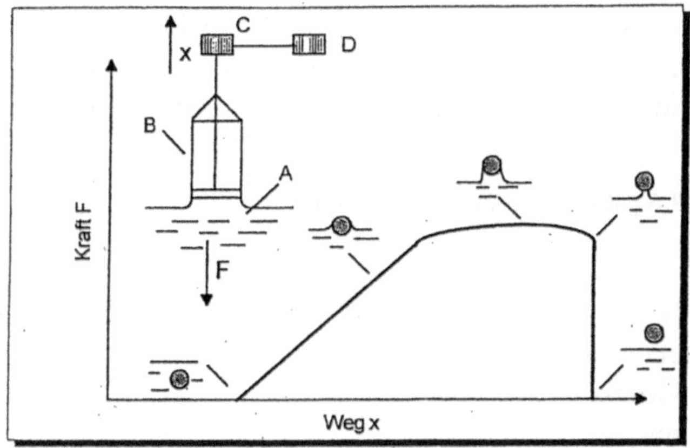

Abb. 1   Kraft-Weg-Diagramm einer ringtensiometrischen Messung.
              Prinzip: Beim Herausziehen des Ringes B bildet sich an diesem eine Flüs-
              sigkeitslamelle A, die auf den Ring eine Kraft F ausübt. Diese Kraft wird
              über den induktiven Kraftaufnehmer C und den Verstärker D in eine
              proportionale Gleichspannung umgewandelt und auf einem Schreiber
              registriert.

Tenside mit hydrophoberem Charakter, d.h. einem HLB-Wert von < 6, sind zumeist nicht in der Lage, die Oberflächenspannung von Wasser (72 mN m^{-1}) stark zu erniedrigen. Dafür zeigen ihre auf eine Wasseroberfläche aufgebrachten Monoschichten sehr gute Filmdruckeigenschaften bei der Messung an der Langmuir-Filmwaage (Schema in Abb. 2).

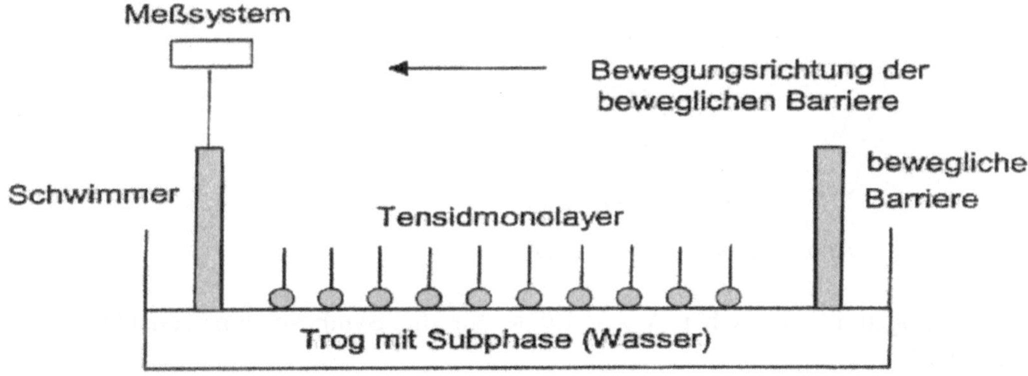

Abb. 2 Schema einer Langmuir-Filmwaage.

Die Substanz wird in definierter Konzentration (1 mg ml^{-1}) in leicht flüchtigem Lösungsmittel gelöst und durch Auftropfen von 30 - 150 µl auf der Wasseroberfläche gespreitet. Bei einer Fahrzeit von 15 min wird dieser monomolekulare Film durch eine bewegliche Barriere bei konstanter Temperatur - meist 25°C - komprimiert. Der Filmdruck wird direkt aus der Ablenkung des Schwimmers bestimmt, der die reine Wasseroberfläche von der Filmfläche trennt.

1.2   Chemisch synthetisierte Tenside

Die bisher bekannten chemisch hergestellten Tenside werden nach Hoffmann & Ulbricht [1993] folgendermaßen klassifiziert:
a) nach hydrophilen Gruppen
- Anionische Tenside
- Kationische Tenside
- Zwitterionische Tenside
- Nichtionische Tenside, u.a. Zuckertenside
- Tenside mit mehreren hydrophilen Gruppen

b) nach hydrophoben Gruppen
- Kohlenwasserstofftenside
- Perfluortenside
- Silicontenside
- Block-Copolymere

Die anionischen Tenside stellen mit den Carboxylaten, Sulfonaten und Sulfaten die wichtigste Klasse der Tenside dar [Kosswig 1993]. Ein Strukturbeispiel zeigt Abb. 3.

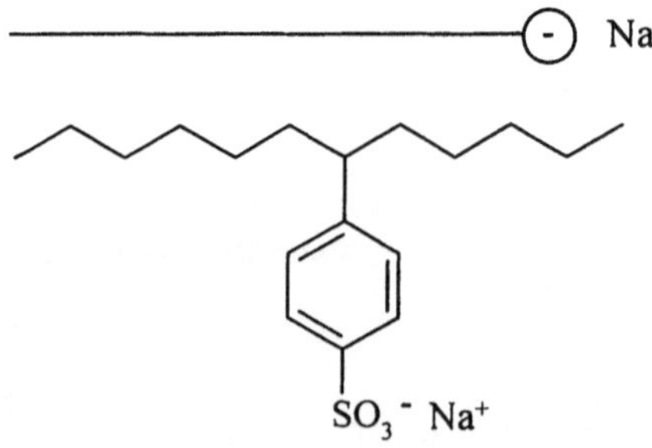

Abb. 3: Alkylbenzolsulfonat

Die wichtigsten organischen Vorprodukte für die Synthese von Tensiden sind [Fell 1993]:
- unverzweigte C_{10}-C_{18}-Paraffine
- unverzweigte C_{10}-C_{18}-α-Olefine

- unverzweigte C_{10}-C_{14}-ψ-Olefine (Olefine mit innenstehender
- Doppelbindung)
- Benzol, Phenol
- unverzweigte primäre Alkohole (Fettalkohole), wenig verzweigte primäre Alkohole (z.B. Oxo-alkohole)
- Ethylenoxid, Propylenoxid
- Fettsäuren, Fettamine
- Alkanolamine

Die in Abb. 4 aufgeführten Vorprodukte entstammen überwiegend der erdölverarbeitenden und petrochemischen Industrie, Benzol (Kokereigas-Bestandteil) der Kohlechemie.

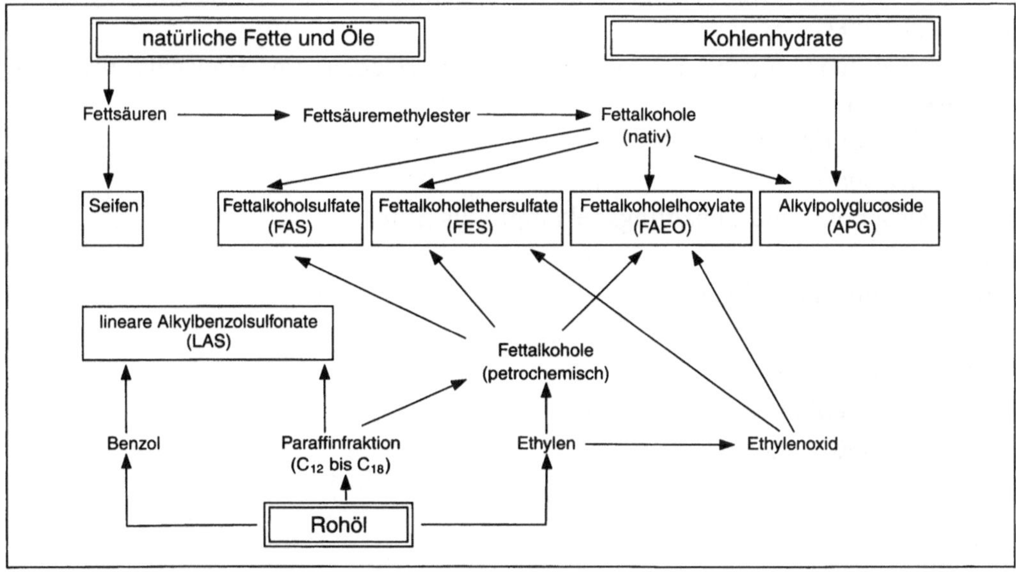

Abb. 4 Fließschema zur Herstellung wichtiger anionischer und nichtionischer Tenside durch chemische Synthese.

Die unverzweigten primären Alkohole, die Fettalkohole, werden zur Hälfte, die Fettsäuren und die Fettamine dagegen ausschließlich aus biologischem Material hergestellt. Nach Fabry [1994] werden aus ökologischen Gründen die Anteile nativer Edukte an den Ausgangsmaterialien für die Tensidherstellung in Zukunft steigen, womit sich auch die Marktchancen für Fettalkoholsulfate und Alkylpolyglycoside verbessern werden. Es existieren [Hauthal, 1996] umfangreiche Untersuchungen zum Nachweis der ökologischen Unbedenklichkeit letzterer sowie auch der von petrochemischen Tensiden, die beim 4. Welt-Tensid-Kongreß in Barcelona (1996) vorgestellt wurden.

Alkylpolyglycoside werden aus Stärkehydrolysaten und Fettalkoholen über wenige Reaktionsschritte gewonnen [Biermann et al. 1994; Hill 1997; Eskuchen & Nitsche 1997]. Angaben über ihre physiko-chemischen Eigenschaften, u.a. Phasenverhalten, rheologische, grenzflächenaktive sowie Emulgiereigenschaften, sind bei Nickel et al. [1996; 1997]   und bei von Rybinski & Hill [1998] nachzulesen.

1.3   Einsatzgebiete chemisch synthetisierter Tenside

Chemisch synthetisierte Tenside werden in den folgenden Bereichen eingesetzt [Geke et al. 1993]:

- Reinigung von Textilien und harten Oberflächen im Haushalt und im industriellen Bereich
- Lebensmittelindustrie
- Landwirtschaft
- Pflanzenschutz- und Schädlingsbekämpfungsmittel
- Kosmetik
- Pharmazeutische Industrie
- Textilindustrie
- Kunststoffindustrie
- Lacke, Pigmente und Druckfarben
- Zellstoff- und Papierindustrie
- Klebstoffe
- Lederindustrie
- Fotoindustrie
- Förderung und Transport von Erdöl
- Galvanotechnik
- Metallverarbeitende Industrie.

1.4   Biotenside der höheren Zelle

Viele Lebensprozesse sind ohne Beteiligung von Amphiphilen nicht denkbar. Sie stellen die Grundbausteine in biologischen Membranen in Zellwänden dar, sie gewährleisten den Stofftransport, den Stoffaustausch und den Stoffwechsel lebender Organismen. In Abb. 5 sind beispielhaft drei Vertreter wiedergegeben: die Glycocholsäure, das Sphingosin sowie Phosphatidylcholin (Lecithin).

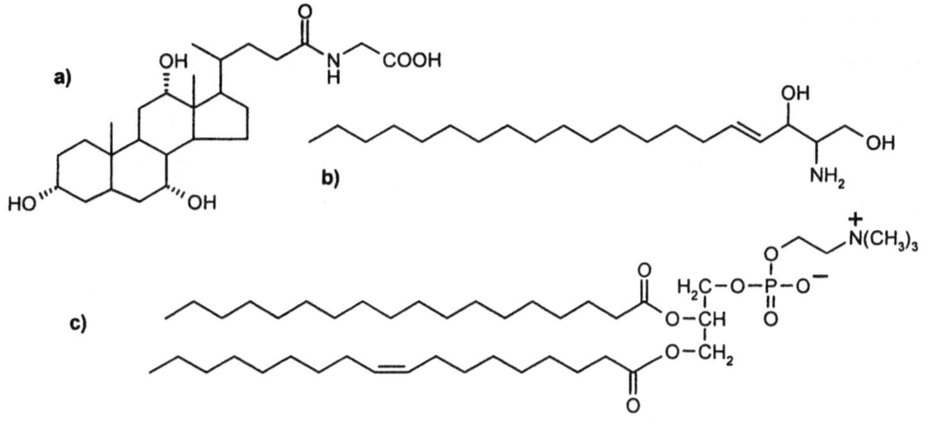

Abb. 5   Einige in der Natur vorkommende Tenside: a) Glycocholsäure,
               b) Sphingosin, c) Phosphatidylcholin.

Die Glycocholsäure ist Bestandteil der Gallensäure, sie trägt zusammen mit Lecithin zur Löslichkeit von Cholesterin und Bilirubin bei. Gallensäuren bilden die wichtigste Komponenten des Gallensaftes (12% Trockenmasse enthalten 50% Gallensäuren, 20% Lecithin und 3 bis 6% Cholesterin). Lecithin ist beispielsweise im Sojaöl zu 2,5%, in Eigelb zu 8 bis 12% und in Butter zu 0,5 bis 1,2% enthalten. Das Sphingosin ist Bestandteil von Ceramiden, Sphingomyelin (Myelinscheide der Nerven), Cerebrosiden und Gangliosiden (Gehirn).
Glycolipide sind auf der Oberfläche jeder Säugerzelle anzutreffen. Gemäß ihres hydrophoben Teils werden sie in zwei Klassen eingeteilt, in die Glycosphingolipide und Glycoglycerolipide. Glycosphingolipide sind aus Sphingosin, Fettsäure und Kohlenhydratresten aufgebaut, Glycoglycerolipide aus Glycerin, Fettsäuren oder Fett-ethern und Kohlenhydraten [Lockhoff 1991]. In Säugerzellen dienen sie aufgrund ihrer exponierten Stellung in der Zellmembran als Bindungsstellen von Lectinen, Antikörpern, Toxinen, Bakterien oder Viren und übernehmen damit wichtige Funktionen bei der Kommunikation der Zelle mit ihrer äußeren Umge-bung.

1.5   Schwerpunkte des vorliegenden Buches

Ziel dieses Buches ist es, einen Überblick über die Stoffklasse der Biotenside, insbesondere der Glycolipide, zu geben. Schwerpunkte werden gelegt auf
• die Gewinnung von Glycolipiden mit Hilfe von Mikroorganismen

- die Synthese von Glycolipiden mit Hilfe von Enzymen.
- die Eigenschaften und das Anwendungspotential der Glycolipide.

Vorgestellt werden sollen ihre Biosynthese (bei der mikrobiellen *de novo* Bildung), die verschiedenen biotechnologischen Verfahren zu ihrer Herstellung sowie grundlegende physiko-chemische Eigenschaften mit ihrem Anwendungspotential.

2 MIKROBIELLE BIOTENSIDE

2.1 Biotechnologische Aspekte

Werden Biotenside durch Bakterien, Hefen oder Pilze gebildet, so sind sie vor allem aufgrund der im Vergleich zu anderen Organismen (Tier, Pflanze) viel kürzeren Generationszeit von starkem Interesse. Insbesondere die strukturelle Diversität, die in der Regel umweltfreundliche Natur, die Möglichkeit zur Herstellung im Bioreaktor und ihre potentiellen Anwendungsfelder wie Umweltschutz, Rohölförderung, Kosmetik, Pflanzenschutz und Pharma machen sie besonders attraktiv.
Ihre diversen molekularen Strukturen können beinhalten

1. einen hydrophilen Anteil, der aus Mono-, Oligo- oder Polysacchariden, Aminosäuren bzw. Peptiden oder aus Carboxylat- oder Phosphatgruppen aufgebaut sein kann und
2. einen hydrophoben Anteil, der sich aus gesättigten, ungesättigten (Hydroxy-) Fettsäuren oder Fettalkoholen zusammensetzt.

Die Hauptklassen der Biotenside sind:

- Glycolipide
- Lipoaminosäuren und Lipopeptide
- Polymere: Lipoproteine, Lipopolysaccharide u.a.
- Phospholipide, Mono- und Diglyceride, Fettsäuren.

Die Tab. 1 bietet eine Auswahl bisher beschriebener Produkte und deren mikrobielle Produzenten an, ausgenommen sind Glycolipide, die im Anschluss im Detail vorgestellt werden.

Als Substrate für die Biotensidbildung werden häufig n-Alkane (C16), seltener Kohlenhydrate verwendet. Die Biotenside kommen extrazellulär oder zellgebunden vor, sie lassen sich durch Extraktion bzw. Enzymbehandlung isolieren. Viele Produkte sind in ihrer Struktur aufgeklärt, andere noch nicht. Ihre besonderen physiko-chemischen Eigenschaften, wie das Vermögen die Oberflächenspannung von Wasser zu erniedrigen oder o/w-Emulsionen zu stabiliseren, werden in fast allen Beispielen durch Experimente belegt.

Tab. 1   Übersicht über Biotenside (ohne Glycolipide) und ihre mikrobiellen Produzenten.

Biotensid	Organismus	Referenz
Lipoaminosäuren		
Ornithinlipide	*Thiobacillus thiooxidans*	Knoche & Shively 1972
	Rhodomicrobium vannielli	Holst et al. 1983; Holst 1985
	Serratia marcescens	Nakagawa et al. 1997
Cerilipin	*Gluconobacter cerinus*	Tahara et al. 1976a
Lysinlipid	*Agrobacterium tumefaciens*	Tahara et al. 1976b
Lipopeptide		
Surfactin	*Bacillus subtilis*	Arima et al. 1968
		Kakinuma et al. 1969
Surfactin-ähnlich	*Bacillus licheniformis* 86	Horowitz & Griffin 1991
	Bacillus licheniformis	Jenny et al. 1991; 1993
	Bacillus licheniformis JF-2	Lin et al. 1994a;
Iturin	*Bacillus subtilis*	Peypoux et al. 1978;
		Ohno et al. 1996
Viscosin	*Pseudomonas (P.) fluorescens*	Neu et al. 1990
Trapoxin	*Helicoma ambiens*	Itazaki et al. 1990
A 54145-LP	*Streptomyces fradiae*	Counter et al. 1990
A-16686-GLDP	*Actinoplanes* sp.	Gastaldo et al. 1992
Serrawettin	*Serratia marcescens*	Matsuyama et al. 1986
		Nakagawa & Matsuyama 1993
Lichenysin G	*Bacillus licheniformis* IM 1307	Grangemard et al. 1999
Viscosinamide	*P. fluorescens* DR 54	Nielsen et al. 1999
Lipoproteine		
Factor "HEF-C16"	*Pseudomonas cepacia*	Goswami et al. 1994
Proteine / Kohlenhydrate		
Liposan	*Candida lipolytica*	Cirigliano & Carman 1984;1985
Emulsifier	*Pseudomonas fluorescens*	Desai et al. 1988
AP-6-Biosurfactant	*Pseudomonas fluorescens*	Persson et al. 1988
Mannoprotein	*Saccharomyces cerevisiae*	Cameron et al. 1988
Alasan	*Acinetobacter radiorestens*	Navon-Venezia et al. 1995
Biosur-Pm	*Pseudomonas maltophila*	Phale et al. 1995
Proteine / Kohlenhydrate / Lipide		
Crude Biosurfactant	*Corynebacterium xerosis*	Margaritis et al. 1979
Factor PG-1ESF C16	*Pseudomonas* sp.	Cameotra & Singh 1990
Bioemulsifier	*Acinetobacter calcoaceticus*	Marin et al. 1996
Emulsifier	*Yarrowia lipolytica*	Zinjarde et al. 1997

Fortsetzung Tab. 1

Biotensid	Organismus	Referenz
Polysaccaride		
Biodispersan	*Acinetobacter calcoaceticus*	Rosenberg et al. 1988a,b; 1993
Lipopolysaccharide		
Mannanlipid	*Candida tropicalis*	Käppeli& Fiechter 1976;1977 Fiechter 1977 Käppeli et al. 1978; 1984
Emulsan	*Acinetobacter calcoaceticus*	Rosenberg et al. 1979 Zuckerberg et al. 1979 Gutnick & Shabtai 1987
PM-Factor	*Pseudomonas marginalis*	Burd & Ward 1996a; 1997
Lipid + Kohlenhydrate	*Arthrobacter protophormiae*	Pruthi & Cameotra 1997b
Andere Biotenside (z.T. undefiniert)		
Corynomycolsäuren, Phospolipide, Glycolipide, Lipopeptide	*Corynebacterium lepus*	Cooper et al. 1979
Extrazelluläre Tenside	*Corynebacterium fasciens* *C. hydrocarboclastus,* *C. xerosis*	Gerson & Zajic 1979a
	Arthrobacter paraffineus	Duvnjak et al. 1982 Singh & Desai 1988
	Rhodotorula glutinis	Johnson et al. 1992
	Bacillus sp.	Banat 1993
	Streptococcus thermophilus	Busscher et al. 1994; 1996
	Bacteroides sp.	Denger & Schink 1995
	Cladosporium resinae	Muriel et al. 1996
Zellassoziierte Tenside	*Corynebacterium fasciens*	Cooper et al. 1982
	Corynebacterium lepus	Duvnjak & Kosaric 1985
Mycolsäuren, Glycolipide, Mono-, Diglyceride	*Rhodococcus* sp.	Abu-Ruwaida et al. 1991
Phosphatidylcholin	*Gluconobacter cerinus*	Tahara et al. 1975
Mono- u. Diglyceride	*Clostridium pasteurianum*	Cooper et al. 1980
Dihydroxyoctadecensäure	*Pseudomonas* sp.	Mercadé et al. 1988; Parra et al. 1990

Das Lipopeptid Surfactin und das Lipopolysaccharid Emulsan sind wegen ihrer besonderen Eigenschaften über die Tensidwirkung hinaus Gegenstand aktueller Forschungsarbeiten. Auf beide wird hier etwas näher eingegangen.

2.2   Surfactin und Emulsan

Surfactin (Abb. 6), ein cyclisches Lipopeptid, bestehend aus 7 Aminosäuren und verschiedenen ß-Hydroxysäuren (C13-C15; Hauptkomponente: 3-Hydroxy-13-methyl-myristinsäure, s.u.), erniedrigt bei einem cmc-Wert von 25 mg l^{-1} die Oberflächenspannung von Wasser von 72 mN m^{-1} auf 27 mN m^{-1} und die Grenzflächenspannung im System Wasser/n-Hexadecan von 43 auf <1 mN m^{-1} [Cooper et al. 1981a]. Es zeigt moderate antibakterielle Eigenschaften, inhibiert die Bildung von Blutgerinseln [Bernheimer & Avigad 1970], induziert die Bildung von Ionenkanälen in Lipid-Doppelschichten [Sheppard et al. 1991] und zeigt eine spezifische Inhibierung von Mycoplasmen in Gegenwart humaner und tierischer Zellinien [Vollenbroich et al 1997].

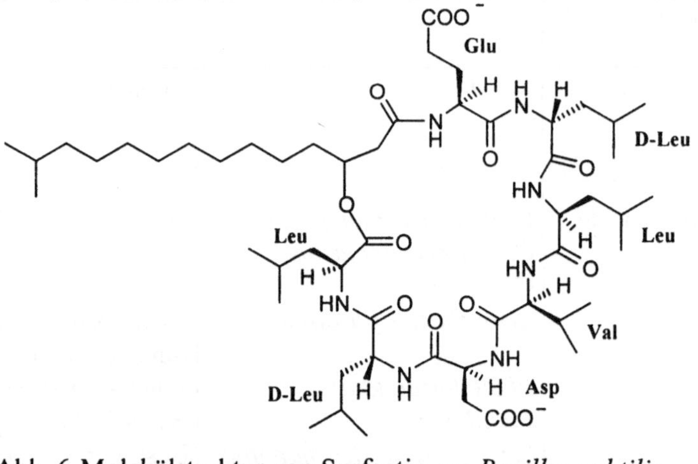

Abb. 6 Molekülstruktur von Surfactin aus *Bacillus subtilis*.

Ähnlich wie viele andere cyclische Peptide wird auch Surfactin nicht-ribosomal an einem Multienzymkomplex gebildet. Die Surfactin-Synthetase besteht aus vier Untereinheiten, die die Aminosäuren aktivieren. Die Untereinheiten wurden isoliert und charakterisiert [Besson 1994]. Eine Übersicht über neueste Trends zu den biochemischen und genetischen Grundlagen der Surfactinbildung geben Peypoux et al. [1999]. Arbeiten zur verstärkten Produktion des Lipopeptids wurden mit Wildtypstämmen von *Bacillus subtilis* [Cooper et al. 1981; Sheppard & Mulligan 1987; Schmidt et al. 1988; Peypoux & Michel 1992; Ohno et al. 1995; Kim et al. 1997a; Makkar & Cameotra 1997; 1998; Davis et al. 1999], mit einer durch UV-Bestrahlung erzeugten Mutante von *B. subtilis* [Mulligan et al. 1989a] sowie mit rekombinanten *B. subtilis* Stämmen [Ohno et al. 1992; Nakayama et al. 1997] durchgeführt. Bei Submerskulturen werden durchschnittlich 0,3 - 1,5 g l^{-1}, einmal 7 g l^{-1}, in Feststoff-Fermentationen bis zu 4,4 g kg^{-1} an Ausbeute erhalten.

Emulsan, ein Lipopolysaccharid von *Acinetobacter calcoaceticus* (früher *Arthrobacter*) RAG-1, hat folgende Zusammensetzung [Rosenberg 1993]:

1. N-Acetyl-hexosamine   70%
   a) D-Galactosamin
   b) L-Galactosamin-uronsäure
   c) Dideoxy-diaminohexose

2. Fettsäuren   15%
   a) 3-Hydroxydodecansäure
   b) 2-Hydroxydodecansäure

3. Wasser und Asche (nach Analyse)   15%

Das Molekulargewicht beträgt ungefähr 1.000 kd. Emulsan stabilisiert ausgezeichnet o/w-Emulsionen und ist z.B. für die Rohölentfernung geeignet. Emulsan reguliert vermutlich die Desorption des mikrobiellen Produzenten von hydrophoben Oberflächen, d.h. von Ölen. Dies wird abgeleitet aus Beobachtungen während des Wachstums (Emulsan-Akkumulation als Minikapseln auf der Zelloberfläche) und beim Aushungern (Ablösung der Minikapseln der produzierenden Mikroorganismen). Beim Aushungern befreit das Biotensid praktisch die Zelle, damit diese frisches lipophiles Substrat findet [Rosenberg 1993]. Shabtai & Wang [1990] und Brown & Cooper [1991] konnten Emulsan in Konzentrationen bis zu 20-30 g l^{-1} gewinnen. Durch gezielte Variation der Kohlenstoffquelle lässt sich die Modifikation des Lipidanteils und des Kohlenhydratrückgrats erzielen [Kim et al. 1997b;c].

Eine Reihe von Übersichtsartikeln befasst sich mit der mikrobiellen Biotensidbildung. Mit unterschiedlichen Schwerpunkten und unter Berücksichtigung der neuen Erkenntnisse hinsichtlich der Molekülstrukturen, Biosynthesewege, Produktionsdaten, physiko-chemischen bzw. biologischen Eigenschaften und Anwendungspotentiale fassten die in Tab. 2 genannten Autoren während der letzten 20 Jahre dabei die jeweiligen Original-Publikationen zusammen. In Reviews wurden dabei Biotenside, insbesondere Glycolipide, bezüglich der Molekülstrukturen und physiko-chemischen Eigenschaften [Lang & Wagner 1987], des Vorkommens bei marinen alkanverwertenden Mikroorganismen [Lang & Wagner 1993c], der mikrobiellen Produktion auf nachwachsenden Rohstoffen [Lang & Wagner 1993a; 1995] und bezüglich der enzymatischen Synthese [Wagner & Lang 1996] detailliert behandelt.
Besonders hervorzuheben ist das Engagement von N. Kosaric, der als Editor viele internationale Kollegen und Kolleginnen zur Mitgestaltung zweier umfassender Monographien über Biotenside gewonnen hat (1. Biosurfactants and

Biotechnology, Surfactant Science Series Vol. 25, 1987; 2. Biosurfactants: production - properties - applications, Surfactant Science Series Vol. 48, 1993).

Tab. 2 Reviews über mikrobielle Biotenside.

Gerson & Zajic	[1979b]	Fiechter	[1992a]
Cooper & Zajic	[1980]	Hommel & Ratledge	[1993]
Kosaric et al.	[1983]	Desai & Desai	[1993]
Zajic & Seffens	[1984]	Lang & Wagner	[1993a]
Zajic & Mahomedy	[1984]	Lang & Wagner	[1993c]
Haferburg et al.	[1986]	Ishigami	[1993]
Lang & Wagner	[1987]	Lang & Wagner	[1995]
Syldatk & Wagner	[1987]	Wagner & Lang	[1996]
Desai	[1987]	Lin	[1996]
Wagner & Lang	[1988]	Kosaric	[1996]
Hommel	[1990]	Desai & Banat	[1997]
Georgiou et al.	[1992]	Rosenberg & Ron	[1999]
Kosaric	[1992]	Lang & Fischer	[1999]
		Banat et al.	[2000]

3 GRUNDLAGEN DER MIKROBIELLEN GLYCOLIPIDBILDUNG

Unter Glycolipiden werden niedermolekulare Substanzen verstanden, die sowohl Kohlenhydrateinheiten als auch Lipidkomponenten enthalten und deren Molekulargewichte 1.500 d nicht überschreiten. Die Abb. **7** zeigt als Beispiel ein neuartiges Glycolipid der Hefe *Candida bombicola*, welches das Disaccharid Sophorose und *S*-(+)-2-Dodecanol enthält [Brakemeier et al. 1998b].

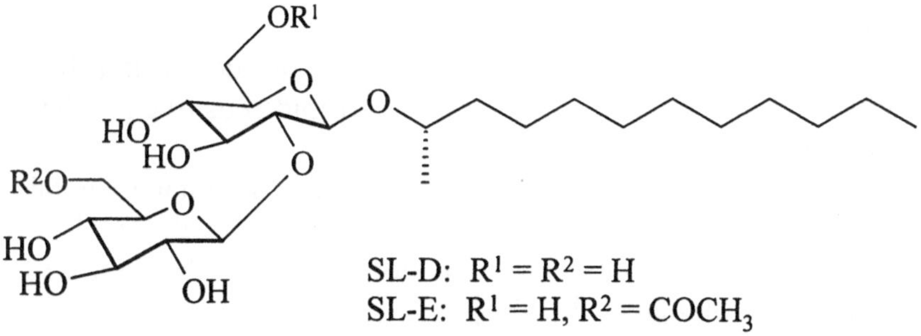

SL-D: $R^1 = R^2 = H$

SL-E: $R^1 = H, R^2 = COCH_3$

SL-F: $R^1 = R^2 = COCH_3$

Abb. 7　　Neuartiges Dodecyl-Sophorosid der Hefe *Candida bombicola* [Brakemeier et al. 1998b].

In den folgenden Unterkapiteln werden 1. die generellen Techniken hinsichtlich Screening, mikrobieller Kulturführung, Isolierung, Strukturaufklärung und quantitativer Bestimmung sowie 2. die Grundlagen zur Biosynthese, Regulation und physiologischen Rolle von Glycolipiden vorgestellt.

3.1　Screening

Seit ca. 50 Jahren ist bekannt, daß viele Mikroorganismen Glycolipide in unterschiedlichen Mengen sowohl auf hydrophilen (Glucose, Glycerin) als auch auf hydrophoben Kohlenstoffquellen (n-Alkane, Triglyceride) bilden können. Insbesondere Kohlenwasserstoffe sind häufig gute Substrate für die Biotensidbildung. KW-Wasser-Grenzflächen sind jedoch nicht die einzigen in der Natur vorkommenden hydrophoben Grenzflächen. Andere wichtige hydrophobe Grenzflächen beinhalten z.B. die der Luft nahen Teile von Pflanzen mit ihrer hydrophoben Cuticula (Oberhaut) und Wachsschicht, das Chitinskelett von Arthropoden, sowie Kohle-, Teer- oder Schwefelgrenzflächen. So ist der mikrobielle Abbau von Blättern und Chitin essentiell für das Recycling organischen Materials in der Natur [Neu, 1996].

Für die Suche nach neuen durch Mikroorganismen gebildete oberflächenaktive Substanzen sind bisher folgende Methoden entwickelt worden:

- Messung der Oberflächenspannung des Kulturüberstandes [Zajic et al. 1977; Cooper et al. 1979; Gerson & Zajic 1979a, Willumsen & Karlson 1997]
- Messung der Emulgierfähigkeit des Kulturüberstandes [Rosenberg et al. 1979; Schulz et al. 1991a; Shepherd et al. 1995]
- Hämolyse von roten Blutzellen durch Kulturüberstände [Mulligan et al.1984; Carillo et al. 1996]
- Dünnschichtchromatographie organischer Rohextrakte, kombiniert mit Zucker/Lipid-sensitiven Detektionsmitteln [Syldatk et al. 1985b, Göbbert et al. 1984]
- Dünnschichtchromatographie der Biomasse oder des Kulturüberstandes (ohne Extraktion), kombiniert mit Zucker/Lipid-sensitiven Detektionsmitteln [Matsuyama et al. 1987]
- Tropfenprofil-Untersuchung einer Suspension / simultane Kontaktwinkel- und Oberflächenspannungsbestimmung [van der Vegt et al. 1991]
- Farbreaktion mit kationischem Indikator für anionische Tenside [Siegmund & Wagner 1991; Shulga et al. 1993]
- Solubilisierung von Polyaromaten auf Agar [Burd & Ward 1996b]
- Bestimmung der Zellhydrophobizität [Pruthi & Cameotra 1997c].

3.2   Tensid-Test

Nach Isolierung der Substanzen werden deren Tensideigenschaften im Allgemeinen bestimmt durch:

- Messung der Veränderung der Ober- und Grenzflächenspannung (Wasser/Öl)
- die Filmdruckmessung mit der Langmuir-Filmwaage
- die Stabilisierungsfähigkeit von Emulsionen
- die experimentelle Bestimmung des HLB-Wertes.

Wenn mit isolierten Glycolipiden am Tensiometer die Oberflächenspannung von Wasser von 72 auf Werte von 25 bis 35 mN m^{-1} erniedrigt und die Grenzflächenspannung von n-Hexadecan/Wasser von 43 auf Werte unter 1 mN m^{-1} gesenkt werden kann, handelt es sich generell um sehr gute Tensideigenschaften [Lang et al. 1984]. Dominiert in einem Glycolipidmolekül die lipophile Komponente, so ist bei der Filmdruckmessung an der Langmuir-Filmwaage, bevor die monomolekulare Schicht kollabiert, ein π-Wert von >40 mN m^{-1} zu erwarten.

Eine Emulsion wird gebildet, wenn eine flüssige Phase in Tröpfchenform in einer anderen flüssigen Phase dispergiert wird. Glycolipide können Emulsionen stabilisieren. Die Emulgiereffektivität wird mit Hilfe der optischen Dichte von Öl-in-Wasser- bzw. Wasser-in-Öl-Emulsionen bestimmt. Der HLB-Wert eines Glycolipids wird experimentell durch einen Emulgiervergleich mit bekannten Substanzen (HLB=1 für Ölsäure, HLB=20 für Natriumoleat; Mischungen beider Komponenten) bestimmt. Kennt man die Struktur des Glycolipids und ist sie nicht-ionisch, so lässt sich der HLB-Wert auch berechnen [Griffin 1979].

3.3 Allgemeines zur mikrobiellen Kultivierung

Die bereits im Kapitel „Screening" erwähnten Kohlenstoffquellen werden entweder allein oder im Gemisch zur mikrobiellen Glycolipidbildung eingesetzt. Weitere Komponenten decken den gewöhnlichen Stickstoff-, Metall-Ionen- und Vitaminbedarf der Mikroorganismen ab. Bei marinen Mikroorganismen muss meist mit höherem Salzbedarf gerechnet werden und die Sauerstoffversorgung darf nur in wenigen (später genannten) Fällen stark reduziert werden, um die gewünschten Produkte gewinnen zu können. Temperaturen und pH-Werte bewegen sich in den üblichen Grenzen (pH 5-8, 20-30°C). Eine Ausnahme bildet der pH-Bereich von 2.5-4.0, der für eine erfolgreiche Sophoroselipid-Bildung bei *Candida bombicola* unerlässlich ist. Überwiegend werden Batch- und Fed-Batch-Kultivierungen beschrieben, jedoch sind auch kontinuierliche Fermentationen bekannt. Folgende Möglichkeiten zur Glycolipidbildung durch mikrobielle Kultivierung sind zu nennen (siehe auch Abb. 8):

- die wachstums-assoziierte Produktion,
- die Produktion unter wachstums-limitierten Bedingungen,
- die Produktion mit (freien oder immobilisierten) ruhenden Zellen.

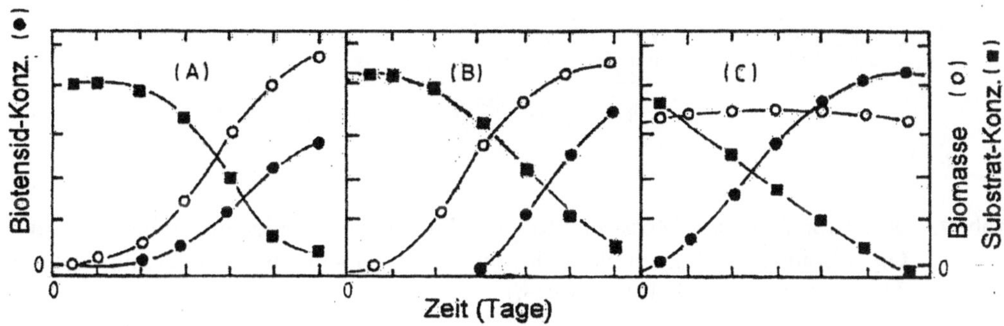

Abb. 8 Möglichkeiten der Glycolipidbildung: (A) unter wachstums-assoziierten Bedingungen, (B) unter wachstumslimitierten Bedingungen, (C) unter Bedingungen mit ruhenden Zellen [Desai & Desai 1993; Desai & Banat 1997].

Einen Bioreaktor, wie er typischerweise für die Untersuchungen im Batch-
Betrieb eingesetzt wird, zeigt Abb. 9.

Abb. 9:   50-l-Bioreaktor mit Mess- und Regeltechnik zur mikrobiellen Produktion von
          Glycolipiden im Biotechnikum des Instituts f. Biochemie u. Biotechnologie der
          TU Braunschweig (Foto: D. Rasch).

Ausführliche Arbeitsvorschriften zur Gewinnung von mikrobiellen Sophorose-,
Mannosylerythritol-, Trehalose- und Rhamnoselipiden mit Hilfe von überwiegend
kommerziell zugänglichen Stämmen sowie Sicherheitshinweise sind bei Lang
[1999] zu finden.

3.4 Isolierung, Strukturaufklärung und quantitative Produktbestimmung

Zur Isolierung von Biotensiden sind eine Reihe von Methoden in Gebrauch, die direkt von folgenden Randbedingungen abhängen:
- Konzentration des Biotensids
- Ladungsträger im Molekül
- Wasserlöslichkeit
- Lokalisation (zellgebunden und/oder extrazellulär).

Da bisher überwiegend nicht-ionische und anionische Glycolipide gefunden worden sind, werden folgende Aufarbeitungstechniken für diese Glycolipide aufgeführt:

- Lösungsmittelextraktion [Suzuki et al. 1974; Li et al. 1984; Cooper & Paddock, 1984]
- Chromatographie [Yamaguchi et al. 1976; Göbbert et al.1984, Asmer et al., 1988]
- Kristallisation [Tulloch et al. 1968a; Spencer et al., 1979]
- Diafiltration und Präzipitation [Bryant 1990, Chameotra & Singh, 1990].

Zur Strukturaufklärung aufgereinigter Glycolipide werden neben der Elementaranalyse intensive spektroskopische Methoden an Originalmolekülen und an deren Derivaten angewandt, wie die zweidimensionalen Verfahren in der ^{1}H-NMR- und ^{13}C-NMR-Spektroskopie und diverse massenspektrometrische Methoden.
Chemische Arbeiten zielen meist auf Hydrolysen von Estern und Spaltungen von Glycosiden, Reaktionen, die massenspektroskopisch, gaschromatographisch und häufig auch enzymatisch analysiert werden. Die Kenntnis von Substitutionsorten lässt sich elegant durch chemische Modifikationen erhalten.

Für die quantitative Fermentations-Analytik der Glycolipide stehen vor allem wegen deren schlechter Löslichkeit bis heute ausgereifte on-line-Methoden nicht zur Verfügung. Nach vorangeganger Extraktion mit organischen Lösungsmitteln werden im Verlauf einer Kultivierung bisher folgende Methoden eingesetzt:

- Rohprodukt-Einwaage
- Nasschemischer Zuckernachweis, z.B. mit Anthron [Syldatk et al. 1985a; Frautz et al. 1986; Babu et al. 1996]
- DSC / FID [Göbbert et al. 1988]
- DSC / Densitometer [Göbbert et al. 1988; Kitamoto et al. 1990; Vollbrecht et al. 1998]

- HPLC / Lichtstreudetektor [Davila et al. 1993; Arino et al. 1996]
- HPLC / UV (nach bzw. ohne Derivatisierung) [Schenk et al. 1995; Rau et al. 1996]
- HPLC / RI [Waldhoff et al. 1998]
- FT-IR-Spektroskopie [Gartshore et al. 2000]

3.5 Biosynthese der Precursormoleküle

Bei der Beschreibung der Biosynthese von mikrobiellen Glycolipiden wird generell unterschieden, ob diese auf Glucose oder n-Alkanen/Fettsäuren als Kohlenstoffquellen gebildet werden (Hommel & Ratledge [1993]). Stark gekürzt, wobei auf die Unterschiede zwischen bakteriellen und eukaryontischen Systemen (Hefen, Pilze) nicht im Detail eingegangen wird, werden die postulierten Biosynthesewege hier erwähnt.
Lipophile Bausteine von mikrobiellen Glycolipiden sind Fettsäuren bzw. Fettalkohole. Ihre Bildung wird im folgenden beschrieben.

3.5.1 Biosynthese von Fettsäuren aus Glucose

Auf dem Weg zur Fettsäure werden die folgenden enzymatischen Einzelschritte durchlaufen:
A.   Bildung von Acetyl-CoA
B.   Acetyl-CoA-Carboxylierung
C.   Verlängerung der C2-Einheit mittels der Fettsäuresynthetase:
     Acetyltransacylase, Malonyltransacylase, β-Ketoacylsynthetase, β-Ketoacyl-Reduktase ($\rightarrow$ D-Isomer), β-Hydroxyacyldehydratase, Enoylreduktase;
     Wiederholung des Zyklus mit einer neuen Malonylgruppe
D.   Biosynthese von ungesättigten Fettsäuren
     Bei Bakterien $\rightarrow$ cis-Δ^{11} 18:1-Fettsäuren ("anaerober Weg");
     bei Eukaryonten $\rightarrow$ cis-Δ^{9} 18:1-Fettsäuren; auch 18:2, 18:3,
                            $\rightarrow$ (cis-$\Delta^{9,12,15}$; Desaturasen-Katalyse)
E.   Bildung von Hydroxy- und methylverzweigten Fettsäuren

Hydroxyfettsäuren:
1)   Intermediate der Fettsäurebiosynthesen $\rightarrow$ D-Isomere
     (z.B. D-3-OH-Decansäure)

2) Intermediate aus oxidativem Abbau von Fettsäuren → L-Isomere
(L-3-OH-Säuren)
3) Terminale oder penultimative Oxidation von Fettsäuren
(ω- oder ω-1-Hydroxygenierung)
4) Direkte Hydratisierung einer ungesättigten Fettsäure.

Methylverzweigte Fettsäuren:
1) aus C-Gerüst des Leucins oder Isoleucins
2) C1-Addition aus S-Adenosylmethionin an Doppelbindung

F. Bildung von Mycolsäuren (α-verzweigte β-Hydroxyfettsäuren, C22-C90) durch Kondensation (Claisen-Typ-Reaktion) zweier Fettsäuren, wahrscheinlich beide aktiviert als Thiolester:

$$R\text{-}CO\text{-}X + CH\text{-}CO\text{-}Y \rightarrow R\text{-}CO\text{-}CHCO\text{-}Y \rightarrow R\text{-}CH\text{-}CH\text{-}COOH$$
$$\qquad\qquad\quad | \qquad\qquad\qquad\qquad | \qquad\qquad\quad | \;\; |$$
$$\qquad\qquad\quad R^1 \qquad\qquad\qquad\qquad R^1 \qquad\qquad OH\; R^1$$

X, Y = aktivierende Gruppen

Nähere Einzelheiten zur Biosynthese von Mycolsäuren sind bei Hommel & Ratledge [1993] nachzulesen.

3.5.2 Biosynthese von Fettsäuren aus n-Alkanen

Für die Aufnahme von n-Alkanen über die Zellwand und die Cytoplasmamembran existieren nach bisherigen Untersuchungen 3 Modelle:
1) Aufnahme von monodispergiert gelösten n-Alkanen (< n-C10, Löslichkeit bei 10^{-5} - 10^{-10} g l^{-1})
2) Direkter Kontakt mit großen Öltropfen; z.B. lagern sich Bakterien mit zellgebundenen Trehaloselipiden an die Öltropfen an
3) Direkter Kontakt mit sehr feinen Öltropfen, die durch ausgeschiedene Zellmetaboliten mit grenzflächenaktiven Eigenschaften gebildet werden (Pseudosolubilisierung).

Durch die Oxidation von Kohlenwasserstoffen werden Hydroxy-Fettsäuren und Dicarbonsäuren gebildet. Die Oxidation eines Kohlenwasserstoffs beginnt mit der Monooxygenierung durch Rubredoxin- bzw. Cytochrom P450-abhängige Enzymsysteme, wobei der Sauerstoff terminal, bei manchen Mikroorganismen auch subterminal eingeführt wird. Durch Dehydrogenase-Reaktionen entstehen über Aldehyde die korrespondierenden Fettsäuren. Insbesondere bei Hefen und Pilzen wird beobachtet, dass nach der monoterminalen Oxidation von Alkanen eine

Hydroxylierung des verbleibenden Methylterminus erfolgt, wobei entweder α,ω-Dicarbonsäuren oder ω-Hydroxy-Fettsäuren gebildet werden.

3.5.3 Biosynthese des Kohlenhydratanteils

A <u>Glucose als C-Quelle</u>
Wird Glucose als C-Quelle verwendet, findet sich diese nur in wenigen Fällen unverändert in einem mikrobiellen Glycolipid wieder [Göbbert et al. 1988]. In den meisten anderen Fällen werden Disaccharide, z. B. Sophorose, Cellobiose und Trehalose, nachgewiesen. Die Bildung letzterer verläuft wie folgt:
a) Glucose + UTP $\longrightarrow$ UDP-Glucose + P_i
b) UDP-Glucose + Glucose-6-P $\longrightarrow$ Trehalose-6-P + UDP

Die Synthesen der verschiedenen Disaccharide werden durch spezifische Synthetasen ausgeführt und kontrolliert, die zudem für die korrekte stereo- und regiospezifische Kondensation verantwortlich sind. Das phosphorylierte Disaccharid wird als aktivierter Zucker für die Bildung des Glycolipids eingesetzt. Eine Phosphatasen-Katalyse bewirkt in Ausnahmefällen die Freisetzung des Disaccharids; dies verhindert eine Verknüpfung mit Fettsäuren oder -alkoholen.

B <u>Nicht-Kohlenhydrate als C-Quellen: Gluconeogenese</u>
Werden n-Alkane, Fettsäuren und ihre Ester, Acetat, Ethanol oder Glycerin als C-Quelle zum Wachstum von Mikroorganismen verwendet und Glycolipide gebildet, müssen deren Zuckeranteile neu synthetisiert werden.
Die Gluconeogenese ausgehend von Acetyl-CoA ist im Wesentlichen die Umkehr der Glycolyse-Sequenz des Glucoseabbaus. Jedoch werden hierfür zwei weitere Enzyme benötigt, da die Pyruvat-Kinase und die Phosphofructo-Kinase nicht reversibel arbeiten: die Phosphoenolpyruvat-Carboxykinase (a) und die Fructose-biphosphatase (b):
a)   Oxalacetat + ATP $\longrightarrow$ PEP
b)   Fructose-1,6-biphosphat + H_2O $\longrightarrow$ Fructose-6-P + P_i
Die Schlüsselenzyme für die Verwertung größerer Mengen an Acetat, das entweder direkt als C-Quelle eingesetzt, über Oxidation aus Ethanol gebildet oder durch den Abbau langkettiger Fettsäuren entstanden ist, sind die Isocitrat-Lyase und Malat-Synthetase. Beide Enzyme sorgen dafür, daß C4-Einheiten (Malat) gebildet werden:
Isocitrat $\longrightarrow$ Glyoxylat + Succinat
Glyoxylat + Acetyl-CoA $\longrightarrow$ Malat + CoA.

Die Schlüsselrolle beider Enzyme ist mit Abb. 10 verdeutlicht.

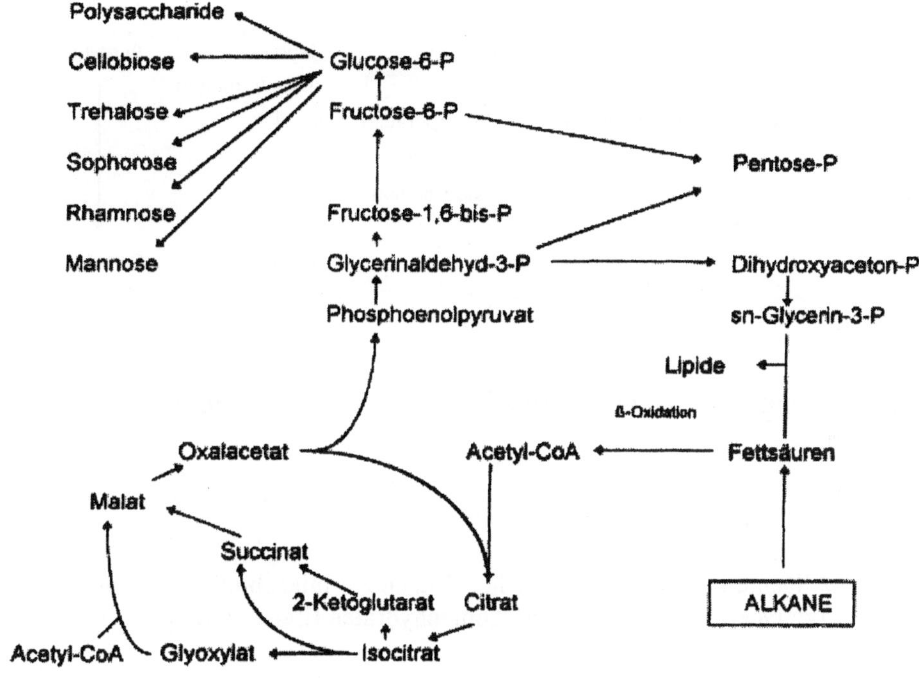

Abb. 10:   Glycolipidvorstufen-Biosynthese auf der Basis von Kohlenwasserstoffen [Hommel & Ratledge 1993].

Mit Blick auf die im Kap. 4 schwerpunktmäßig behandelten Glycolipide und deren Biosynthese aus Triglyceriden, n-Alkanen und Kohlenhydraten - beginnend mit dem Abbau und fortfahrend u.a. auch mit Inkorporation, Elongation und Modifikation von Vorstufen - führt die Abb. 11 in das generelle Schema ein, nach dem C-Quellen in die Produkte umgewandelt werden.

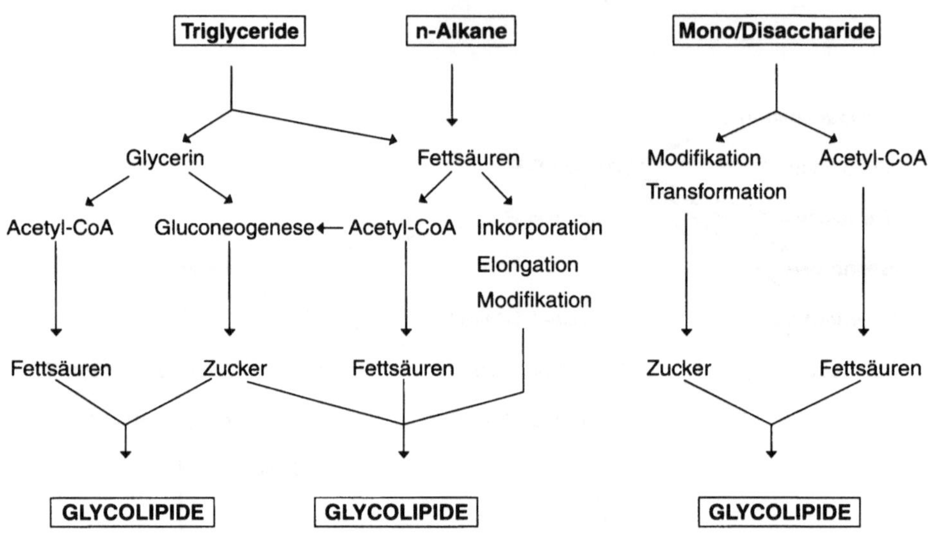

Abb. 11   Allgemeines Schema möglicher Routen zur mikrobiellen Biosynthese aus
                 Triglyceriden, Alkanen und Kohlenhydraten [Lang & Wagner 1995].

3.6   Regulatorische Mechanismen bei der Biotensidsynthese

Die Lipogenese wird bei einigen Mikroorganismen stimuliert durch die
Limitierung eines essentiellen Nährstoffes, der nicht die C-Quelle sein darf;
gewöhnlich ist es Stickstoff. Insbesondere bei ölliebenden Mirkroorganismen
kann dadurch eine starke Lipidbildung einsetzen.
Wasserunlösliche Substrate fördern die Tensidbildung. Die Tenside wiederum
erleichtern anschließend den unlöslichen Substraten den Zugang zur Zelle.
Einige intrazelluläre Enzymaktivitäten wirken sich geschwindigkeitsbestimmend
aus: In Abwesenheit von Alkanen produzieren manche Mikroorganismen auf
Glucose nur noch den Kohlenhydratanteil des Biotensids [Kobayashi et al. 1987].
Andere können wiederum unabhängig von der Wasserlöslichkeit des Substrates
Biotenside mit gleicher Struktur bilden.
Der Metabolismus von Alkanen bzw. Fettsäuren unterscheidet sich stark von dem
der Glucose und anderen Zuckern. Viele Reaktionen zur Synthese von
Aminosäuren, Proteinen, Nucleinsäuren etc. sind zwar gleich, dennoch muss, wie
bei allen Zellaktivitäten, eine enge Koordination der katabolischen und

anabolischen Reaktionen vorliegen, damit die Induktion, Repression, Aktivierung bzw. Inhibierung von Enzymen gewährleistet ist.

Werden Zellen auf einem Gemisch von Alkanen und Glucose kultiviert, sind die metabolischen Kontrollmechanismen noch komplexer und bisher nur wenig untersucht. Sind intermediär Fettsäuren gegenwärtig, wird die *de novo* Synthese von Fettsäuren gestoppt und es findet Repression der Synthese-Enzyme statt. Das Wechselspiel zwischen zwei metabolischen Wegen, die Versorgung mit polaren Anteilen des Moleküls, wie Kohlenhydraten oder Aminosäuren, und mit Acylanteilen führt zur Frage nach den generellen regulatorischen Prinzipien, die bisher nicht befriedigend beantwortet werden kann. Enzyme, die an der Biosynthese der Tenside teilnehmen, sind in ihren kinetischen Eigenschaften bisher nicht gut genug charakterisiert, auch nicht hinsichtlich ihrer Induktion und Repression. Erste Studien auf genetischem Niveau liegen für die Biosynthese von Rhamnoselipiden vor [Ochsner et al. 1994; 1995; 1996].

Bei einigen Mikroorganismen verlaufen Wachstum und Produktbildung als getrennte Ereignisse: In der exponentiellen Wachstumsphase gibt es nur eine geringe Biotensidbildung. Die Überproduktion beginnt erst bei Eintritt in die stationäre Wachstumsphase und verläuft unreguliert; ein Stopsignal beendet die Synthese.

Hohe Biotensid-Konzentrationen werden erreicht durch:

- Carbonsäuren (Citrat), die nicht als C-Quelle dienen [Stüwer et al., 1987],
- Spurenelement-Zugabe [Syldatk & Wagner, 1987],
- Sticksoff-Limitierung, Phosphat-Limitierung → Derepression/Induktion von Enzymen, die im   Sekundärmetabolismus involviert sind [Ristau & Wagner, 1983; Kim et al., 1990],
- sowie durch Precursor-Zugabe [Syldatk & Wagner, 1987].

Hommel & Ratledge [1993] führen die starke Überproduktion einiger mikrobieller Glycolipide nicht zurück auf die Voraussetzung für Alkanwachstum, sondern auf das Ergebnis einer Alkan-Assimilation und betrachten es als einen Weg, überschüssige Fettsäuren zu neutralisieren. Sie betonen, dass das Tensid in geringer Konzentration trotzdem eine Rolle bei der Alkan-Aufnahme spielt.

3.7   Physiologische Rolle von Biotensiden

Wie schon im Kapitel zuvor am Rande erwähnt, sind Biotenside offenbar an der Emulgierung von wasserunlöslichen Substraten beteiligt. Auch der direkte Kontakt von Zellen, deren Zellwand Biotenside enthalten, mit Kohlenwasserstoff-Tropfen und ihre Wechselwirkung mit emulgierten Tropfen sind bekannt. Zusätzlich sind Biotenside in der Zell-Festhaltung an Oberflächen involviert, was z.B. größere Stabilität unter feindlichen Umgebungsbedingungen verleiht. Sie sind an der Zell-Desorption beteiligt, um neue Habitate zum Überleben zu finden, und üben antagonistische Effekte gegenüber anderen Mikroorganismen in der Umgebung aus [Neu 1996; Desai and Banat 1997].

4 GLYCOLIPIDE AUS BIOTECHNOLOGISCHEN PROZESSEN

Im folgenden Abschnitt sollen die mikrobiellen Produzenten, wichtige Molekülstrukturen, Biosynthesen, die Kultivierungs- und Produktionsbedingungen sowie physiko-chemische Eigenschaften nachstehender Glycolipide im Detail vorgestellt werden:

- Trehalose- und andere mycolsäurehaltige Glycolipide
- Lipooligosaccharide
- Rhamnoselipide
- Glucoselipid (anionisch)
- Sophoroselipide
- Cellobiose- und Mannosylerythritollipide.

4.1 Trehalose- und andere mycolsäurehaltige Glycolipide

4.1.1 Mikrobielle Produzenten und Molekülstrukturen

Mycolsäuren sind langkettige α-verzweigte β-Hydroxyfettsäuren. Die Gesamtzahl der C-Atome variiert von 20 bis 90. In Abhängigkeit davon werden sie unterteilt in Corynomycol-, Nocardiomycol- und Mycolsäuren; die Corynomycolsäuren sind am kürzesten. Sie werden von vielen Spezies der Gattungen *Mycobacterium, Nocardia, Rhodococcus, Corynebacterium* und einigen kleineren Gattungen wie z.B. *Gordona, Bacterionema, Micropolyspora* und *Brevibacterium* produziert. Gewöhnlich bilden sie einen Teil des Zellwandkomplexes, der an die Peptidoglycan-Arabinogalactan-Matrix der Zellwand gebunden ist. Darüberhinaus werden Mycolsäuren auch als Lipidkomponenten einer kleinen Anzahl von sogenannten „freien" Lipiden, den Glycolipiden, gefunden, die ebenfalls durch diese Bakterien synthetisiert werden. Es sind überwiegend Diacyltrehalosemoleküle, die auf dem Disaccharid α,α‘-Trehalose basieren, deren Hydroxygruppen durch verschiedene Fettsäuren, einfache geradkettige und extrem komplexe, acyliert sind. Diese Fettsäuren können Keto-, Methoxy-, Methyl- und Cyclopropan-Gruppen tragen, außerdem sowohl cis- als auch trans-Doppelbindungen enthalten. Von Goren [1972] sowie Asselineau & Asselineau [1978] liegen gute Übersichten bekannter mycobacterieller Lipide im Allgemeinen und von Trehaloselipiden im Besonderen vor. Auch finden die mit der Tuberkuloseerkrankung in Zusammenhang stehenden Cord-Faktoren Erwähnung. Diese Faktoren sind symmetrische 6,6'-Di-O-acyl-α,α'-trehaloselipid-Antigene mit langkettigen (~70 C-Atome) Mycolsäuren an der primären OH-Gruppe. Im Jahre 1956 wurden sie erstmals aus den Lipiden von *Mycobacterium tuberculosis* isoliert. Dieses Bakterium ist besonders für HIV-infizierte Patienten gefährlich, da es Resistenzen gegen gängige Antibiotika (Isoniazid, Ethionamid u.a.m.) entwickelt hat. Daher wurde intensiv die Biosynthese der cyclopropanringhaltigen Mycolsäuren als Target für neue Antituberkulose-Mittel untersucht [George et al. 1995; Dubnau et al. 1997; Quémard et al. 1997].

Außerdem wurden weitere an der Zelloberfläche befindliche Lipide analysiert [Ortalo-Magné et al. 1996] und neue Strukturen gefunden [Alugupalli et al. 1994; Wallace and Minnikin 1996]. Abb. 12 zeigt die Cord-Faktoren von *M. tuberculosis*.

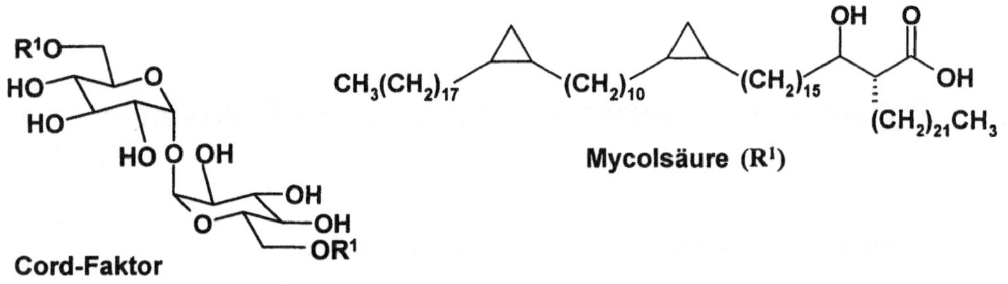

Abb. 12   Struktur der Cord-Faktoren bei *M. tuberculosis* [Wallace & Minnikin1996].

Acyl-Trehalosen mit α-verzweigten β-Hydroxyfettsäuren, allerdings auch mit wesentlich kürzerer Gesamt-C-Zahl von 30 bis 40, werden auch von nichtpathogenen Bakterien, u.a. der Gattung *Rhodococcus* und *Corynebacterium* produziert. Besonders hohe Konzentrationen werden erzielt, wenn die Bakterien auf n-Alkanen oder damit strukturell verwandten C-Quellen wachsen. Bei Kultivierung des nichtpathogenen *Rhodococcus erythropolis* DSM 43215 auf n-Alkanen (C12 - C18) entdeckten Rapp et al. (1979) oberflächenaktive Trehaloselipide, deren α-verzweigte β-Hydroxyfettsäuren eine Kettenlänge von C_{32} ($C_{32}H_{64}O_3$) bis C_{38} ($C_{38}H_{76}O_3$) erreichen, wobei C_{34} ($C_{34}H_{68}O_3$) und C_{35} ($C_{35}H_{70}O_3$) dominieren. Die Fettsäuren substituieren dabei die Positionen 6 und 6' des Disaccharids (Abb. 13).

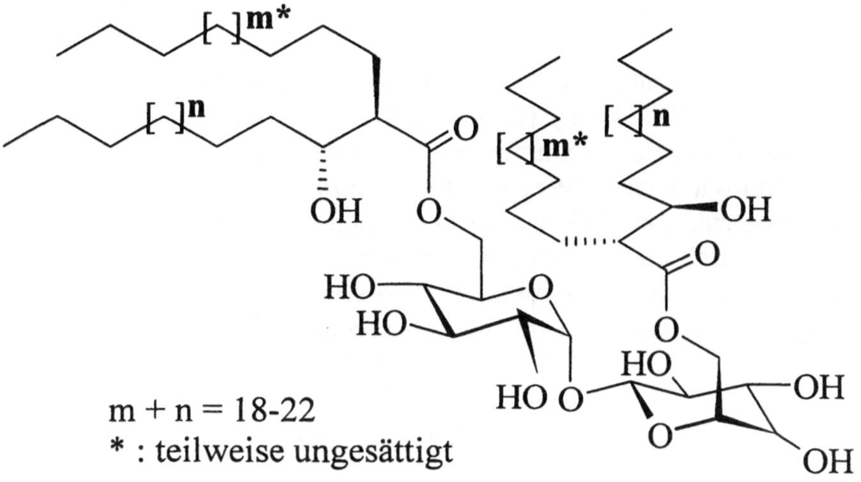

Abb. 13   Struktur des Trehalose-dicorynomycolats von *Rhodococcus erythropolis* DSM 43215 [Rapp et al. 1979].

Auch unsymmetrische Trehalose-6-monocorynomycolate sowie Trehalose-6,6'-diacylate (z.B. 3-Oxo-2-alkyl-fettsäuren) und Trehalose-6-acylate (z.B. 3-Oxo-2-alkyl-fettsäuren) können isoliert werden [Kretschmer et al. 1982].

Die Asymmetriezentren an den Positionen 2 und 3 der α-verzweigten β-Hydroxy-fettsäuren liegen in der (2R, 3R)-Konfiguration vor [Asselineau & Asselineau 1978]. Ein entsprechender Drehwert konnte dies für die Säure des Tre-haloselipids von *Rhodococcus erythropolis* bestätigen (spez. Drehwert bei 25°C: $[\alpha]_{578} = +8,4$; bei c = 1 in $CHCl_3$).

Auch für *Rhodococcus erythropolis* S1 sind Trehaloselipide mit C34- bis C38-Corynomycolsäuren an den zuvor genannten Zuckerpositionen beschrieben [Kurane et al. 1994].

Rhodococcus aurantiacus 80005 produziert Trehalose-2,3,6'-trimycolate mit C62 - C74 poly-ungesättigten Mycolsäuren [Tomiyasu et al. 1986].

Im Fall von auf n-C16-Alkanen gezüchtetem *Rhodococcus* sp. H13-A ist das gebildete Biotensid ebenfalls ein nichtionisches Trehaloselipid, das aus einer Haupt- und zehn Nebenkomponenten besteht [Singer et al. 1990]. Das Disaccharid ist acyliert mit gewöhnlichen C10- bis C22- gesättigten und ungesättigten Fettsäuren, C35- bis C40-Corynomycolsäuren, Hexan- und Dodecansäuren sowie 10-Methyl-hexadecan- und 10-Methyl-octadecansäuren. Das Hauptglycolipid wurde als 2,3,4,6,2',3',4',6'-Octaacyl-trehalose identifiziert.

Ein grundlegend neuer Typ eines Trehaloselipids wird von einem Kohlenwasserstoff-verwertenden *Mycobacterium paraffinicum* gebildet: die anionische Verbindung 2-*O*-Octanoyl-3,2'-di-*O*-decanoyl-6-*O*-succinoyl-α,α'-D-trehalose neben 6-*O*-Mycolyl-6′-*O*-acyl (n-C16)-α,α′-D-trehalose [Batrakov et al. 1981].

Ein ähnliches anionisches Trehaloselipid findet sich auch bei *Rhodococcus erythropolis* DSM 43215 [Ristau & Wagner 1983], wenn das Bakterium unter Stickstoff-limitierten Bedingungen weit über die exponentielle Wachstumsphase hinaus kultiviert wird [Wagner et al. 1987a,b]: ein Trehalose-2,2′,3,4′-tetraester mit einer Octan-, zwei Decansäure- und einem Bersteinsäure-Rest.

Mittels Hydroborierung und anschließender saurer Hydrolyse (Abb. 14) konnte bei einem ähnlichen Produkt aus *Arthrobacter* sp. EK1, einem Nordsee-Isolat, gezeigt werden, dass sich am C-2 ein Succinatrest befindet [Passeri et al.1991a].

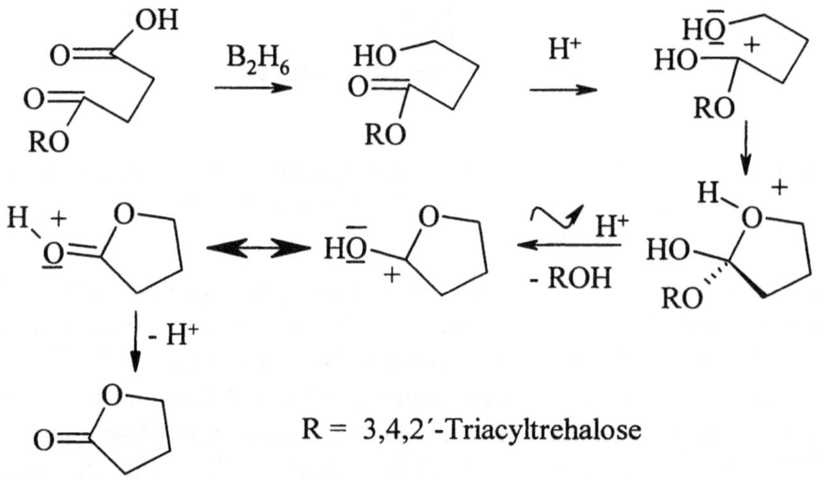

Abb. 14:   Chemischer Abbau des Trehalose-tetraesters von *Arthrobacter* sp. EK1 zum Triester [Passeri et al. 1991a; Passeri 1991].

Die Abb. 15 zeigt die vollständige Struktur des anionischen Trehalose-tetraesters. Die Fettsäuren, die die Positionen 2′,3 und 4 der Trehalose acylieren, sind Octansäure (37,8%), Nonansäure (5,7%), Decansäure (53,3%) sowie Undecan-, Dodecan- und Tetradecansäure (3%).

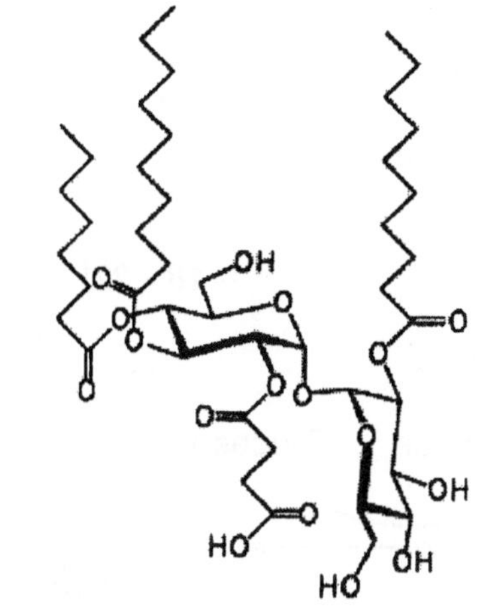

Abb. 15:   Struktur des anionischen Trehalose-tetraesters aus *Arthrobacter* sp. EK1
[Passeri et al. 1991a; Passeri 1991].

Neben beachtlichen Mengen an Lipoprotein wurden auch bei einem anderen marinen Isolat, *Arthrobacter* sp. SI1, vergleichbare Trehaloselipide entdeckt [Schulz et al. 1991a,b; Schulz 1992].

Die 2,2′,3,4-Di-*O*-succinoyl-di-*O*-alkanoyl-α,α′-trehalose und 2,3,4-Mono-*O*-succinoyl-di-*O*-alkanoyl-α,α′-trehalose mit Tetra- und Hexadecansäure als Lipidkomponenten sind Hauptprodukte bei *Rhodococcus erythropolis* SD-74 [Uchida et al. 1989 a,b].

Trehalose-2,2′,3,4-tetraester lassen sich aus *Rhodococcus* sp.51T7 enthaltenden Schmier-ölkulturen isolieren [Espuny et al. 1995]. Die jeweilig verwendete Kohlenstoffquelle beeinflußt stark das Lipidmuster, auf n-Decan werden z.B. nichtionische mittelkettige Trehalosesubstituenten gebildet [Espuny et al. 1996].

Die bis hierher vorgestellten Glycolipide der Gattungen *Mycobacterium*, *Corynebacterium*, *Nocardia*, *Rhodococcus* und *Arthrobacter* enthalten alle Trehalose als Kohlenhydratkomponente. Unter bestimmten Kultivierungsbedingungen dominieren auch andere Zucker: So wurde schon 1970 nach Kultivierung von *Mycobacterium smegmatis* und *Corynebacterium diphteriae* auf Glucose-reichem Medium (anstatt des üblichen Glycerin-reichen Mediums) 6-Acyl-Glucose mit Corynomycolsäure als Hauptfettsäurekomponente (Gesamt-C-Zahl: 30-32) isoliert [Brennan et al. 1970]. Corynomycolsäure-haltige Saccharoselipide und Fructoselipide werden gefunden, wenn das n-Alkan-verwertende und dabei Trehaloselipid-bildende Bakterium *Arthrobacter paraffineus* KY4303 auf Saccharose bzw. Fructose gezüchtet wird [Suzuki et al. 1974, Itoh et al. 1974].

Mit *Arthrobacter* sp. DSM 2567 und *Corynebacterium* sp. M9b und speziell bei
Experimenten mit ruhenden Zellen lässt sich die Kohlenhydratkomponente unter
Transfer der Corynomycolsäuren austauschen [Li et al. 1984; Göbbert et al. 1988;
Schmeichel 1989; Kleppe 1992]. Abb. 16 gibt schematisch die Übertragung der
Fettsäure von Glucose auf Cellobiose wieder.

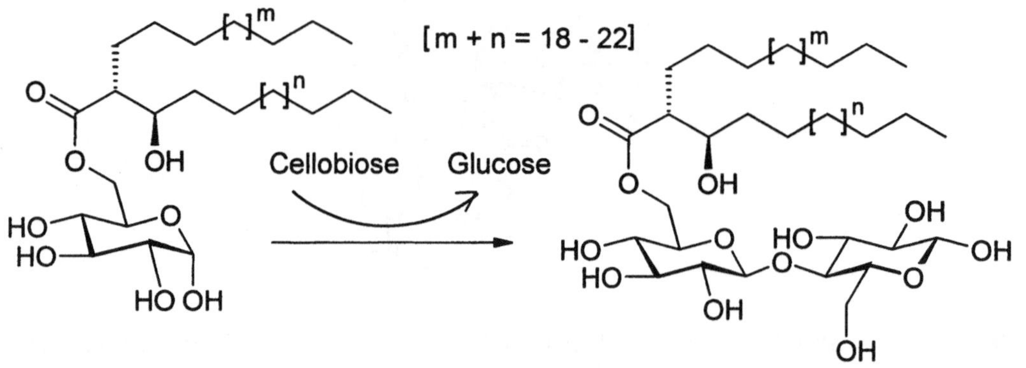

Abb. 16   Schema des regioselektiven enzymkatalysierten Transfers der
            Corynomycolsäure von Glucose auf Cellobiose durch *Arthrobacter* sp.
            DSM 2567 oder *Corynebacterium* sp. M9b [Lang & Wagner 1993a].

Eine Zusammenfassung über oberflächenaktive Lipide speziell bei der Gattung
Rhodococcus geben Lang & Philp [1998].

4.1.2   Biosynthese-Studien

Die Biosynthese der Mycolsäuren und der Glucose wurde bereits in Kapitel 3.5
abgehandelt. Bei den Darstellungen der Trehalosemycolat-Biosynthese kommt es
zu unterschiedlichen Erklärungen. Zum einen wird der Weg einer Trehalose-
gebundenen Synthese der α-verzweigten β-Hydroxy-Fettsäuren favorisiert,
wonach das Disaccharid zuerst mit einer langkettigen, unverzweigten Fettsäure
acyliert wird [Takayama & Armstrong 1975; Puzo et al. 1979], andererseits wird
darauf hingewiesen [Hommel & Ratledge 1993], dass bei der n-Alkan-induzierten
Biosynthese der Trehalose-mycolate durch *Rhodococcus erythropolis* DSM 43215
freie Corynomycolsäure-Intermediate vorkommen [Kretschmer & Wagner 1983].
Die Abb. 17 zeigt, dass sowohl die komplette Lipidkomponente als auch die
Trehaloseeinheit unabhängig voneinander synthetisiert und erst anschließend
verknüpft werden.

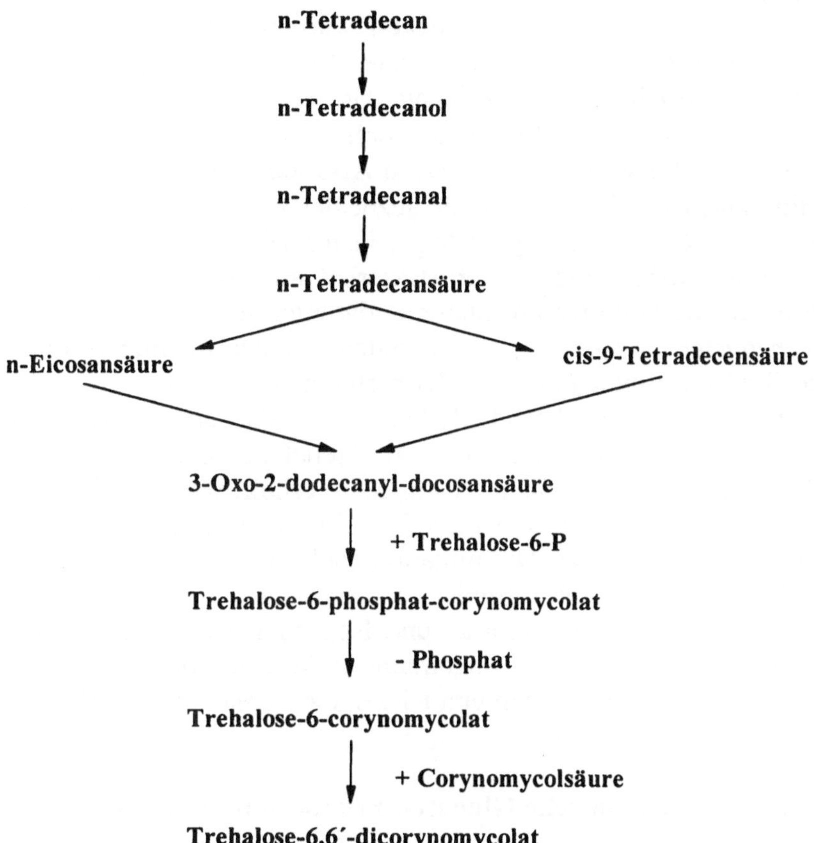

Abb. 17   Biosynthese der Trehalose-corynomycolate bei *Rhodococcus erythropolis* DSM 43215 auf der Basis von n-Alkan als C-Quelle [Kretschmer & Wagner 1983].

Versuche zur Isolierung der für die Biosynthese der anionischen Trehaloselipide mit geradkettigen mittellangen Fettsäuren und Succinat verantwortlichen Enzyme waren bisher wenig erfolgreich [Asmer 1991].

4.1.3 Mikrobielle Produktion

4.1.3.1   Nichtionische Trehaloselipide

Nichtionische Trehaloselipide mit α-verzweigten β-Hydroxyfettsäuren (C28 bis C30) wurden unter biotechnologischen Aspekten erstmals von Suzuki et al. [1969] sowie Tanaka & Suzuki [1973a,b,c] erhalten. Durch Kultivierung von

Arthrobacter paraffineus KY 4303 auf n-Paraffin (10%, w/v) in einem Mineralsalzmedium im 5-l-Bioreaktor wurden nach ca. 40 h ca. 640 mg l^{-1} des genannten Produktes gewonnen. Die Zugabe von Penicillin zur wachsenden Kultur verursacht eine signifikante Unterdrückung der Glycolipidbildung und lässt α,α'-Trehalose und Corynomycolsäuren akkumulieren. Wenn *Rhodococcus erythropolis* DSM 43215 auf 2% n-Alkanen (C12-C18) unter nicht-limitierten Bedingungen im 50-l-Bioreaktor gezüchtet wird, werden maximal 2 g l^{-1} α,α'-Trehalose-6,6'-dicorynomycolate produziert [Rapp et al. 1979].

Ein Biotensid-Screening unter Bakterien aus rohölkontaminierten Böden oder Gewässern lieferte mehrere Stämme, darunter auch *Arthrobacter* DSM 2567 und *Corynebacterium* sp. M9b, die im ersten Versuch in einer 100-ml-Kultur 100 mg l^{-1} an Trehaloselipiden bildeten [Kretschmer et al. 1981].

Auf n-Hexadecan wachsende Zellen von *Rhodococcus* sp. H13-A produzieren bis zu 495 mg l^{-1} an nichtionischen Trehaloselipiden, wenn das Kohlenstoff /Stickstoff-Verhältnis von 1,7:1 auf 3,4:1 erhöht wird [Singer & Finnerty 1990]. Die hierbei gefundenen drei Plasmide pMVS100, pMVS200 und pMVS300 sind weder in der Hexadecan-Dissimilation noch in der Glycolipid-Synthese involviert. Die Isolierung der Glycolipide von *Rhodococcus* sp. H13-A lässt sich unter Einsatz von XM50-Diafiltration und Isopropanol-Fällung optimieren, störendes Restprotein wird so besser abgetrennt als mit den bis dahin üblichen Methoden wie Lösungsmittelextraktion und Kieselgelchromatographie [Bryant 1990].

4.1.3.2   Nichtionische Glucose-, Fructose- und Saccharoselipide

Brennan et al. [1970] isolierten jeweils 80 mg Glucosecorynomycolate / g Biotrockenmasse (BTM) nach Kultivierung von *Corynebacterium diphteriae* und *C. gravis* sowie *Mycobacterium smegmatis* auf 2% Glucose.

Nach einer 48-stündigen 30-l-Bioreaktor-Kultivierung von *Arthrobacter paraffineus* KY 4303 auf 10% Saccharose lassen sich nach Extraktion der Zellmasse mit Chloroform/Methanol 16 mg Saccharoselipide / g BTM gewinnen [Suzuki et al. 1974]. Das Produkt setzt sich aus 6-*O*-Mono-corynomycoloyl-glucosyl-β-fructosid, Dicorynomycolyl-saccharose und Spuren von Fructose- und Glucose-corynomycolaten zusammen. Wird dasselbe Bakterium auf 10% Fructose gezüchtet und anschließend in ähnlicher Weise aufgearbeitet, können 7,5 mg Fructoselipide (Hauptkomponente: Fructose-6-corynomycolate) pro g BTM isoliert werden.

Nach Kultivierung einiger *Corynebacterien, Nocardien, Mycobacterien* und *Brevibacterien* werden ebenfalls Fructoselipide in vergleichbarer Konzentration gefunden [Itoh & Suzuki 1974].

4.1.3.3 Anionische Trehaloselipide

Die Entdeckung der anionischen Succinat-haltigen Trehaloselipide bei *Rhodococcus erythropolis* DSM 43215 [Ristau & Wagner 1983] und die Erkenntnis, dass sich Stickstoff-Limitierung günstig auf eine Überproduktion auswirkt [Wagner et al. 1987a,b], führte zu biotechnologisch optimierten Herstellungsbedingungen. Zunächst ließ sich die Produktion im 50-l-Bioreaktor durch einen Temperaturshift von 30°C auf 21°C zu Beginn der Stickstoff-Limitierung verbessern. Die Kultivierung auf 9,8 % C14/15-n-Alkan erzeugte nach 120 Stunden 7,9 g l^{-1} Glycolipide (90% Trehalose-2,2',3,4-tetraester, 10% Trehalose-corynomycolate) [Wagner et al. 1984, 1987a,b]. Noch höhere Trehaloselipid-Konzentrationen werden möglich, wenn auf technischem n-Decan (100 g l^{-1}) und nach Temperatur- und zusätzlichem pH-Shift von 30°C auf 22°C bzw. pH 7 auf 6,5 fermentiert wird [Kim 1988; Kim et al. 1990]. Abb. 18 zeigt deutlich das Einsetzen der Überproduktion erst nach Ende der exponentiellen Wachstumsphase und nach Verbrauch der Stickstoffquelle (40h). Nach 160h wird eine Ausbeute von 32 g l^- bestimmt.

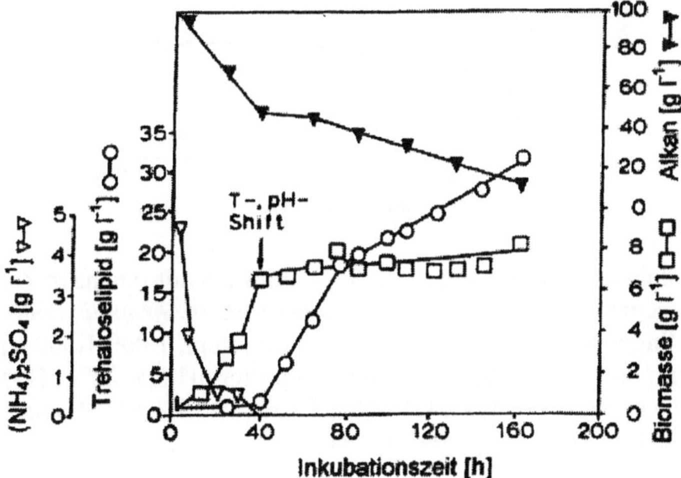

Abb. 18   Wachstum und Trehalose-2,2',3,4-tetraester-Produktion bei *Rhodococcus erythropolis* DSM 43215 auf 100 g l^{-1} n-Decan (techn.). Bedingungen: 20-l-Bioreaktor, Intensorsystem, 1.000-1.500Upm, 0,5-1v/vm; Mineralsalzmedium; pH 7 und 30°C zu Beginn, später pH 6,5 und 22°C [Kim et al. 1990].

Da die Überproduktion erst nach Verbrauch der Ammoniumionen kräftig einsetzt, werden Wachstums- und Produktionsphase in weiteren Experimenten komplett getrennt. Nach n-C10-Kultivierung und Zellernte (Zentrifugation) werden je 46,5 g l^{-1} Biofeuchtmasse ($\approx$ 9,3 g l^{-1} BTM) von *Rhodococcus erythropolis* in einem Phosphatpuffer (pH 6,5) mit 80 g l^{-1} C10-n-Alkan bzw. C14/15-n-Alkan inkubiert.

Dabei werden 21 g l^{-1} bzw. 7 g l^{-1} an Trehaloselipiden produziert (Abb. 19). Nach GC/MS-Analyse dominieren im Fettsäuremuster in beiden Trehaloselipiden nach n-C10 Kultivierung mit 38% die Hexadecansäure und nach n-C14/15 Kultivierung mit 42% die Nonansäure .

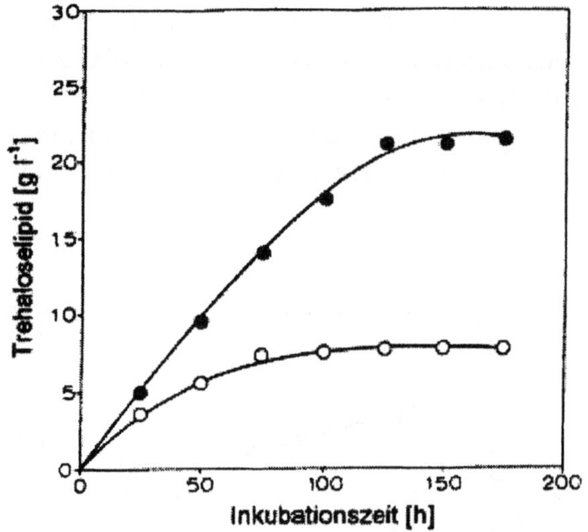

Abb. 19   Produktion des Trehalose-2,2′,3,4-tetraesters mit ruhenden Zellen (verschiedener Herkunft) von *Rhodococcus erythropolis* DSM 43215. Bedingungen: 20-l-Bioreaktor, Intensorsystem, 1.000-1.500 Upm, 0,5-1 v/vm; 80 g l^{-1} n-C10; 0,1 M Phosphatpuffer pH 6,5; 22°C; (O) 9,3 g l^{-1} Biomasse (BTM), aus n-C14/15 gebildet, (●) 9,3 g l^{-1} Biomasse (BTM), aus n-C10 gebildet [Kim et al.1990].

Ein ständiges Überimpfen von auf n-C10 geführten Vorkulturen von *Rhodococcus erythropolis* erweist sich gegenüber Vorkulturen auf Schrägagar von deutlichem Vorteil. Vermutlich stabilisiert die permanente Induktion durch die n-Alkane den an ihrem Katabolismus beteiligten Enzymkomplex. Darüberhinaus erfolgt offenbar eine Adaptation der Biomasse an das normalerweise membranschädigende Alkansubstrat.

Für die Ursache der stark unterschiedlichen Glycolipid-Konzentrationen nach Fütterung mit n-Decan bzw. n-Tetradecan geben elektronenmikroskopische Aufnahmen einen Hinweis. C14-Zellen verfügen in der Produktionsphase (N-Limitation) über zahlreiche Lipideinschlüsse, die bei C10-Zellen nicht beobachtet werden (Abb. 20). Es wird vermutet, dass bei letzteren das Substrat bevorzugt zur Biosynthese des Glycolipids und weniger zur Herstellung von Speicherstoffen genutzt wird.

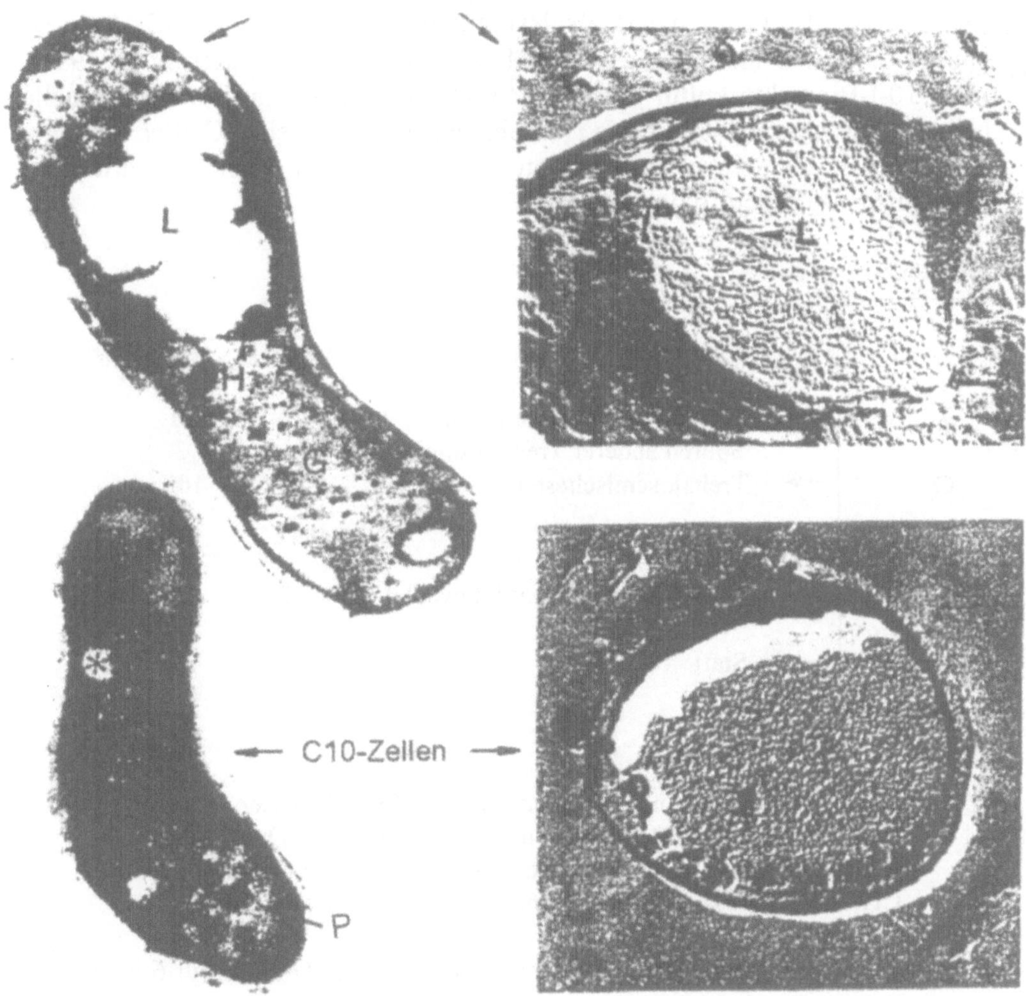

Abb. 20   Elektronenmikroskopische Aufnahmen von *Rhodococcus erythropolis* DSM 43215: Ultradünnschnitt (links) und Gefrierbruch (rechts) während der Glycolipidproduktionsphase (136 h) auf n-C10 bzw. n-C14/15. L = Lipideinschlüsse, H = Membranmonolayer, G = amorphe Phase, P = Polyphosphatgranula, * = Glycogengranula [Kim et al. 1990].

Bei einigen Vertretern der Gattung *Rhodococcus* und *Nocardia* werden nach Kultivierung unter stickstofflimitierten Bedingungen auf n-C16-Alkan als Hauptkomponenten Triglyceride und als Nebenkomponenten Diglyceride und Wachsester gefunden [Alvarez et al. 1997]. Durch gleichzeitige Verwendung von Inhibitoren des Citratcyclus, der Fettsäuresynthese sowie der ß-Oxidation nehmen die Konzentrationen anderer Speicherstoffe, Poly-(3-hydroxybuttersäure) und Polyhydroxyalkanoate, zu Lasten der Triglyceride zu. Der marine Stamm *Arthrobacter* sp. EK1 produziert als Hauptkomponente (60%) die 2-Mono-*O*-succinoyl-2′,3,4-tri-*O*-alkanoyl-α,α′-trehalose [Passeri 1991; Passeri et al. 1991]. Bei einer 10-l-Bioreaktorkultur mit 20 g l^{-1} C14/15-n-Alkan als Kohlenstoffquelle produziert der Stamm nach 40 h 6 g l^{-1} Trehaloselipide. Mittels DC aller Produkte (Abb. 21) kann mit einem Anteil von 10% ein bisher nicht beschriebener Trehalosemischester identifiziert werden.

DC-Karte

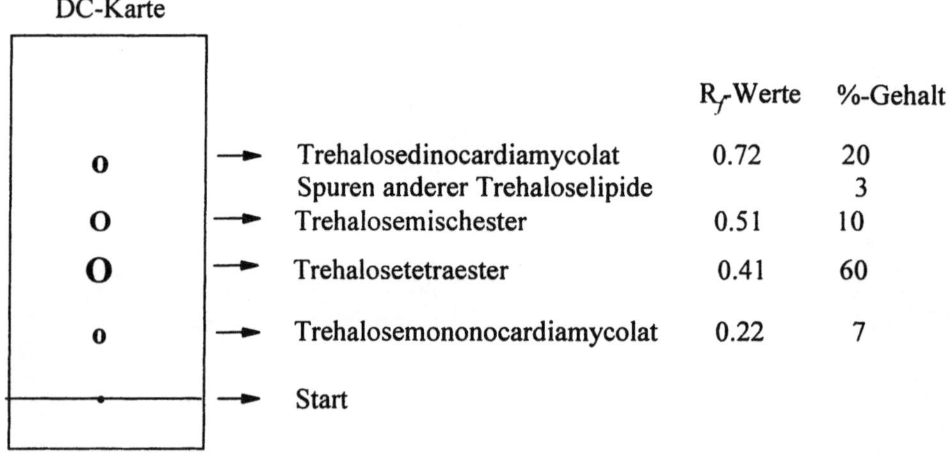

	R_f-Werte	%-Gehalt
Trehalosedinocardiamycolat	0.72	20
Spuren anderer Trehaloselipide		3
Trehalosemischester	0.51	10
Trehalosetetraester	0.41	60
Trehalosemononocardiamycolat	0.22	7

Abb. 21   DC mit Produkten einer *Arthrobacter* spec. EK1-Kultivierung unter stickstofflimitierten Bedingungen mit n-C14/15 als C-Quelle, der Benennung und den R_f-Werten der einzelnen Komponenten. Fließmittel: CHCl$_3$/CH$_3$OH/HOAc (20%) = 65/15/2 (v/v/v), [Asmer 1991].

Es handelt sich um die 2-Mono-*O*-succinoyl-2′,3-di-*O*-alkanoyl-6-mono-*O*-corynomycolyl-α,α′-trehalose (Abb. 22, Asmer [1991]).

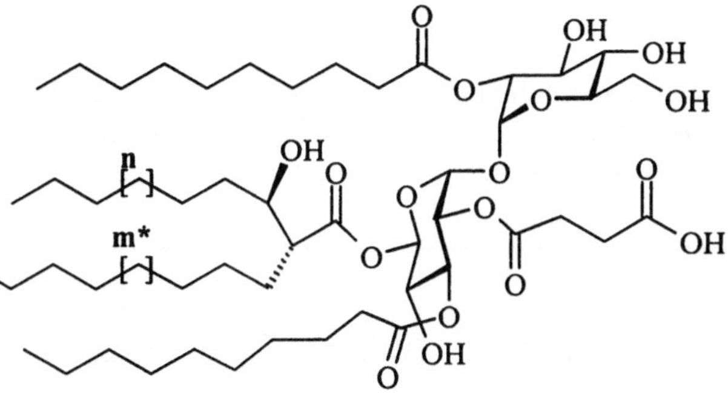

Abb. 22   Struktur des Trehalosemischesters von *Arthrobacter* spec. EK1

Anionische Trehaloselipide können auch 2 Succinatreste tragen [Uchida et al. 1989 a, 1989 b]. Mit *Rhodococcus erythropolis* SD-74 lassen sich auf 10% (v/v) n-Hexadecan im 5-l-Bioreaktor nach 10 Tagen Inkubation 40 g l^{-1} Produkt isolieren. Mit dem Stamm 51T7, zuerst als coryneformes Bakterium, später als *Rhodococcus* sp. identifiziert, werden nach Verbrauch von 20 g l^{-1} n-Decan und 80 h Inkubationszeit extrazellulär 0,85 g Trehalose-2,2',3,4-tetraester erhalten. Nach alkalischer Hydrolyse des Produktes lässt sich Decansäure als einziger Fettsäuresubstituent identifizieren [Martin et al. 1991]. Verwendung von Schmieröl als alleinige Kohlenstoffquelle liefert einen Trehalose-2,2',3,4,-tetraester, dessen Fettsäureketten von C7 bis C10 reichen und einen Succinatrest enthalten [Espuny et al. 1995]. Durch Optimierung der Konzentration an $NaNO_3$, K-Phosphat und Fe-Ionen können bei Kultivierung auf Tridecan >2 g l^{-1} an Trehaloselipiden erzielt werden   [Espuny et al. 1996]. Die Ergebnisse zur mikrobiellen Produktion der anionischen Trehaloselipide sind in Tab. 3 zusammengefasst. Es ist ersichtlich, dass $Y_{P/S}$ - und $Y_{P/X}$ -Werte von maximal 0,44 bzw. 4,0 erreicht werden können. Die beste Produktivität liegt bei 0,2 g l^{-1} h^{-1}.

Die in der Tab. 3 dargestellten Ergebnisse sind unter stickstofflimitierten Bedingungen erhalten.

Tab. 3   Daten zur mikrobiellen Produktion anionischer Trehaloselipide (TL) mit
               Rhodococcus sp.. Allgemeine Bedingungen: Schüttel- bzw. Bioreaktor-
               kulturen; Mineralsalzmedium; C-Quellen: n-Alkane; 20-30°C, pH 6-7,5.

Stamm	C-Quelle (g l^{-1})	TL (g l^{-1})	$Y_{P/S}$	X (g l^{-1})	$Y_{P/X}$	t (h)	P_V (g l^{-1} h^{-1})	Referenz
R..erythropolis DSM 43215 (wachs. Z.)	n-C14/15 (98)	7,9	0,08	5,8	1,36	110	0.073	Wagner et al. 1984
R..erythropolis DSM 43215 (wachs. Z.)	n-C10 (100)	32,0	0,32	8,0	4,00	160	0,200	Kim et al. 1990
R..erythropolis DSM 43215 (ruhende Z.)	n-C10 (80)	21,0	0,26	9,3	2,20	125	0,168	Kim et al. 1990
R..erythropolis DSM 43215 (ruhende Z.)	n-C14/15 (80)	7,0	0,09	9,3	0,75	100	0,070	Kim et al. 1990
R..erythropolis SD-74	n-C16 (90)	40,0	0,44	12,5	3,20	240	0,167	Uchida et al. 1989b
R..erythropolis 51T7	n-C13 (20)	2,4	0,12	4,4	0,55	72	0,034	Espuny et al.1996

4.1.3.4   Biotransformationen (Transfer von Corynomycolsäuren)

Werden während des Wachstums Isolaten von *Arthrobacter* sp. DSM 2567 und
Corynebacterium sp. M9b im Überschuss Mono- und Disaccharide angeboten,
können zell-assoziierte Corynomycolsäureester dieser Zucker nachgewiesen werden. Beide Organismen acylieren zudem als ruhende Zellkulturen in Phosphatpuffer
durch eine Transesterifikation regioselektiv die primären Hydroxygruppen auch
nicht metabolisierbarer Kohlenhydrate, z.B. Cellobiose, mit Corynomycolsäuren.
Hinsichtlich der Ausbeute an Glycolipiden unterschieden sich die beiden Bakterien
dadurch, dass mit *Arthrobacter* sp. eine ca. 10-fach höhere Konzentration erzielt
wird als mit *Corynebacterium* sp. (Tab. 4). Mit dem letztgenannten Bakterium wird
auch nach längerer Inkubation bei Disacchariden mit zwei primären Hydroxygruppen nur eine der beiden möglichen Positionen acyliert [Li et al. 1984; Göbbert
et al. 1988; Schmeichel 1989; Schmeichel et al. 1989; Asmer et al. 1992].
Die Bedingungen des in der Tab. 4 wiedergegebenen Experimentes sind die
folgenden: 100 ml 0,08 M Phosphatpuffer, pH 6,3-6,5, 10-50 g l^{-1} Biomasse

(BTM), 30 oder 40 g l^{-1} Kohlenhydrat; Konzentration an Glucose-corynomycolat: a) 0,2 g g^{-1} Biomasse (*Arthrobacter* sp. DSM 2567), b) 0,02 g g^{-1} Biomasse (*Corynebacterium* sp. M9b); 30°C, 100 Upm, 24 oder 48 h [Asmer et al. 1992].

Tab. 4   Transacylierungen von Kohlenhydraten mit ruhenden Zellen über Glucose-corynomycolate.

Kohlenhydrat	Kohlenhydrat-corynomycolate* (g g^{-1} Biomasse)	
	Arthrobacter sp.	*Corynebacterium* sp.
Saccharose	0,300	0,020
Palatinose	0,180	0,015
Maltose	0,300	0,015
Isomaltose	0,120	0,010
Gentiobiose	0,100	0,010
Melezitose	0,220	0,015
Trehalose	n.b.	0,020
Maltotriose	0,020	n.b.
Maltitol	0,160	n.b.
Palatinol	0,170	n.b.
Amygdalin	0,110	n.b.

* bei *Arthrobacter* sp.: Mono- und Dicorynomycolate; bei *Corynebacterium* sp.: nur Mono-corynomycolate

Bezogen auf die Substratspezifität ist zu beachten, dass

1. 1β- oder 4β-Substituenten, insbesondere Hydroxygruppen, die Acylierung in der C-6-Position verhindern und
2. bei Disacchariden mit nur einem nicht reduzierenden Anteil die C-6 und C-6´-Positionen nacheinander acyliert werden (bei *Arthrobacter* sp.).

Die Enzymaktivität zur Transesterifikation verbleibt nach einem Glasperlenaufschluss an den Zelltrümmern des Organismus. Die Behandlung der Zelltrümmer von *Arthrobacter* DSM 2567 mit Detergentien überführt zwar Protein in die wässrige Phase; dieses weist allerdings keine Acylierungs-Aktivität mehr auf. Elektronenmikroskopische Untersuchungen zeigen, dass durch Octylglucosid eine effektive Solubilisierung der Cytoplasmamembran bewirkt wird [Kleppe 1992].

Konzentrationen von 6 - 8 mmol des Detergens Octylglucosid führen in Umsetzungen mit 2 g Biofeuchtmasse oder alternativ mit 2 g Zelltrümmern bis zu 25 mg g^{-1} BTM an 1-Octyl-6-corynomycolyl-glucose (Abb. 23). Höhere Konzentrationen desselben Detergens haben eine Inaktivierung der Acyltransferaseaktivität zur Folge.

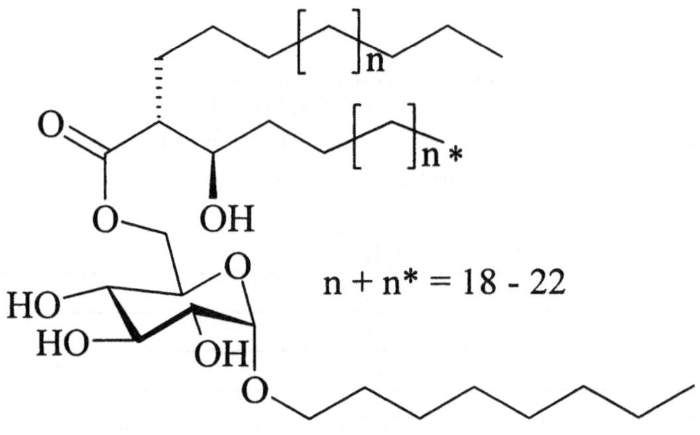

$$n + n^* = 18 - 22$$

Abb. 23   Struktur von α-1-Octyl-6-corynomycolyl-glucose [Kleppe 1992].

4.1.4 Chemische Synthese

Die chemische Synthese von wichtigen mycobakteriellen Zelloberflächen-Antigenen, wie die Acyl-Trehalosen, kann zur Entwicklung von neuen diagnostischen Methoden und zur Entschlüsselung der Architektur der mycobakteriellen Zellwand beitragen.

Kamada et al. [1988] stellten racemische Corynomycolsäuren mit 16 bzw. 20 C-Atomen her. Optisch-aktive (+)-(2*R*,3*R*)-Corynomycolsäure wurde aus Methylacetoacetat mittels mehrerer Reaktionsschritte synthetisiert, wobei auch eine asymmetrische Reduktion von 3-Oxo-octadecansäure mit Hilfe von Bäcker-Hefe als Schlüsselschritt enthalten war. Die optische Reinheit war ee >98% [Utaka et al. 1987].

Die Synthese von α,α´-Trehalose-2,3-diestern mit Palmitin- und Stearinsäure wurde erstmals von Baer & Wu [1993] und von Wallace & Minnikin [1994] beschrieben. Die unter Verwendung von Schutzgruppenchemie hergestellten 2,3-

-Di-*O*-acyl-α,α'-trehalosen wurden bezüglich ihrer Antigen-Wirkung einem ELISA-Test unterzogen. Einige Diacyl-Trehalosen zeigen dabei Antigen-Eigenschaften gegen Seren, die z.T. stärker sind als die der natürlichen Antigene von *Mycobacterium fortuitum* und *Mycobacterium tuberculosis* [Wallace & Minnikin 1996].

4.1.5 α,α'-D-Trehalose

Die α-D-Trehalose ist ein nicht reduzierendes Disaccharid, das hauptsächlich in Bakterien, Pilzen, Algen und Insekten gefunden wird und dort offenbar die Rolle eines Energiereservestoffes besitzt. Bis auf wenige Ausnahmen ist in der Natur bisher nur das α,α'-Isomere gefunden worden. Trehalose könnte in der Nahrungs- und Arzneimittelindustrie zur nichttoxischen Haltbarmachung eingesetzt werden [Portmann & Birch 1995]. Der Zucker scheint beim Dehydrationsprozess die Aufgabe von Wassermolekülen zu übernehmen, um die für den Bestand der Zelle notwendigen Eiweißgruppen intakt zu halten [Coutinho et al. 1988; Colaco et al. 1992]. Schon daher lohnt es sich, intensiv nach neuen mikrobiellen Trehaloseproduzenten zu suchen. Hierzu zählen u.a. Glucose-Fermentationen von *Aspergillus niger* [Hull et al. 1995], *Micrococcus varians* (40 g l^{-1} Trehalose aus 100 g l^{-1} Glucose; Kizawa et al. 1995] und *Filobasidium floriforme* [Miyazaki et al. 1996]. Alternativ werden auch enzymatische Prozesse für die gezielte Stärkeumwandlung entwickelt [Maruta et al. 1995; Yoshida et al. 1997; Mukai et al. 1997; Kobayashi et al. 1997]. Schließlich ließen sich auch - wie bei Rhamnoselipiden [Giani et al. 1997; Wullbrandt 1998] - die mikrobiell hergestellten anionischen Trehaloselipide von *Rhodococcus erythropolis* hydrolysieren und aus dem Hydrolysat das Disaccharid präparativ gewinnen.

4.1.6 Physiko-chemische Eigenschaften

In den folgenden Unterkapiteln soll insbesondere auf die Oberflächenspannungen und Grenzflächenspannungen im System Wasser / Öl von Corynomycolsäuren, Acyltrehalosen und anionischen Trehaloselipiden eingegangen werden.

4.1.6.1 Corynomycolsäuren

Wie in Tab. 5 dargestellt, setzen die von *Corynebacterium lepus* und auch von *Rhodococcus erythropolis* gebildeten Corynomycolsäuren (27-41 C-Atome) die Oberflächenspannung wässriger Elektrolyte von 72 auf 43 mN m^{-1} und die Grenzflächenspannung des Systems Elektrolyt / n-Hexadecan von 43 mN m^{-1} auf

Werte $\leq$ 10 mN m^{-1} herab. Die pH-Werte der wässrigen Lösungen bewirken nur geringfügige Veränderungen. Die cmc-Werte liegen im Bereich von 0,2-0,6 g l^{-1}. Die Zahl der C-Atome in der mit chemischen Methoden hergestellten α-verzweigten β-Hydroxyfettsäure ist wesentlich kürzer und führt wegen des kleineren hydrophoben Anteils zu einer stärkeren Erniedrigung der Grenzflächenspannung. Dieses synthetische Homologe einer Corynomycolsäure zeigt darüber hinaus gute Dispersionseffekte und positive Einflüsse auf die Fluidität biologischer Membranen [Kamada et al. 1988].

Tab. 5   Einfluss natürlicher Corynomycolsäuren (und einer synthetischen) auf die Oberflächenspannung von Wasser und die Grenzflächenspannung im System Wasser / n-Hexadecan.

Quelle für Corynomycol-säure	wässrige Lösung	T (°C)	σ_{min} (mNm^{-1})	γ_{min} (mNm^{-1})	cmc (mg l^{-1})	Referenz
Corynebacterium lepus *	Elektrolyt pH 5,5	20	43	8	300	Cooper et al. 1981b
	pH 8,5	20	43	10	300	
Rhodococcus erythropolis *	pH 3	40	n.b.	9	600	Kretschmer et al. 1982
	pH 9	40	n.b.	6	200	
Syntheseprodukt 4b**	Wasser	30	28	1,2	1000	Kamada et al. 1988

* Anzahl der C-Atome: 26-41   **Anzahl der C-Atome: 24

Eine weitere interessante physiko-chemische Eigenschaft von Mycolsäuren äußert sich in der Adhäsionsfähigkeit von coryneformen Bakterien an Teflonflächen in Abhängigkeit von der Kettenlänge der von diesen Bakterien produzierten Mycolsäuren [Bendiger et al. 1993].

4.1.6.2   Zucker-corynomycolate und Acyl-trehalosen

Aus Tab. 6 geht hervor, dass Disaccharid-monocorynomycolate die Oberflächenspannung von Wasser und die Grenzflächenspannung deutlich herabsetzen. Die weniger polaren Monosaccharid-monocorynomycolate und Disaccharid-dicorynomycolate vermögen dies nicht in gleicher Weise. Das Gemisch aus

Acyl-trehalosen mit 29% Octaacyl-trehalose-Anteil erniedrigt die Grenzflächen-spannung sehr stark.

Tab. 6   Einfluss von Zucker-corynomycolaten und Acyl-trehalosen auf die Oberflächenspannung von Wasser sowie auf die Grenzflächenspannung des Systems Wasser / n-Hexadecan.

Bakterium	Produkt	T (°C)	σ_{min} (mN m^{-1})	γ_{min} (mNm^{-1})	cmc (mg l^{-1})	Referenz
Rhodococcus erythropolis DSM 43215	Trehalose-mono-corynomycolat	40	32	14	4	Kim et al. 1990
"	Trehalose-di-corynomycolat	40	36	17	4	"
Corynebact. sp. M9b	Glucose-mono-corynomycolat	25	42	10	20	Schmeichel et al. 1989
"	Mannose-mono-corynomycolat	25	43	13	60	"
"	Saccharose-monocoryno-mycolat	25	27	< 5	10	"
"	Maltose-mono-corynomycolat	25	33	< 5	15	"
"	Isomaltose-mono-corynomycolat	25	35	< 5	15	"
"	Cellobiose-mono-corynomycolat	25	37	< 5	10	"
"	Palatinose-mono-corynomycolat	25	32	< 5	25	"
Arthrobacter sp. DSM 2567	Saccharose-di-corynomycolat	25	43	17	15	Schmeichel 1989
"	Maltose-di-corynomycolat	25	46	13	10	"
Rhodococcus sp. H13-A	Acyl-Trehalosen (Gemisch)	28	n.b.	0,25	1,5	Singer et al. 1990

Glucose- und Trehalose-corynomycolate in der Kulturlösung von *Rhodococcus erythropolis* S-1 bewirken in Verbindung mit extrazellulärem Protein Flockulierung von Tonerde-Suspensionen [Kurane et al. 1994, 1995].

4.1.6.3   Anionische Trehaloselipide

Kulturüberstände von Bakterien, die anionische Trehaloselipide produzieren, sowie die aufgereinigten Produkte selbst erniedrigen die Oberflächenspannung (Tab. 7) von Wasser auf ≤ 30 und die Grenzflächenspannung auf Werte < 8 bzw. < 1. Außerdem ist das Na-Salz des Succinoyl-trehaloselipids (NaSTL) ein gutes Dispergiermittel (α-Fe_2O_3, Carbonblack, α-Kupferphthalocyaninblau) und Emulgiermittel (Baumwollöl, Kerosin, Dimethylphthalat) [Ishigami et al. 1987a]. Das Glycolipid von *Nocardia* besitzt gute Emulgierfähigkeit für Wasser-Hexadecan-Systeme [Kosaric et al. 1990].
Die für den Trehalose-2,2′,3,4-tetraester und das Saccharose-monocoryno-mycolat an der Langmuir-Filmwaage bei 9°C aufgenommenen Filmdruckkurven (siehe auch Kap. 1.1) zeigen (Abb. 24) dass die erreichten Molekülgrundflächen von mehr als 30 $Å^2$/ Molekül am Kollapspunkt von ca. 45 mN m^{-1} größer sind als jene von Fettsäuren oder Fettalkoholen.

Tab. 7   Einfluss verschiedener Präparate von anionischen Trehaloseestern auf die Oberflächenspannung von Wasser und die Grenzflächen-spannung des Systems Wasser/Öl.

Bakterium	Produkt	T (°C)	σ_{min} (mN m^{-1})	γ_{min} (mN m^{-1})	cmc (mg l^{-1})	Referenz
Rhodococcus erythropolis SD74	Succinoyl-trehaloselipid, Na-Salz	30	30	8*	800	Ishigami et al. 1987a
Nocardia SFC-D	Trehaloselipid (unbek. Struktur)	RT	30	2**	n.b.	Kosaric 1990
Rhodococcus sp. 51T7	Zellfreier Überstand	RT	30	n.b.	n.b.	Espuny et al. 1996
Rhodococcus erythropolis DSM 43215	Trehalose-2,2',3,4-tetraester	40	26	< 1**	15	Kim et al.1990
Arthrobacter sp. EK1	2-Monosuc-cinoyl-2',3,4-tri-alkanoyl-trehalose	25	28	< 5**	10-25	Passeri 1991

*gegen Kerosin , **gegen n-C16

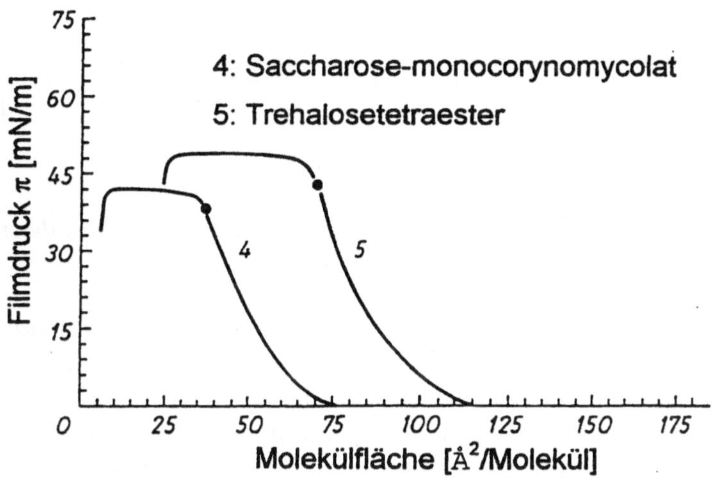

Abb. 24   π /A-Isothermen des Trehalose-tetraesters und des Saccharose-mono-corynomycolats bei 9 °C und 5 min Messzeit [Lang et al. 1991].

4.2   Lipooligosaccharide

4.2.1   Übersicht über mikrobielle Produzenten und Molekülstrukturen

Mikrobielle Lipooligosaccharide mit 3 - 5 Kohlenhydrateinheiten werden von verschiedenen *Mycobacterium* spp. produziert; sie werden als gattungs-spezifische Oberflächenantigene angesehen. Die ersten Isolate waren Lipo-pentasaccharide, die durch ethanolische Extraktion der Zellen von *Mycobacterium smegmatis* ATCC 356 erhalten wurden [Saadat & Ballou 1983]. Die Produkte enthalten Trehalose als Teil der Oligosaccharidstruktur, unterscheiden sich aber im Grad der Substitution mit Pyruvatgruppen. Bei einem dipyruvylierten Glycolipid werden Myristin-, Palmitin- und 2*E*-(4*S*)-2,4-Dimethyl-2-eicosensäure als acylierende Komponenten gefunden [Kamisango et al. 1985; Hartmann et al. 1994]. Die Molekülstruktur der Hauptkomponente ist in Abb. 25 wiedergegeben.

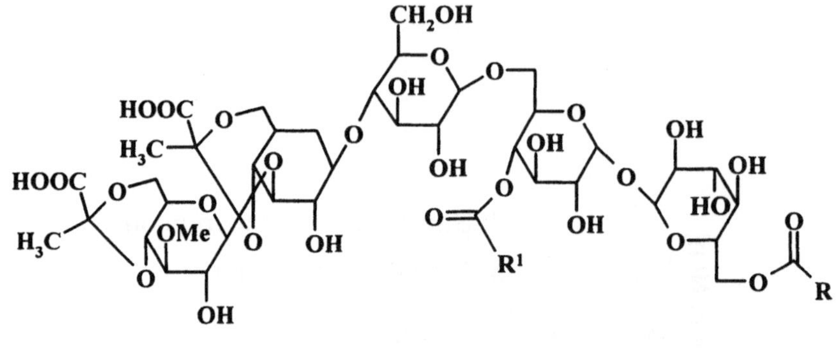

Abb. 25   Struktur des pyruvylierten Lipopentasaccharids von *Mycobacterium smegmatis* [Hartmann et al. 1994].

Zwei phagenresistente Stämme von *Mycobacterium smegmatis* enthalten ähnliche Lipooligosaccharide, die sich durch das Ausmaß der *O*-Acylierung und *O*-Methylierung unterscheiden [Besra et al. 1994]. Aus dem Lipidextrakt von *Mycobacterium kansasii* konnten Lipooligosaccharide mit einem Tetrasaccharidkern isoliert werden [Hunter et al. 1983], dessen Glucoseeinheiten wie folgt verknüpft sind:

ß-D-Glcp-(1→3)-ß-D-Glcp-(1→4)-α-D-Glcp(1→1)-α-D-Glcp
(Glcp = Glucopyranose)

Zudem können Xylose, Fucose sowie als Acylsubstituenten Dimethyltetradecansäure und Acetat isoliert werden. Über weitere Lipooligosaccharide aus *Mycobacterium* sp. und anderen Actinomyceten wird bei Brennan [1988] referiert.

Die Nützlichkeit von Screening-Programmen bei der Suche nach neuen Biotensidstrukturen demonstrieren die folgenden Seiten. Im Zuge des hier beschriebenen Verfahrens konnten zwei neue Bakterienstämme gefunden werden, die ebenfalls Lipooligosaccharide bildeten. Bei deren Hauptprodukten handelt es sich um neuartige Lipo-pentaglucose bzw. Lipo-tetraglucose.

4.2.2   Lipo-pentaglucose bei *Nocardia corynebacteroides*

4.2.2.1   Mikrobieller Produzent und Molekülstruktur

Ein aus einer Ölsandprobe isoliertes, glycolipidbildendes Bakterium wurde anhand von stoffwechsel-physiologischen Merkmalen charakterisiert. Mittels chemotaxonomischer Analysen und diagnostischer Vergleichsstudien mit repräsentativen Stämmen wurde es von der DSMZ als *Nocardia corynebacteroides* SM1 identifiziert. Bei Wachstum auf n-Alkanen bildet es neben den bereits bekannten Disaccharidlipiden Trehalose-6-monocorynomycolat und Trehalose-6,6′-dicorynomycolat als Hauptprodukt ein zu 90% zellwandassoziiertes neuartiges, anionisches Pentasaccharidlipid mit einem mittleren Molekulargewicht von 1462 d (Abb. 26). Das Verhältnis der drei Komponenten in der genannten Reihenfolge beträgt 2% : 6% : 92%.

Die Kohlenhydratkomponente dieses neuartigen Pentaglucose-octaesters besteht aus fünf glycosidisch verknüpften Glucosemolekülen. Der Lipidanteil setzt sich aus zwei Acetylresten, drei Propanoyl- bzw. Butanoyl-, zwei Octanoylresten sowie einem Succinoylrest zusammen.

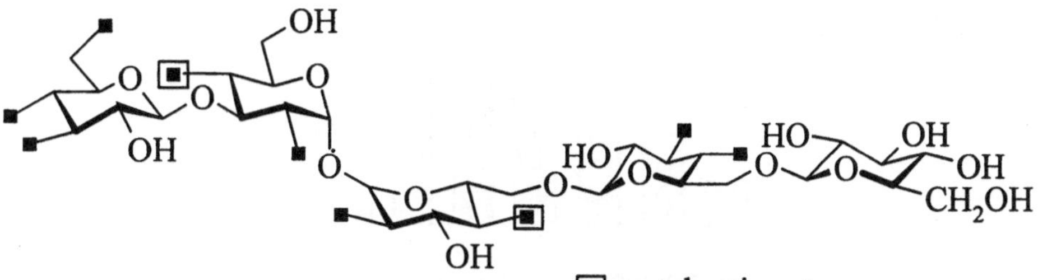

CH_3COO	je 2 x
CH_3CH_2COO und $CH_3(CH_2)_2COO$	je 3 x
$CH_3(CH_2)_6COO$	je 2 x
$HOOC(CH_2)_2COO$	1 x

Abb. 26 Struktur des Pentaglucoselipids von *Nocardia corynebacteroides* SM1 nach Wachstum auf n-C14/15 [Kim et al. 1990; Powalla 1990].

Die relative Verteilung und Natur dieser Substituenten bezieht sich streng nur auf die u.a. eingesetzte Kohlenstoffquelle n-C14/C15 (techn. Gemisch), da vergleichende Untersuchungen durch Variation der Kohlenstoffquelle nicht durchgeführt wurden. Wie in Abb. 26 angedeutet, war die eindeutige Zuordnung der Substituenten zu den Acylierungspositionen der Kohlenhydratkomponenten ohne die partielle Hydrolyse des nativen Glycolipids nicht möglich [Powalla et al. 1989].

4.2.2.2   Mikrobielle Bildung

Optimierungen für Wachstumskinetik und Glycolipid-Bildung unter Stickstoff-Limitierung führten zu einem definierten Mineralsalzmedium. Von den verschiedenen hydrophoben Kohlenstoffquellen, die für die Glycolipid-Bildung (Abb. 27) geeignet sind, erweisen sich insbesondere n-Tetradecan, n-Pentadecan und n-Hexadecan für die Produktion als vorteilhaft.

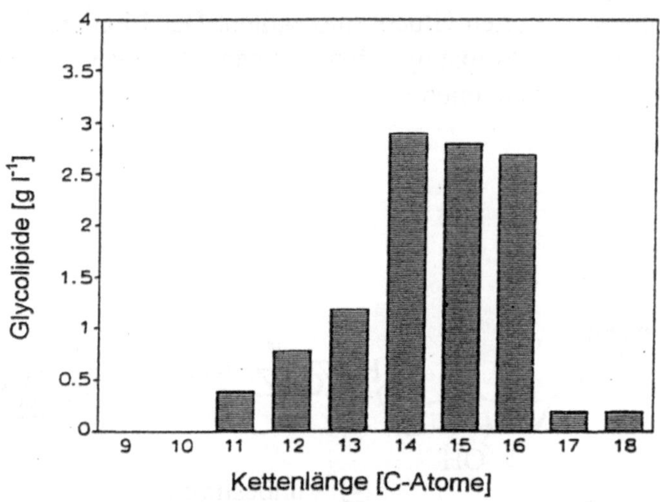

Abb. 27   Einfluss der Kettenlänge reiner n-Alkane auf die Lipopentaglucose-Bildung durch *Nocardia corynebacteroides* SM1 nach 144 h.
Bedingungen: 100 ml Kulturen; Mineralsalzmedium, 20 g l^{-1} n-Alkane; pH 6,6; 22°C [Kim et al. 1990].

Eine typische Kultivierung des Bakteriums auf 4% reinem n-Tetradecan gibt Abb. 28 wieder. Folgende Protokoll-Daten sind für die Fermentation von Bedeutung:

<u>Glycolipid:</u>

Konzentration	3,2	(g l^{-1})
$Y_{P/S}$	0,09	(g g^{-1} Substrat)
$Y_{P/X}$	0,54	(g g^{-1} BTM)
P_V	0,04	(g l^{-1} h^{-1})
Spez. Produktivität	0,007	(g g^{-1} BTM h^{-1})

<u>Biotrockenmasse:</u>

Konzentration	5,9	(g l^{-1})
$Y_{X/S}$	0,17	(g g^{-1} Substrat)
μ_{max}	0,07	(h^{-1})
Vol. Produktivität	0,073	(g l^{-1} h^{-1})

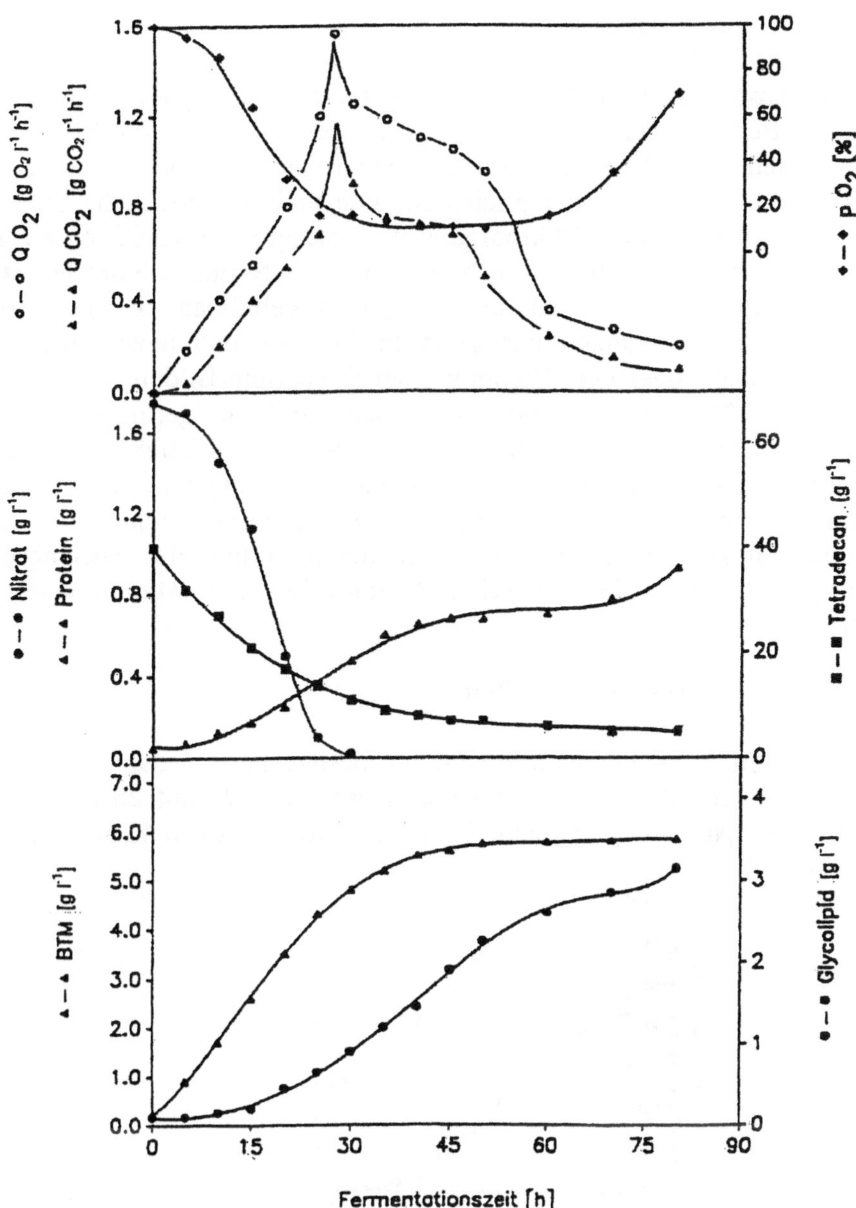

Abb. 28   Lipo-pentaglucose-Bildung bei *Nocardia corynebacteroides* SM1 unter stickstofflimitierten Bedingungen im Bioreaktor. Bedingungen: Mineralsalzmedium, 20 l   Arbeitsvolumen, 4% n-C14, T=22°C, pH 6,6; Intensorrührsystem, 1000 Upm, 0,4 v/vm [Powalla 1990].

Unter vergleichbaren Bedingungen wird auf technischem n-C14/15-Gemisch eine Konzentration von 2,0 g l^{-1} bei $Y_{P/X} = 0,31$ erreicht.

4.2.2.3   Regulation

Als Kohlenstoffquelle n-Alkane, Nitrat als Stickstoffquelle sowie stickstoff-limitierte Bedingungen sind für *Nocardia corynebacteroides* SM1 die besten Bedingungen zur Überproduktion der neuartigen Lipo-pentaglucose. Dagegen erweisen sich als ungeeignet pflanzliche Öle und wasserlösliche Substrate, u.a. Glucose. Die bei anderen Mikroorganismen erfolgreiche Verfahren mit ruhenden Zellen führen ebenfalls - offensichtlich aufgrund fehlender Cofaktor-Regenerierung – zu keinen brauchbaren Ergebnissen. Einige zweiwertige Kationen (Mn, Zn) zeigen nur geringen Einfluss und bewirken bei höheren Konzentrationen sogar eine Hemmung der Glycolipid-Bildung, jedoch nicht des Wachstums. Magnesium- und Eisenionen sind in geringer Konzentration essentiell für die Gycolipid-Synthese. Die signifikanten Effekte der Magnesium- bzw. Eisenionen werden auf ihre funktionelle Bedeutung als Cofaktoren der UDP-Glucose-Pyrophosphorylase (wichtig für UDP-Glucose-Bildung) bzw. der Alkan-Monooxygenase (Initialschritt beim Alkanabbau) und der Succinat-Dehydro-genase (Verbindungsglied zwischen Citratcyclus und Atmungskette) zurück-geführt.

4.2.2.4   Tensideigenschaften

Der aufgereinigte Pentaglucose-octaester besitzt gute Tensideigenschaften. Er reduziert die Oberflächenspannung von Wasser von 72 auf 26 mN m^{-1} und die Grenzflächenspannung im System Wasser/n-Hexadecan von 43 auf Werte < 1 mN m^{-1} (Abb. 29).

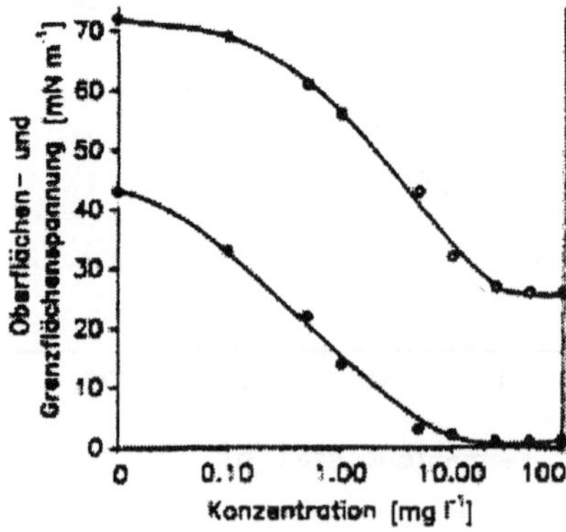

Abb. 29   Einfluss der Lipo-pentaglucose von Nocardia corynebacteroides SM1
               auf die Oberflächenspannung von Wasser und die Grenzflächenspannung
               von Wasser gegen n-Hexan bei 40 °C [Powalla 1990].

4.2.3 Lipooligosaccharide bei *Tsukamurella* sp. nov.

4.2.3.1 Mikrobieller Produzent

Durch gezieltes Screening z.B. nach Pflanzenöl-verwertenden Mikroorganismen lassen sich Glycolipid-Bildner in der Natur auffinden. So konnte aus einer Bodenprobe (neben einer Autobahn bei Braunschweig) ein grampositives Bakterium als Glycolipidbildner isoliert werden, das sich nach chemotaxonomischer und nach 16S rRNA-Gensequenz-Analyse als eine neuartige *Tsukamurella* Spezies herausstellte [Vollbrecht et al. 1998]. Abb. 30 gibt die Einordnung dieser Gattung in den phylogenetischen Baum der mycolsäurehaltigen Actinomyceten wieder [Chun et al. 1996].

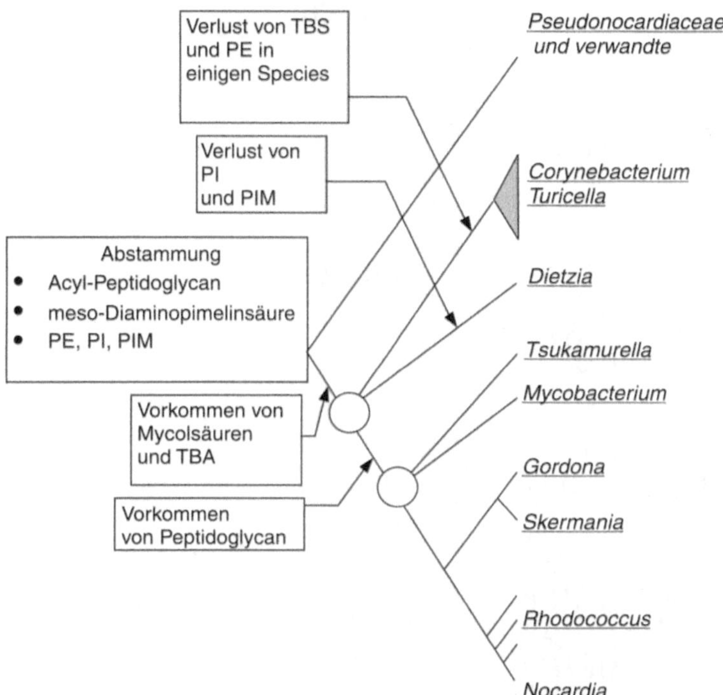

Abb. 30 Evolutionärer Stammbaum für mycolsäurehaltige Actinomyceten auf der Basis von Daten zur 16S rRNA Gensequenz und Chemotaxonomie. Abkürzungen: PE = Phosphatidylethanolamin; PI = Phosphatidylinositol; PIM = Phosphatidyl-inositol-mannosid; TBS = Tuberculostearinsäure [Chun et al. 1996].

4.2.3.2 Molekülstrukturen

In Kenntnis der Spezies-Herkunft und der in der Zellwandstruktur vorkommenden Zuckerbausteine überrascht es nicht, dass auch hier Trehalose-haltige Glycolipide gefunden werden. Die Produkte kommen jedoch überwiegend extrazellulär vor, was sich durch eine deutliche Emulsionsbildung der Kulturbrühe bemerkbar macht. Ein ähnliches Verhalten wird bei den später noch zu behandelnden Rhamnoselipiden von *Pseudomonas* sp. beobachtet. Nach Reinigung des Produktgemisches führt die Strukturaufklärung zu mehreren Glycolipiden, von denen drei in Abb. 31 dargestellt sind.

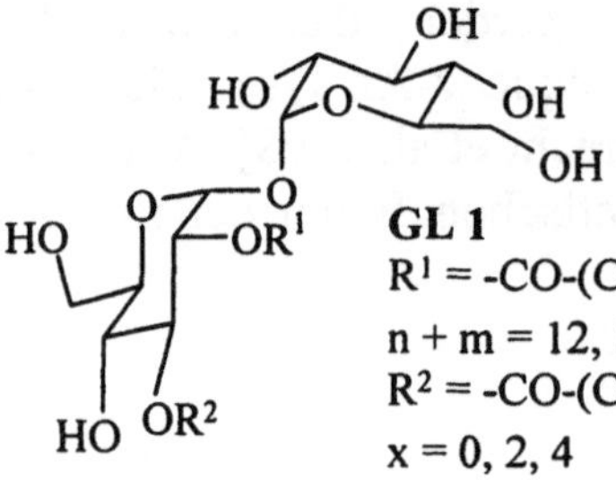

GL 1
$R^1 = -CO-(CH_2)_n-CH=CH-(CH_2)_m-CH_3$
$n + m = 12, 14$
$R^2 = -CO-(CH_2)_x-CH_3$
$x = 0, 2, 4$

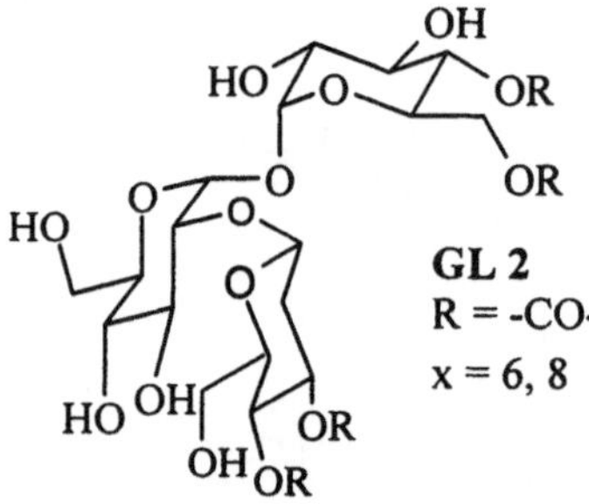

GL 2
$R = -CO-(CH_2)_x-CH_3$
$x = 6, 8$

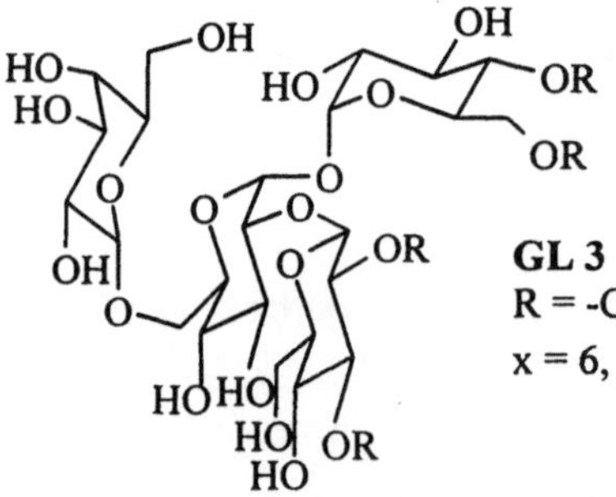

GL 3
$R = -CO-(CH_2)_x-CH_3$
$x = 6, 8, (7)$

Abb. 31   Strukturen der Glycolipide von *Tsukamurella* sp.

Auf Kieselgel besitzen die Verbindungen GL 1 bis GL 3 die folgenden R_f-Werte (Fließmittel $CHCl_3/CH_3OH/H_2O = 65/15/2$, v/v/v): GL 1: 0,29; GL 2: 0,39; GL 3: 0,13 [Vollbrecht et al. 1998].

Die Molekülstrukturen sind mittels ^{1}H- und ^{13}C-NMR-Spektroskopie in Kombination mit Massenspektrometrie (ESI-MS; Elektrospray-Ionisations-MS, positive bzw. negative Ionisation) gesichert.

4.2.3.3 Mikrobielle Produktion

Tsukamurella sp. bildet insbesondere auf Sonnenblumenöl die zuvor beschriebenen Glycolipide, die hauptsächlich extrazellulär, aber teilweise auch zell-assoziiert vorliegen. Mit pH 7,5 und 30°C liegen für 100 ml Schüttelkulturen optimale Bedingungen für Wachstum und Produktbildung vor. Zellaggregation an der Innenwand der Glaskolben wird durch Zugabe von 0,25 g l^{-1} EDTA (optimale Konzentration) reduziert, gleichzeitig erhöht sich dadurch der Glycolipidgehalt (Abb. 32).

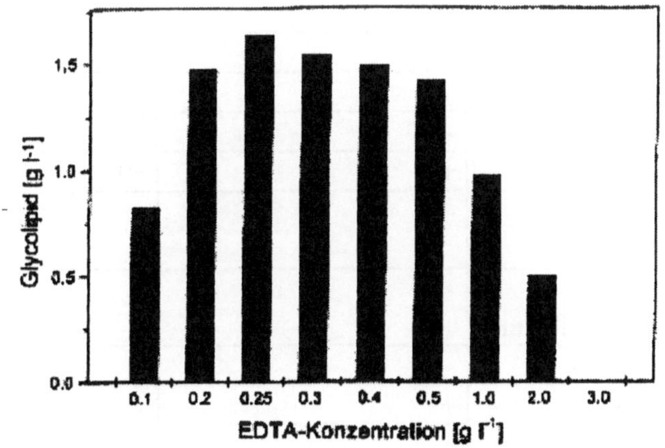

Abb. 32   Einfluss verschiedener EDTA-Konzentrationen auf die Glycolipidbildung von *Tsukamurella* sp.. Bedingungen: 100 ml Kulturen, Mineralsalzmedium, 20 g l^{-1} Sonnenblumenöl (ölsäurereich), 100 Upm, 30°C, pH 7,5 [Vollbrecht et al. 1998].

Ähnliche positive Effekte werden von Kultivierungen des gram-positiven *Rhodococcus erythropolis* berichtet [Ristau 1983]. EDTA-Gaben verursachen insbesondere bei gram-negativen Bakterien eine verstärkte Permeabilität der äußeren Membran, indem zweiwertige Metallionen komplexiert werden, die die Membran durch z..B. Salzbrücken stabilisieren [Asbell & Eagon 1966; Vaara 1992]. Höhere Konzentrationen an EDTA verursachen Zell-Lyse.

Ammoniumionen als N-Quelle erzielen höhere Erträge als Nitrat bzw. Harnstoff (Werte hier nicht aufgeführt). Tab. 8 dokumentiert die Auswirkung wasserlöslicher C-Quellen auf Wachstum und Produktion. Auf z. B. Glucose, und komplexen Medien wie Malzextrakt, Pepton und Hefeextrakt wächst *Tsukamu-rella* sp. zwar sehr gut, bildete aber nur Spuren von Glycolipiden bzw. keine Glycolipide. Unter den lipophilen Substraten führt, wie schon erwähnt, natives Sonnenblumenöl (ölsäurereich) zu den höchsten Produkterträgen. Bei Verwendung von Ölsäure, Sonnenblumenölfettsäuren und deren Methylestern wird kein bakterielles Wachstum beobachtet, während auf Ölsäureethylester und n-Tetradecanol Wachstum und Glycolipidbildung deutlich zunehmen.

Tab. 8   Einfluss verschiedener C-Quellen (20 g l^{-1}) auf Wachstum und Glycolipidbildung von *Tsukamurella* sp. nach 95 h.

C-Quelle	Wachstum	Glycolipidbildung
Nutrient Broth (Difco)	++	-
CP*	++	-
MPY**	++	-
Glucose	++	-
Glycerin	-	-
Sonnenblumenöl	++	++
Sonnenblumenöl-Fettsäuren	-	-
Sonnenblumenöl-Fettsäurenmethylester	-	-
Ölsäure	-	-
Ölsäureethylester	+	+
n-Tetradecanol	+	+

CP*: Hefeextrakt 10 g l^{-1}, Glucose * H_2O 10 g l^{-1}, pH 6,2; MPY**: Malzextrakt 20 g l^{-1}, Pepton (Rind) $2,5 \text{ g l}^{-1}$, Hefeextrakt $2,5 \text{ g l}^{-1}$

Die Ergebnisse einer 10-l-Bioreaktor-Kultivierung auf der Basis von Sonnenblumenöl sind in Abb. 33 zusammengestellt. Aus 17 g l^{-1} Sonnenblumenöl von ursprünglich 20 g l^{-1} werden nach knapp 70 Stunden $6\text{-}7 \text{ g l}^{-1}$ Biomasse und $4,5 \text{ g l}^{-1}$ Glycolipid gebildet.
Die Ertragskoeffizienten zeigen sich wie folgt: $Y_{P/S} = 0,26$; $Y_{P/X} = 0,69$.
Die Produktion setzt verstärkt erst dann ein, wenn nach 24 Stunden die Stickstoffquelle limitierend wird.
Nach Wachstum auf n-Hexadecan zeigen auch Kulturüberstände von *Rhodococcus aurantiacus* 80001 (nach heutiger Kenntnis *Tsukamurella paurometabolum*) eine sehr niedrige Oberflächenspannung von 28 mN m^{-1} [Ramsay et al. 1983; 1988]. In darauf folgenden Studie werden vier Glycolipide mit R_f-Werten

(DSC) beschrieben, die den hier genannten entsprechen könnten. Angaben zur Molekülstruktur werden nicht gemacht. Bei der n-Hexadecan (2%)-Kultivierung beobachten die Autoren keine Stimulierung durch Stickstoff-Limitierung.

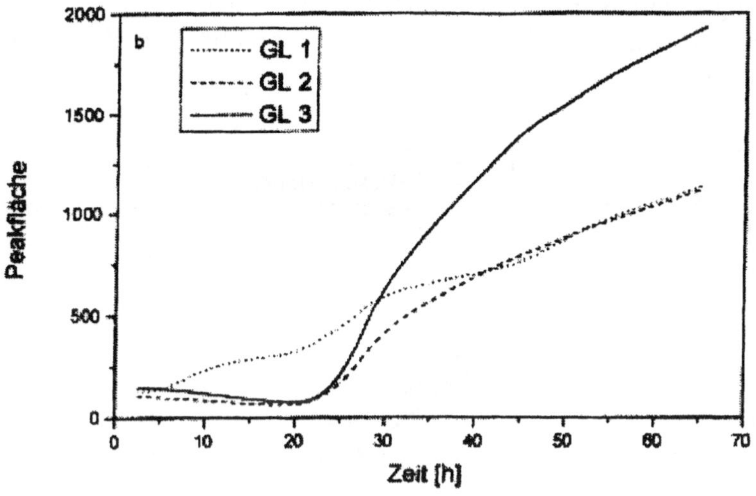

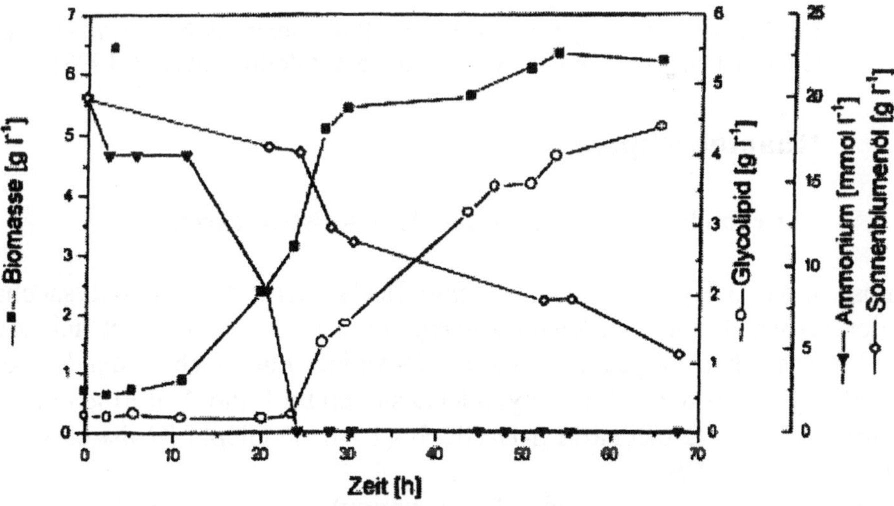

Abb. 33   Oben: Zusammensetzung des Lipidgemisches während der Kultivierung, gemessen per DSC/Densitometer ; unten: Wachstum und Glycolipidbildung bei *Tsukamurella* sp. in einer 10-l-Batch-Kultivierung auf 20 g l⁻¹ Sonnenblumenöl (ölsäurereich). Bedingungen: Mineralsalzmedium; 800 Upm, 0,5 v/vm, 30°C, pH 7,5 [Vollbrecht et al. 1998].

4.2.3.4   Tensideigenschaften

Beide Hauptprodukte unter den Oligosaccharidlipiden, GL 2 und GL 3, erniedrigen die Oberflächenspannung von Wasser von 72 mN / m bei einer Konzentration von 100 mg l^{-1} auf Werte unter 25 mN / m (Abb. 34).
Das Rohprodukt bewirkt schon bei 10 mg l^{-1} einen entsprechend niedrigen Wert [Lang et al. 1998a].

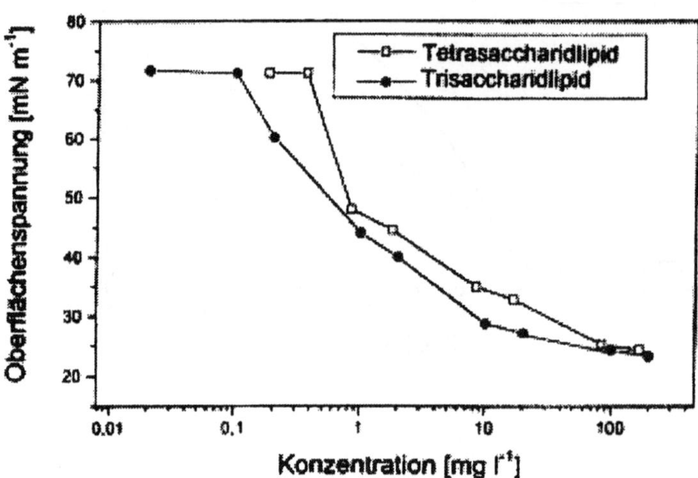

Abb. 34   Einfluss von Lipooligosacchariden des Bakteriums *Tsukamurella* sp. auf die Oberflächenspannung von Wasser bei 25°C [Vollbrecht et al. 1998].

4.3   Rhamnoselipide

4.3.1   Mikrobielle Produzenten und Molekülstrukturen

Rhamnose sowie 3-Hydroxyfettsäuren sind Bestandteile des Lipopolysaccharids (LPS) der Zellwand von *Pseudomonas aeruginosa*. Der Zucker findet sich sowohl in der *O*-spezifischen Polysaccharidkette (*O*-Antigen) als auch in der Kernzone, die 3-Hydroxydecan- und 3-Hydroxydodecansäuren im Lipid A, dort gebunden an ein phosphoryliertes Disaccharid β-D-Glc*p*N-(1→6)-D-Glc*p*N [Holst et al. 1996; Stanislavsky & Lam 1997].
Bei *Pseudomonas pyocyanea* (alte Bezeichnung) wurden nach Wachstum auf Glucose erstmals 1946 Glycolipide gefunden, die Rhamnose und β-Hydroxydecansäure enthielten [Bergström et al. 1946]. In *Pseudomonas aeruginosa* (auf 3% Glycerin) liegen Glycolipide als β-Hydroxydecanoyl-β-hydroxydecanoat mit 2 glycosidisch verknüpften Rhamnosemolekülen vor [Jarvis & Johnson 1949]. Aufgeklärt wurde die Struktur von Edwards & Hayashi [1965], die eine 1,2-

Bindung nach Perjodat-Oxidation und Methylierung nachweisen konnten. Abb. 35 zeigt dieses erste identifizierte Rhamnoselipid R2 zusammen mit später gefundenen.

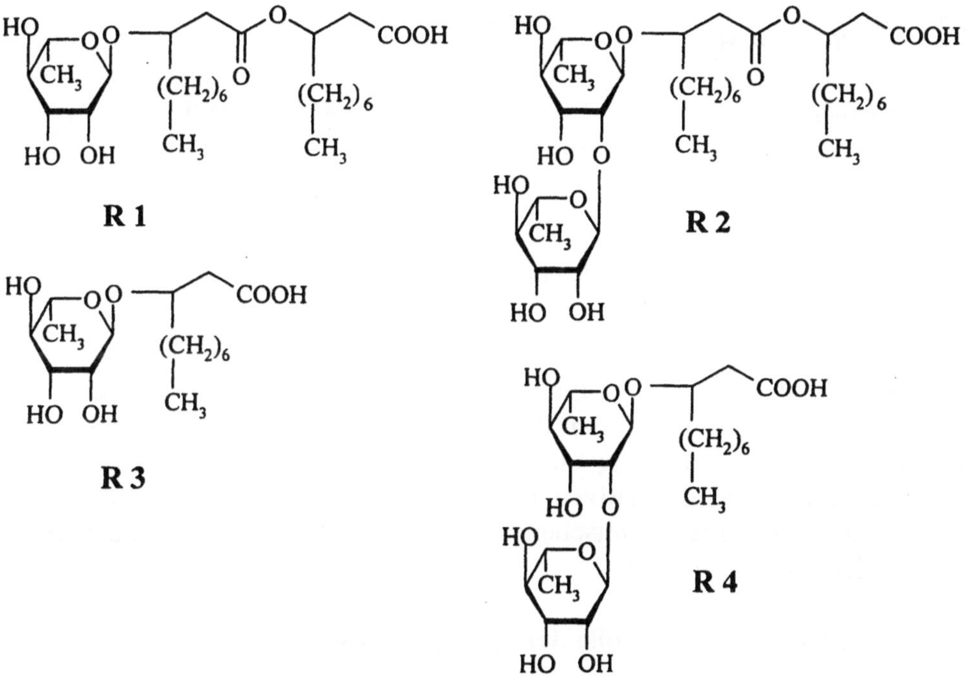

Abb. 35   Strukturen der Rhamnoselipide R1, R2, R3 und R4 von *Pseudomonas aeruginosa* [Edwards & Hayashi 1965; Itoh et al. 1971; Syldatk et al. 1985a,b; Gruber et al. 1993].

L-α-Rhamnopyranosyl-β-hydroxydecanoyl-β-hydroxydecanoat (R1 in Abb. 35) wird in Kulturen von *Pseudomonas aeruginosa* KY 4025 auf 10% n-Alkan gefunden [Itoh et al. 1971]. Als einziges Rhamnoselipid wird R2 auch bei Kultivierung von *Pseudomonas aeruginosa* S_7B_1 auf n-Hexadecan und n-Paraffinen (C14-C18) gefunden [Hisatsuka et al. 1971]. R3 und R4 enthalten nur eine β-Hydroxydecanoyl-Einheit; sie werden bei Fermentationen mit ruhenden Zellen von *Pseudomonas* sp. DSM 2874 synthetisiert [Syldatk et al. 1985a,b]. Mit α-Decensäure acylierte Rhamnoselipide (Abb. 36) werden schon von Yamaguchi & Sato[1976] beschrieben.

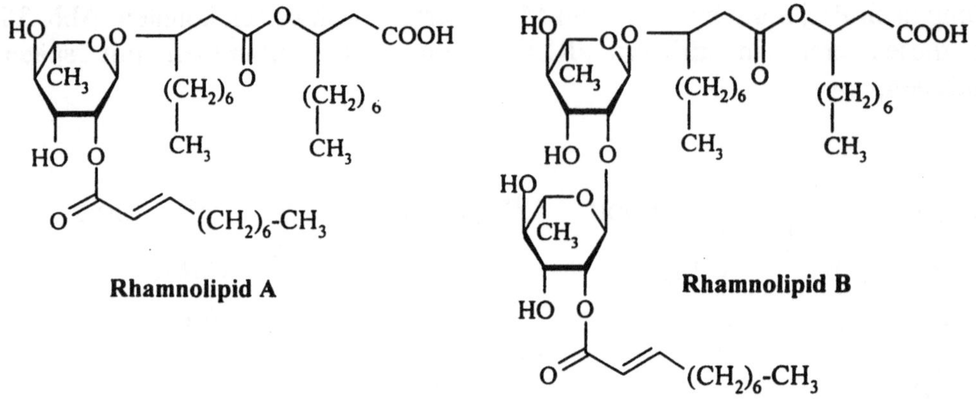

Rhamnolipid A

Rhamnolipid B

Abb. 36:   Seltene Rhamnoselipide von *P. aeruginosa* [Yamaguchi
                et al. 1976].

Die Methylester der Rhamnoselipide R1 und R2 sind Hauptprodukte bei
Pseudomonas aeruginosa 158, wenn die Kultivierung in Difco Trypticase-Soja-
Medium durchgeführt wird [Hirayama & Kato 1982]. Weitere Strukturvarianten
der Rhamnoselipide mit alternativen Hydroxyfettsäure-Kettenlängen (C8, C12)
werden in Kulturen eines klinischen Isolats von *Pseudomonas aeruginosa*
angereichert [Rendell et al. 1990].

4.3.2   Physiologische Rolle der Rhamnoselipide

Das Wachstum verschiedener *Pseudomonas aeruginosa*-Spezies auf n-Hexadecan
lässt sich durch die Zugabe von Rhamnolipid R2 zum Medium stimulieren
[Hisatsuka et al. 1971]; bei anderen bakteriellen Gattungen bleibt es jedoch ohne
Wirkung. Die gleichen Autoren entdeckten einen proteinähnlichen Aktivator der
n-Alkan-Oxidation, der besonders gut mit obigem Rhamnoselipid zusammenwirkt
[Hisatsuka et al. 1972].

Rhamnoselipid-negative Mutanten von *Pseudomonas aeruginosa* KY-4025 [Itoh
& Suzuki 1972] und von *Pseudomonas aeruginosa* PG 201 [Koch et al. 1991]
zeigen im Vergleich mit den Wildstämmen nur geringes Wachstum auf n-
Paraffinen und n-C16. Die Supplementierung des Nährmediums mit Rhamnoselipiden führt dagegen zur normalen Biomasseentwicklung auch bei Mutanten;
dieser Effekt bestätigt die essentielle Rolle dieser Verbindungen für das
Wachstum auf n-Alkanen.

4.3.3   Biosynthese von Rhamnoselipiden

Die ersten Studien zur *de novo* Biosynthese der beiden zuerst gefundenen Rhamnoselipide wurden mit ruhenden Zellen [Hauser & Karnovsky 1957; 1958] und mit Enzymextrakten [Burger et al. 1963] unter Verwendung von radioaktiv markierten Precursor-Molekülen durchgeführt. Bei den Precursor-Molekülen handelte es sich hauptsächlich um ^{14}C-Glycerin, ^{14}C-Acetat und ^{14}C-markierte TDP-Rhamnose. Die Ergebnisse fasst der in Abb. 37 postulierte Biosyntheseweg zusammen (Burger et al. [1963]).

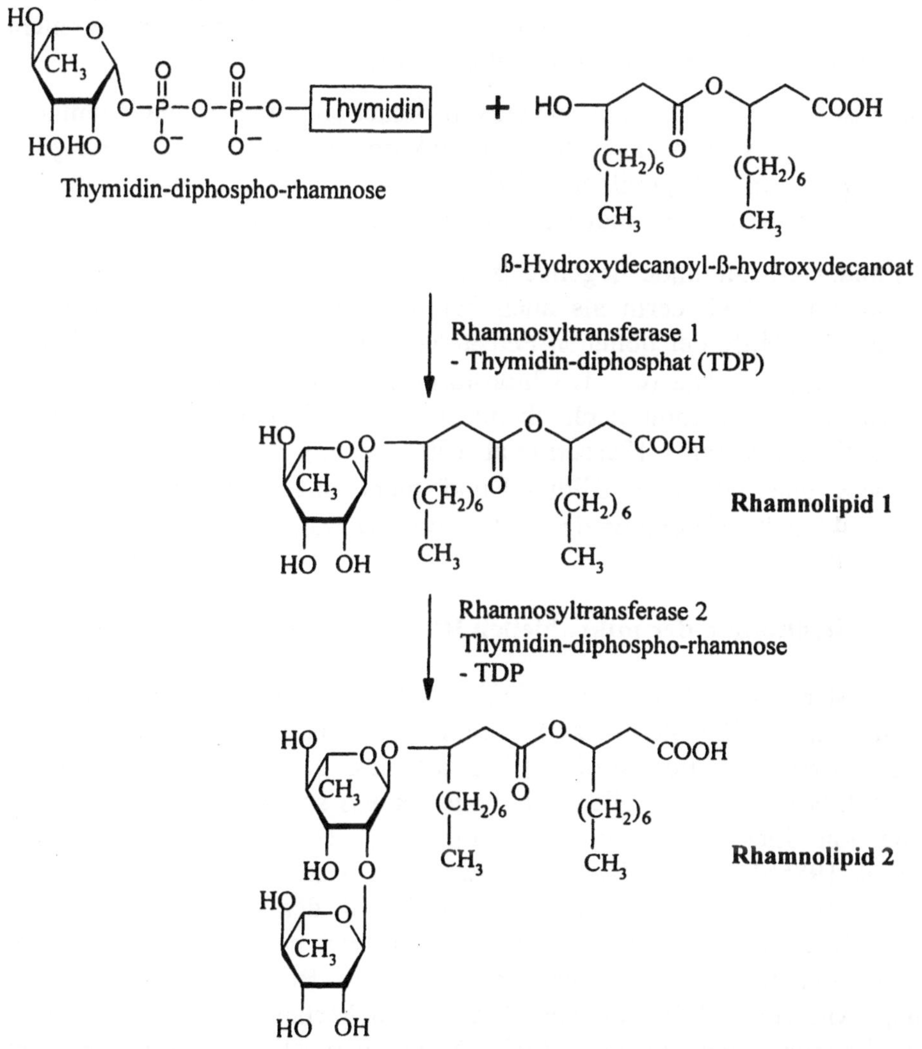

Abb. 37   Biosynthese der Rhamnoselipide R1 und R2 bei *P. aeruginosa* [Burger et al. 1963; Ochsner et al. 1996].

Im Zentrum stehen zwei durch spezielle Rhamnosyltransferasen katalysierte, sequentielle Glycosyltransfer-Reaktionen. Die Enzymaktivitäten werden sowohl in der Membran- als auch in der Cytosolfraktion gefunden. Bei *Pseudomonas aeruginosa* PG 201 befindet sich ein beträchtlicher Teil der löslichen Rhamnosyltransferase-1-Aktivität in hochmolekularen Aggregaten, sie lässt sich durch Sepharose CL-6B Chromatographie 16-fach anreichern.

Das Molekulargewicht des noch mit Lipopolysaccharid assoziierten Proteins beträgt $2*10^6$ d; in diesem Zustand ist das Protein sehr stabil. Die membranassoziierte Rhamnosyltransferase-1-Aktivität lässt sich daraus mit 1M KCl-Lösung ablösen und chromatographieren.

Die abschließende SDS-PAGE Analyse liefert eine Protein-Hauptbande mit 47 kd (katalytische Untereinheit). Die Rhamnosyltransferase 2 ließ sich bisher nicht anreichern und charakterisieren [Ochsner et al. 1996].

TDP-Rhamnose wird in vielen gram-negativen Bakterien gefunden, da Rhamnose häufig in den Lipopolysaccharid-Seitenketten inkorporiert ist. Ihren Ursprung hat die Verbindung in zunächst gebildeter TDP-Glucose, deren Glucoseanteil danach dehydratisiert, epimerisiert und reduziert wird [Ochsner et al. 1996].

Die dem Lipidanteil zugrunde liegende β-Hydroxydecansäure wird aus Acetateinheiten (sowohl bei Glycerin als auch bei n-Alkanen als Kohlenstoffquelle nachgewiesen) mit Hilfe der üblichen Fettsäuresynthetase gebildet. Der optische Drehwert von $[\alpha]_D$ = - 20,2 (c = 1, Chloroform, 25 °C) für die resultierende β-Hydroxydecansäure, bestimmt nach chemischer Hydrolyse eines auf n-Alkan gewonnenen Rhamnoselipids [Passeri et al. 1992], steht in Übereinstimmung mit der Hypothese einer *de novo*-Bildung und nicht mit einem β-Oxidationszwischenprodukt (*S*-Konfiguration der β-Hydroxydecansäure).

4.3.4   Regulation der mikrobiellen Rhamnoselipidbildung

Der Synthesestart von Rhamnoselipiden in *Pseudomonas aeruginosa* nach Verbrauch der Stickstoffquelle und zu Beginn der stationären Wachstumsphase ist von vielen Autoren bestätigt worden [Guerra-Santos et al. 1984a; Ramana & Karant 1989b]. Bei ruhenden Zellen von *Pseudomonas* sp. DSM 2874 verursacht die Zugabe von Stickstoffquellen eine Inhibierung der Rhamnoselipidbildung [Syldatk et al. 1985b]. In *Pseudomonas aeruginosa* existiert ein direkter Zusammenhang zwischen der Rhamnoselipidsynthese und der Glutaminsynthetaseaktivität [Mulligan & Gibbs 1989b]. Das Enzym zeigt maximale Aktivität am Ende der exponentiellen Wachstumsphase, d.h. zu Beginn der Rhamnoselipidbildung. Mit einer Chloramphenicol-toleranten Mutante von *Pseudomonas aeruginosa* konnten zwei unterschiedliche Metabolismustypen auf komplexem Nährmedium aufgespürt werden: Das exponentielle Wachstum wird geprägt durch

Aminosäurekatabolismus (Proteinhydrolysat-Verwertung) und die stationäre Phase durch den Glucose-Metabolismus [Mulligan et al. 1989c]. Dieser Metabolismusshift drückt sich aus in der Induktion der Transhydrogenase und der Glucose-6-P-Dehydrogenase. Am Übergangspunkt dieser reversen Diauxie wird die Rhamnoselipidbildung initiiert. Auch ein Shift im Phosphat-Metabolismus deckt sich mit der Biotensidbildung [Mulligan et al. 1989d].

Die Expression von *Pseudomonas aeruginosa* Genen zur Rhamnoselipidsynthese in *Pseudomonas fluorescens* und *Pseudomonas putida* findet nur unter Stickstoff-limitierten Bedingungen statt [Ochsner et al. 1995]. Eine höhere Konzentration von Rhamnoselipiden mit *Pseudomonas aeruginosa* DSM 2659 wird durch Limitierung von Mg-, Ca-, K-, Na-, Fe-Ionen sowie Spurenelementen erreicht [Guerra-Santos et al. 1986].

4.3.5 Genetik der Rhamnoselipid-Synthese

Untersuchungen zur Biotensid-Synthese auf genetischer Ebene werden erst seit wenigen Jahren unternommen. Bei der Surfactin-Synthese (dem cyclischen Lipopeptid in Abb. 6) durch *Bacillus subtilis* sind diese Bemühungen erfolgreich gewesen. In die Biosynthese von Surfactin sind drei chromosomale Gene, *sfp*, *srfA und comA* involviert [Nakano & Zuber 1990; 1993; Nakano et al. 1992]. Das Gen *sfp* codiert dabei für ein Polypeptid (224 Aminosäuren), das neue Interme-diate in Surfactin konvertiert, daneben übernimmt es auch eine regulatorische Aufgabe; *srfA*, ein großes Operon von mehr als 25 kb DNA, codiert für die multifunktionelle Surfactin-Synthetase [Nakano & Zuber 1990; Nakano et al. 1991], während *comA* ein Regulator-Protein codiert, das durch Phosphorylierung aktiviert wird. Letzteres hat starke Bindungsaffinität zum *srfA*-Promotor.

Folgende allgemeine Strategie findet bei den Biosynthese-Untersuchungen Anwendung: Für die genetischen Studien werden Mutanten von *Pseudomonas aeruginosa* PG 201 genutzt, die keine Rhamnolipide mehr produzieren, sog. (-)-*rhl*-Mutanten, gefolgt von genetischer Komplementierung dieser Stämme durch Wildtyp-Gene [Ochsner et al. 1994 a,b; 1995 bzw. Ochsner & Reiser 1995]. Nach der Methode von Koch et al. [1991] wird ein Pool von Tn5-GM induzierten Mutanten erzeugt, die ein einzelnes, willkürlich eingefügtes Transposon im Genom enthalten. Die DNA-Sequenz am Ort der Insertion erwies sich hierbei als neuartig (Genbanken). Die Genorganisation in dieser *rhl*-Region weist die Sequenz *rhl*ABRI auf (Abb. 38).

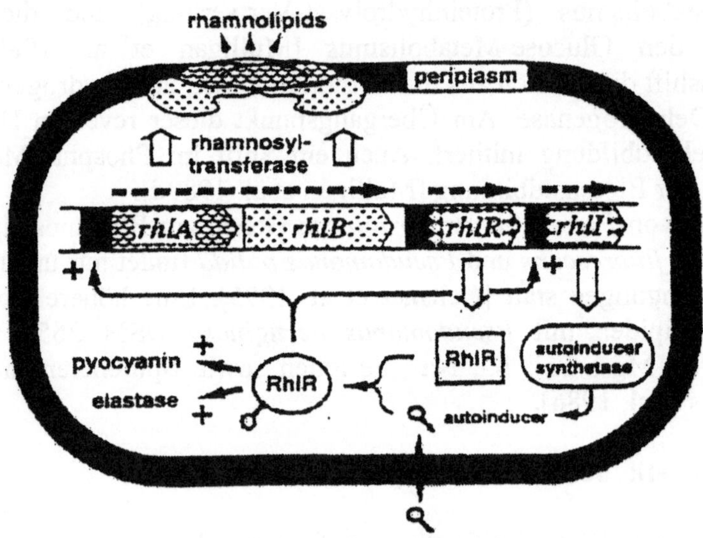

Abb. 38   Modell für die Regulation der Rhamnoselipidbildung bei *P. aeruginosa*
                [aus: Ochsner & Reiser 1995].

Bestätigt wurde diese Organisation der Gene durch die Erzeugung spezieller
Mutanten, deren Rhamnolipid- und Elastasebildung gezielt unterdrückt war
[Pearson et al. 1997]. Eigenschaften und Funktionen der *rhl*-Gene sind in Tab. 9
nachzulesen. Das RhlB-Protein funktioniert als die katalytische Untereinheit des
Rhamnosyltransferase-Komplexes. Es hat ein Molekulargewicht von 47 kd, wie
aus der *rhlB*-Nucleotidsequenz abgeleitet werden kann. Diese Erkenntnis stimmt
überein mit Ergebnissen aus der Enzymaufreinigung, bei der ein 47 kd
Membranprotein mit Rhamnosyltransferase-Aktivität isoliert wurde.

Tab. 9 Eigenschaften der *rhlABRI* Gene und ihrer Produkte [Ochsner et al. 1996].

Gene	%(G+C)	Nucleotide	Promotor	Protein (kd)	pI	Funktion
rhlA	65,8	887	σ^{54}	2,5	7,4	Rhamnosyltransferase-Untereinheit
rhlB	67,9	1280	σ^{54}	47	8,4	Rhamnosyltransferase-Untereinheit
rhlR	61,7	726	σ^{70}	26,5	7,0	Transkriptionsaktivator d. LuxR-Familie
rhlI	64,8	603	n.b.	21	n.b.	Autoinducersynthetase d. LuxI-Familie

σ^{54} alternativer Sigmafaktor der RNA-Polymerase

Rhamnosyltransferase 1 wird durch *rhlAB* Gene codiert, die in einem Operon organisiert sind. Der aktive Enzymkomplex ist in der Cytoplasma-Membran lokalisiert, das RhlA Protein im Periplasma, die katalytisch aktive RhlB Komponente in der Membran.

Die hintereinander liegenden regulatorisch wirkenden *rhlR* und *rhlI* Gene dienen der Expression der *rhlAB* Gene. Die Aktivität des RhlR-Regulatorproteins wird in einem zelldichteabhängigen Mechanismus durch N-Acyl-homoserinlactone beeinflusst. Diese auch Autoinducer genannte Komponenten werden durch das RhlI-Protein gebildet. Eine Mutante mit defektem *rhlI*-Gen bildete kein Rhamnoselipid mehr, kann aber durch Gaben von synthetischem N-Acyl-homoserinlacton wieder dazu stimuliert werden. Diese Ergebnisse waren Anlass dafür, das pathogene Bakterium *Pseudomonas aeruginosa* für die Rhamnoselipid-Bildung gegen einen nichtpathogenen Wirtsstamm auszutauschen, indem die *rhlAB* Rhamnosyltransferase Gene in heterologe Wirte transferiert wurden. Nach Tab. 10 wird die größte R1-Konzentration (0,6 g l^{-1}) mit einem rekombinanten *Pseudomonas putida*-Stamm (KT 2442) erreicht. Dieser Stamm enthält *rhlAB* Gene, die mit dem *tac*-Promotor auf den Plasmid pUO98 fusioniert vorliegen.

Tab. 10   Rhamnosyltransferase-Aktivität und Rhamnoselipidbildung in rekombinanten Stämmen, die *P. aeruginosa rhlAB* Gene unter *tac* Promotor-Kontrolle auf dem Plasmid pUO98 tragen [Ochsner et al. 1995; 1996].

Stamm	Rhamnosyltransferase-Aktivität (U ml^{-1})	Rhamnolipid R1 (g l^{-1})
P. aeruginosa PG201	15 ± 3	0,15 ± ,0,05
P. fluorescens ATCC 15453	< 0,5	< 0,02
P. oleovorans GPo1	< 0,5	< 0,02
P. putida 2442	45 ± 5	0,60 ± 0,15
E. coli DH5α	2,5 ± 0,5	< 0,02

Für die in Tab. 10 skizzierten Ergebnisse müssen die Zellen in Luria-Bertani-Medium kultiviert werden, das mit 1% Glucose supplementiert ist. Die Expression der *rhlAB* Gene wird während der exponentiellen Phase durch die Zugabe von 3 mM IPTG induziert. Die Zellen werden danach für weitere 19 h kultiviert.

4.3.6 Mikrobielle Produktion der Rhamnoselipide

Voraussetzungen für eine Überproduktion obiger Glycolipide sind Wachstums-limitierung und ein Überschuss der Kohlenstoffquelle. Die Limitierung wird durch entsprechend eingeschränkte Konzentration der Stickstoffquelle oder der multivalenten Ionen herbeigeführt.

Die Überproduktion von Rhamnoselipiden durch *Pseudomonas aeruginosa* gelingt bei Einsatz folgender Kohlenstoffquelle: Glycerin, Glucose, n-Alkane und Triglyceride. Als Stickstoffquellen dienen zum Wachstum sowohl Ammonium- als auch Nitrationen. Diese Randbedingungen lassen sich erfolgreich bei folgenden Produktionsmethoden einhalten:

a) Batch-Kultivierung unter wachstumslimitierten Bedingungen
b) Batch-Kultivierung unter Ruhendzell-Bedingungen
c) Semi-kontinuierliche Produktion mit immobilisierten Zellen (ohne N-Quelle)
d) Kontinuierliche Kultivierung und Produktion mit freien Zellen.

4.3.6.1 Batch bzw. Fed-Batch Kultivierung unter wachstumslimitierten Bedingungen

Erstmals konnten Jarvis & Johnson [1949] mit *Pseudomonas aeruginosa* 2,5 g l^{-1} Lipid isolieren, nachdem sie das Bakterium bei 30°C auf einem Nährmedium bestehend aus 4% Pepton/3% Glycerin für 4 - 5 Tage im Schüttelkolben inkubiert hatten. Tab. 11 gibt eine Übersicht einiger Kultivierungen im Schüttelkolben bzw. im Bioreaktor.

Tab. 11   Daten zur mikrobiellen Produktion von Rhamnoselipiden (RL) mit *Pseudomonas* sp. Allgemeine Bedingungen: Schüttel- bzw. Bioreaktorkulturen; Mineralsalz- bzw. Komplexmedien; 28-37 °C; pH 6-7,5.

Stamm	C-Quelle ($g\ l^{-1}$)	RL ($g\ l^{-1}$)	$Y_{P/S}$	X ($g\ l^{-1}$)	$Y_{P/X}$	t (h)	P_V ($g\ l^{-1}\ h^{-1}$)	Referenz
P. a.	Glycerin [30]	2,5	0,083	n.b.	n.b.	96	0,026	Jarvis & Johnson 1949
P. a.	Glycerin [30]	2,0	0,067	n.b.	n.b.	120	0,016	Hauser&Karnovsky 1954
P. a. KY 4025	n-Paraffin [90]	8,5	0,094	n.b.	n.b.	144	0,059	Itoh et al. 1971;Suzuki et al. 1972
*P.*sp.	n-Paraffin [50]	14,0	0,280	n.b.	n.b.	120	0,117	Yamaguchi et al. 1976
*P.*sp. MUB	n-C14/15 [20]	2,9	0,145	3,4	0,85	48	0,060	Wagner et al. 1983

Fortsetzung Tab. 11

Stamm	C-Quelle (g l^{-1})	RL (g l^{-1})	$Y_{P/S}$	X (g l^{-1})	$Y_{P/X}$	t (h)	P_V (gl^{-1}h^{-1})	Referenz
P.sp. DSM 2874	n-C14/15 (80)	12,8	0,160	21,0	0,61	180	0,071	Wagner et al. 1984;Syldatk et al. 1985a
P.a. UI 29791	Maisöl (75)	46,0	0,613	12,0	3,83	192	0,240	Linhardt et al.1988;Daniels et al. 1988
P.a. 44T1	Olivenöl (20)	7,65	0,382	6,0	1,28	72	0,106	Robert et al. 1989
P.a. 44T1	Olivenöl (20)	9,0	0,450	n.b.	n.b	120	0,075	Parra et al. 1990
P.a. 44T1	Olivenöl (20)	10,0	0,500	4,2	2,38	110	0,091	Manresa et al. 1991
P. JAMM	Olivenöl (24)*	1,40	0,058	n.b.	n.b.	150	0,009	Mercadé et al. 1994
P.a. DSM 7108 u. 7107	Sojaöl (125) Sojaöl (163)	78,0 112,0	0,624 0,687	n.b. n.b.	n.b. n.b.	167 264	0,467 0,424	Wullbrandt 1994;1995; 1998; Giani et al. 1997
P.a. BS2	Molke (20)	1,78	0,089	1,6	1,11	44	0,040	Babu et al. 1996
P.a. BS2	Zucker(20) **	1,85	0.093	1,5	1,23	44	0,042	Babu et al. 1996
P.a. GL1	Glycerin (30)	5,8	0,193	2,8	2,07	150	0,038	Arino et al. 1996
P. BOP100	Ethanol (30)	3,0	0,100	1,0	3,00	120	0,025	Osman et al. 1996
P.a. IFO 3924	Ethanol (55)	32,0	0,582	3,4	9,41	168	0,190	Matsufuji et al. 1997
P. a. UW-1	Canolaöl (60)	24,3	0,405	n.b.	n.b.	216	0,113	Sim et al. 1997
P. a. IFO 3924	Ethanol (65)	32	0,490	n.b.	n.b.	192	0,167	Nakata et al. 1998
P. a. m 47 T2	Fritieröl (8)	2,7	0,340	9,6	0,28	50	0,054	Haba et al. 2000
P. a. UG 2	Maisöl (12,75)	2,1	0,165	n.b.	n.b.	384	0,005	Mata-Sandoval et al. 2001

*Ölmühlen-Abwasser; **Brennerei-Abwasser

Insbesondere mit n-Alkanen, pflanzlichen Ölen und mit Ethanol (Fed-Batch-Kultur) werden hohe $Y_{P/S}$ - und $Y_{P/X}$ -Werte erzielt. Die Arbeiten von Wullbrandt [1994; 1995; 1998] und Giani et al. [1997] sind hier hervorzuheben. Diese Autoren haben Erträge von mehr als 100 g l^{-1} und vergleichsweise hohe Produktivitäten erzielt. Dagegen sind die Produktkonzentrationen nach Kultivierung auf komplexen Abfallprodukten nur gering. Einige Besonderheiten sind noch zu ergänzen: Parra et al. [1990] isolierten bei ihrer Olivenöl-Kultivierung neben den beiden bekannten Rhamnoselipiden zusätzlich als dritte Komponente (E)-7,10-Dihydroxy-8-octadecensäure mit einem $Y_{P/S}$ - Wert von 0,2 (Tab. 11).

Arino et al. [1996] identifizierten nach Glycerin-Kultivierung als Bestandteile der Rhamnoselipide neben 3-Hydroxydecansäure noch 3-Hydroxyoctan-, 3-Hydroxydodecen- und 3-Hydroxydodecansäure. Außerdem stellten sie fest, dass die Rham-noselipid-Zusammensetzung markante Analogien zu bestimmten Teilen der äußeren Membran-Lipopolysaccharide aufweist. Osman et al. [1996] verfolgten neben der Rhamnoselipid-Bildung auch die Koproduktion von 0,2 g l^{-1} Pyocyanin, ein biologisch aktiver Phenazinfarbstoff.

4.3.6.2 Batch-Kultivierung mit ruhenden freien Zellen

Die Ertragskoeffizienten $Y_{P/S}$ und $Y_{P/X}$ lassen sich mit ruhenden Zellen von *Pseudomonas* sp. DSM 2874 in 0,1M NaCl- bzw. 0,1M Phosphatpuffer-Lösung gegenüber Stickstoff-limitierten Kultivierungen deutlich verbessern [Syldatk et al. 1984; Syldatk et al. 1985b]. Dies verdeutlicht Tab. 12.

Tab. 12   Daten zur mikrobiellen Produktion von Rhamnoselipiden (RL) mit ruhenden Zellen von *Pseudomonas* sp.

Stamm	C-Quelle (g l^{-1})	RL (gl^{-1})	$Y_{P/S}$	X (g l^{-1})	$Y_{P/X}$	t (h)	P_V (g l^{-1} h^{-1})	Referenz
*P.*sp. DSM 2874	n-C14 (80)	18,5	0,23	5,00	3,30	280	0,066	Syldatk et al. 1984
*P.*sp. DSM 2874	n-C14/15 (40)	10,0	0,25	5,00	2,00	168	0,059	Syldatk et al.1985b
*P.*sp. DSM 2874	Sojaöl (40)	7,5	0,18	5,00	1,50	168	0,044	Syldatk et al.1985b
*P.*sp. DSM 2874	Glycerin (40)	8,5	0,21	5,00	1,70	168	0,050	Syldatk et al.1985b
*P.*sp. DSM 2874	Glucose (40)	4,5	0,11	5,00	0,90	168	0,026	Syldatk et al.1985b
P. aeruginosa CFTR-6	Glucose (20)	0,72	0,04	2,48	0,29	24	0,030	Ramana & Karanth 1989a

Die allgemeinen Bedingungen für das in Tab. 12 zusammengefasste Experiment sind: Schüttel- bzw. Bioreaktorkulturen; 0,1M Phosphatpuffer, pH 7,0, bzw. Mineralsalzmedium; pH 7,0; 30 °C.

4.3.6.3 Semi-kontinuierliche Rhamnoselipid-Produktion mit immobilisierten Zellen

Schaumprobleme bei der klassischen Prozessführung, hervorgerufen durch das extrazellulär vorliegende mikrobielle Tensid, sowie die Möglichkeit, wasserlösliche Substrate wie z.B. das Glycerin als Kohlenstoffquelle zu nutzen, liefern die Gründe, die Rhamnoselipide auch mit immobilisierten Zellen herzustellen. Zielsetzungen dabei sind meist die Erhöhung der Langzeitstabilität, der Mehrfacheinsatz der Zellen sowie eine zellfreie, kontinuierliche Produktisolierung durch Flotation. Ein Screening auf verschiedene Kohlenstoff-Substrate und Immobilisierungssysteme für *Pseudomonas* sp. DSM 2874 (Einschluss in Polymere, Adsorption an Träger) ergab, dass Glycerin und Ca-Alginat-Polymere hierfür am besten geeignet sind [Syldatk et al. 1984; Klein & Wagner 1987].

Ebenfalls gut untersucht ist der Einfluss der Zellbeladung und des Biokatalysatordurchmessers auf die Rhamnoselipid-Produktion [Müller-Hurtig et al. 1987; Siemann & Wagner 1993]. Ein Prozess zur kontinuierlichen Rhamnoselipid-Produktion in einem Fließbettreaktor inkl. der Isolierung der Produkte mit Amberlite XAD-2-Adsorbersäulen mit Rückführung des Mediums (Schema in Abb. 39) führt zu nachstehenden Daten, wenn ruhende Zellen in 0,25 mm großen Ca-Alginat-Kugeln verwendet werden: Maximale spezifische Rhamnoselipid-Produktionsraten mit P_S = 17 [mg RL g^{-1} h^{-1}] und P_V = 43 [mg RL l^{-1} h^{-1}]. Der immobilisierte Biokatalysator kann durch kurzes Wachstum im Nährmedium mehrfach regeneriert und weiter erfolgreich eingesetzt werden [Siemann & Wagner 1993].

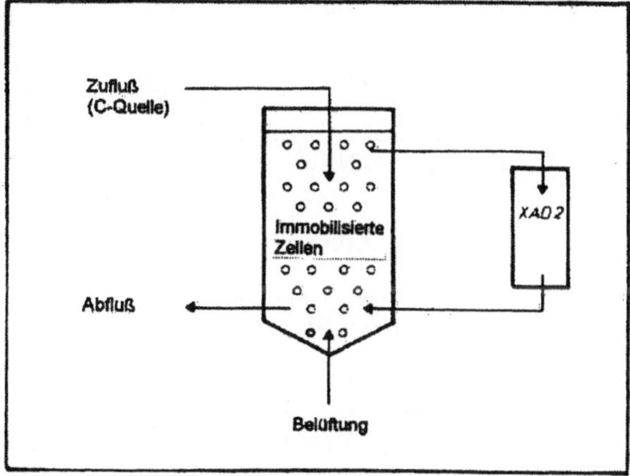

Abb. 39   Schema der semi-kontinuierlichen Rhamnoselipidbildung mit immobilisierten Zellen von *Pseudomonas* sp. DSM 2784 im Fließbettreaktor.

4.3.6.4   Kontinuierliche Kultivierung und Produktion mit freien Zellen

Kontinuierliche Kultivierungen zur Rhamnoselipid-Gewinnung werden haupt-sächlich mit *Pseudomonas aeruginosa* PG 201 (DSM 2659) und mit Glucose als Kohlenstoffquelle durchgeführt. Bei ersten Experimenten im Chemostaten wurde zunächst <u>ohne</u> Zellrückführung gearbeitet. Puls-Experimente erbrachten Hinweise für optimale Konzentrationen der Medium-Komponenten (Charakteristika: Kohlenstoff- und Phosphat-Überschuss, Stickstoff- und Eisen-Limitierung). Maximale spezifische Produktivitäten wurden bei relativ niedrigen spezifischen Wachstumsraten (μ = 0,135 h^{-1}) erreicht [Guerra-Santos et al. 1984a, 1984b, 1986; Reiling et al.1986]. Die Ertragskoeffizienten ($Y_{P/S}$) lassen sich erhöhen, wenn bei noch niedrigeren spezifischen Wachstums- bzw. Verdünnungsraten gearbeitet wird. Eine Zellrückführung ermöglicht die Biokatalysator-Konzentration im Bioreaktor zu erhöhen und die Substrat-Verweilzeit von der Wachstumsrate der Zellen abzukoppeln. Auch ein kontinuierlich gerührter Reaktor mit zwei gekoppelten Membraneinheiten (1. Zellretention und Produktstrom-Präparation, 2. Gasaustausch/O_2-Ersatz und CO_2-Abführung) lässt sich nutzen [Fiechter 1992b]. Tab. 13 fasst die Ergebnisse der genannten Experimente zusammen.

Tab. 13   Daten zur kontinuierlichen Kultur von *Pseudomonas aeruginosa* DSM 2659. A: Chemostat, S_0 = 20 g l^{-1} Glucose, B: CSTR* mit Zellrückführung, S_0 = 20 g l^{-1} Glucose, C: CSTR* mit Zellrückführung, S_0 = 40 g l^{-1} Maisöl

	D [h^{-1}]	X [g l^{-1}]	P_V [g $l^{-1}h^{-1}$]	P_S [g g^{-1} h^{-1}]	$Y_{P/S}$ [g g^{-1}]	**Referenz**
A	0,135	2,4	0,134	0,056	0,050	Gruber et al. 1993
	0,050	2,5	0,007	0,031	0,080	„
B	0,180	13,3	0,545	0,041	0,150	„
	0,100	7,7	0,292	0,038	0,145	„
C	0,100	0,80**	2,000	0,056	0,484	Ochsner et al. 1996

*CSTR = continuously stirred tank reactor, ** Zell-Retention R = (D_O-D_B)/D_O; D_O = Zu-flussrate an frischem Medium [l h^{-1}]; D_B= Volumenstrom, der den Reaktor verlässt [l h^{-}].

Aus Tab. 13 wird deutlich, dass die für einen ökonomischen Prozess wichtigen Faktoren, die volumetrische Produktivität P_V [mg l^{-1} h^{-1}) und der Produktertrag ($Y_{P/S}$), durch den Zellrückführungsprozess auf 0,545 g l^{-1} h^{-1} bzw. 0,15 g g^{-1} erhöht werden können.

Bei Verwendung von Maisöl als Kohlenstoffquelle und nach Mediums- bzw. Prozessoptimierung werden diese Werte auf 2 g l^{-1} h^{-1} bzw. 0,48 g g^{-1} gesteigert [Ochsner et al. 1996].

Die neueren Ergebnisse zur Biosynthese, mikrobiellen Produktion und zum Anwendungspotential von Rhamnoselipiden sind in einem Reviewartikel von Lang und Wullbrandt übersichtlich zusammengefasst [1999] .

4.3.7   Chemische Synthese

Als aktuelles Beispiel für die chemische Synthese von Rhamnolipiden soll hier einzig die Arbeit von Duynstee et al. [1998] zitiert werden, in der ausgehend von Ethyl 3,4-O-(2,3-Dimethoxybutan-2,3-diyl)-1-thio-α-L-rhamnopyranosid und Phenacyl (R)-3-Hydroxydecanoat über sechs Stufen die Gewinnung des Rhamnoselipid R2 beschrieben wird.

4.3.8   L-Rhamnose und optisch-aktive 3-Hydroxydecansäure

Die biotechnologische Gewinnung von Rhamnoselipiden hat in den vergangenen Jahren vor dem Hintergrund, eine natürliche und preiswerte Quelle für die wertvolle L-Rhamnose zu eröffnen, an Interesse stark zugenommen und bereits zu einer industriellen Anwendung geführt [Hauthal 1994]. L-Rhamnose ist ein Substrat für hochwertige Aromastoffe, wie Furaneol®, und zudem ein chiraler Baustein für organische Synthesen (chiral pool). Diese 6-Desoxy-Mannose ist teuer, weil sie bisher nur unter großem Aufwand aus verschiedenen pflanzlichen Rohstoffen (Rutin, Hesparadin, Naringin) oder mikrobiellen Polysacchariden [u.a. Morin et al. 1987; Graber et al 1988a, 1988b; Serrat et al. 1995; Farrés et al. 1997] gewonnen werden kann.

In den Publikationen bzw. Patenten von Linhardt et al. [1989], Wagner & Lang [1993], Wullbrandt [1994; 1995;1998] und Giani et al. [1997] wird dieser Gesichtspunkt, das Zielprodukt (L-Rhamnose) durch Hydrolyse des zuvor mit *Pseudomonas aeruginosa* gebildeten Rhamnoselipids zu gewinnen, besonders hervorgehoben. Die parallel bei der Hydrolyse anfallende (R)-3-Hydroxy-decansäure ist als ebenfalls optisch-aktiver Baustein für chemische Synthesen interessant.

4.3.9   Physiko-chemische Eigenschaften

Die Tensideigenschaften der Rhamnoselipide sind gut dokumentiert. Die Produkte
werden in das Nährmedium ausgeschieden und erniedrigen die Oberflächen- und
Grenzflächenspannung schon des Kulturüberstandes sehr stark (Tab. 14).

Tab. 14   Tensideigenschaften der Kulturüberstände von *Pseudomonas aeruginosa* (RT).

Kulturüberstand	C-Quelle	σ_{min} $(mN\ m^{-1})$	γ_{min} $(mN\ m^{-1})$	Referenz
P. aeruginosa DSM 2659	Glucose	29	0,25*	Guerra-Santos et al. 1984
P. aeruginosa 44T1	n-C12	27	n.b.	Robert et al. 1989
P. aeruginosa 44T1	n-C14	41	n.b.	Robert et al. 1989
P. aeruginosa 44T1	Glycerin	30	n.b.	Robert et al. 1989
P. aeruginosa 44T1	Glucose	26	5,0**	Parra et al. 1989
P. aeruginosa 44T1	Olivenöl	28	5,0**	Parra et al. 1990
P. sp. JAMM (NCID 4044)	Olivenöl-Mühlen-Abwasser	30	5,0**	Mercadé & Manresa 1994
P. aeruginosa GS3	Glucose	27	n.b.	Patel & Desai 1997b
P. aeruginosa GS3	Mannit	28	n.b.	Patel & Desai 1997b
P. aeruginosa GS3	Kokosnussöl	29	n.b.	Patel & Desai 1997b

*gegen n-C14-C18; ** gegen Kerosin

Zusätzlich sind die Wirkungen der Roh- und Reinprodukte auf wässrige Lösungen
untersucht worden (Tab. 15). Vor dem Hintergrund eines möglichen Einsatzes in
der tertiären Erdölförderung wird u.a. mit stark salzhaltigem Lagerstättenwasser
gearbeitet, das sich im Vergleich zu destilliertem Wasser nicht negativ auf die
physikalischen Messwerte auswirkt [Lang et al. 1984; Syldatk et al. 1985]. Aus
beiden Tabellen geht hervor, dass die Rhamnoselipide die Oberflächenspannung
von Wasser von 72 auf Werte unter 30 mN m^{-1} und die Grenzflächenspannung
von Wasser/Öl-Systemen von 43 auf Werte <1 reduzieren. Außerdem tragen sie
zur Stabilisierung von Öl-in-Wasser-Emulsionen bei [Hisatsuka et a. 1971; Robert
et al. 1989; MacElwee et al. 1990; Iqbal et al. 1995]. Emulsionen von n-Alkanen
(C10-C18), 1-Alkenen (C14-C16), Aromaten (Toluol, 2-Methylnaphthalin u.a.),
Rohöl, Kerosin, Kokosnuss- und Olivenöl werden in wässrigen Systemen durch

Rhamnoselipide stabilisiert [Patel & Desai, 1997a,b]; der Stabilitätsverlust beträgt nach 24 h nur 5-25% in Abhängigkeit vom hydrophoben Substrat.

Tab. 15   Tensideigenschaften der Rhamnolipide R1-R4 in wässrigen Systemen bei 25-40°C

Mikroorganismus	Produkt	σ_{min} (mN m^{-1})	γ_{min} (mN m^{-1})	cmc (mg l^{-1})	Referenz
P. aeruginosa S$_7$B$_1$	R2	40	n.b.	50	Hisatsuka et al. 1971
P. sp. DSM 2874	R1 + R2	26	<1*	20	Syldatk et al. 1985a
P. sp. DSM 2874	R1 - R4	28	<1*	20	Syldatk et al. 1985a
P. sp. DSM 2874	R1	26	4*	20	Syldatk et al. 1985a
P. sp. DSM 2874	R2	27	<1*	10	Syldatk et al. 1985a
P. sp. DSM 2874	R3	25	<1*	200	Syldatk et al. 1985a
P. sp. DSM 2874	R4	30	<1	200	Syldatk et al. 1985a
P. aeruginosa 44T1	R1	25	0,2	11	Parra et al. 1989
P. aeruginosa 44T1	R2	25	1**	11	Parra et al. 1989
P. aeruginosa BOP 100	RB-Na-Salz	28	3,5***	260	Ishigami et al. 1993
P. aeruginosa BOP 100	RB-Me	31	0,1***	400	Ishigami et al. 1993

* gegen n-C16; ** gegen Kerosin; *** gegen n-C8

Die Micellargewichte für die beiden 2-Decensäure-haltigen Rhamnoselipide (A und B) von *Pseudomonas aeruginosa* BOP 100 [Yamaguchi et al. 1976] betragen: Rhamnoselipid A, 38.000 (Aggregationszahl 56) bei pH 7,35; Rhamnoselipid B, 7.000 bei pH 8,5. Vesikel-Bildung findet bei pH 4,3 statt, nachgewiesen u.a. durch Fluoreszenzmikroskopie nach Kopplung mit N-(5-Fluorescein-thiocarbamoyl)-dipalmitoyl-L-phosphatidyl-ethanolamin. Eine Lamellen-Struktur liegt vor bei pH 6,0-6,5, Lipidpartikel bei pH 6,2-6,6 und Mizellen bei pH > 6,8 [Ishigami et al. 1987b, Ishigami & Suzuki 1997]. Der Methylester des Rhamnoselipids RB (RB-Me) zeigt sehr gute Benetzungseigenschaften bei Polymeroberflächen und Biomembranen [Ishigami et al. 1993]. Mit einer Fluoreszenzsonde, dem Pyrenacylester des Rhamnoselipids B, lassen sich die Polarität und Fluidität von kolloidalen Grenzflächen und biologischen Membranen (Kollagen, Keratin, Haut) bestimmen [Ishigami et al.1996].

4.4   3-Hydroxyfettsäure-haltige Glucoselipide

4.4.1   Aminolipide und Glucoselipide bei *Serratia* sp.

Pigmentierte (Prodigiosin) und nicht pigmentierte Stämme des humanpathogenen, gram-negativen Bakteriums *Serratia marcescens* bilden bei 30 °C, nicht jedoch bei 37 °C, oberflächenaktive niedermolekulare Metaboliten. Diese enthalten, ähnlich wie die Rhamnoselipide, 3-Hydroxydecansäuren als lipophile Komponente; den hydrophilen Anteil bildet die Aminosäure L-Serin. Als Cyclodepsipeptid „Serratamolide" wurde es von Wasserman et al. [1961,1962] entdeckt und später von Matsuyama et al. [1985] bei anderen Spezies wiedergefunden. Die letztgenannten Autoren haben gezeigt, daß *Serratia marcescens* extrazelluläre Vesikel mit entweder Prodigiosin (pigmentierte Zellen) oder Aminolipiden bildet (nicht nur das bekannte Serratamolide), die die Oberflächenspannung von Wasser auf 28 bis 34 mN m^{-1} reduzieren, und in NaCl-Lösung z.B. auf eine hydrophobe Polystyrolfläche aufgebracht, einen sehr geringen Kontaktwinkel bewirken. Diese benetzend wirkenden Substanzen, Serrawettine genannt, machen - bezogen auf die Biotrockenmasse - ca. 15 Gewichtsprozent aus [Bar-Ness et al. 1988; Matsuyama et al. 1986, 1987, 1989]. Die D-Konfiguration der 3-Hydroxydecansäure wurde nach Hydrolyse des nativen Aminolipids und nach Überführung in das 3,5-Dinitroanilid mit Hilfe einer chiralen HPLC-Säule bestimmt [Nakagawa & Matsuyama 1993; Matsuyama & Nakagawa 1996].
Die oben erwähnte Benetzungsaktivität zeigt *Serratia rubidaea* ATCC 27593, ebenfalls ein Stamm der Risikogruppe 2 [Matsuyama et al. 1990], nach Agarplatten-Kultivierung (5 g l^{-1} Bacto-Pepton, 10 ml l^{-1} Glycerin, 15 g l^{-1} Agar, 30 °C, 3 Tage). Neben nicht näher identifizierten Amino- und Phospholipiden wurden die „Rubiwettine" R1 (8% der BTM), und RG1 (1,8% der BTM) isoliert, deren Strukturen in Abb. 40 wiedergegeben sind.

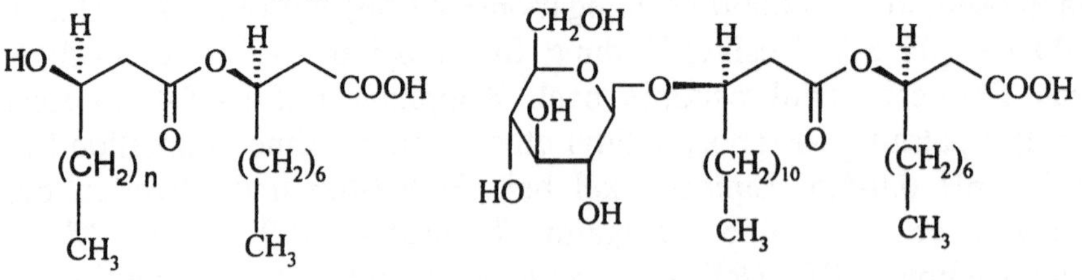

Rubiwettine R1   **Rubiwettine RG 1**

Abb. 40   Strukturen der Rubiwettine R1 und RG1 von *Serratia rubidaea*. R1 : n = 8, 10, 12 [Matsuyama et al. 1990].

In R1 dominieren die Fettsäuren 3-OH C10:0 (18,4%), 3-OH C14:0 (26,4%) und 3-OH C16:1 (30,3%), während beim Glucoselipid RG1 3-OH C10:0 (32,5%) und 3-OH C14:0 (57,4%) die Hauptkomponenten sind. R1 und RG1 erniedrigen die Oberflächenspannung von Saline bei einer Konzentration von 10 mg l^{-1} auf 25,5 bzw. 25,8 mN m^{-1}. Die Überführung in die 3,5-Dinitroanilide (s.o.) unter Benutzung einer chiralen HPLC-Säule zeigte die 3-Hydroxysäuren in R1 und RG1 ebenfalls alle als D-konfiguriert: D-3-Hydroxy-Tetradecansäure und D-3-Hydroxydecansäure [Nakagawa & Matsuyama 1993]. Eine RG1-defekte Mutante besitzt ein wesentlich geringeres Benetzungsvermögen trotz R1-Produktion. Rubiwettin RG1 ist ein Exolipid und unter diesem Gesichtspunkt den Rhamnoselipiden ähnlich. Taxonomisch aber ist *Serratia rubidaea* weit entfernt vom Rhamnoselipid-Produzenten *Pseudomonas aeruginosa*. Die Frage, ob beide Exolipide ähnliche physiologische Funktionen haben und beide Spezies sich z. B. an gemeinsamen Habitaten in der Natur beteiligen, ist noch nicht beantwortet.

Die von Pruthi & Cameotra [1997a] gefundenen extrazellulären Biotenside von *Serratia marcescens* MTCC 86 nach Kultivierung im Schüttelkolben (20g l^{-1} Saccharose als Kohlenstoffquelle, Mineralsalzmedium, 25°C) enthielten neben anorganischen Salzen (29%) Kohlenhydrate (30%), Lipid (40%) und Protein (1%). Die Oberflächenspannung des entsprechenden zellfreien Kulturüberstands beträgt sowohl bei Kultivierung bei 10 °C als auch bei 30 °C weniger als 29 mN m^{-1}. In anwendungstechnischen Experimenten lassen sich mit obigem Biotensid verschiedene Rohöle bis zu 90% aus entsprechend präparierten Sandpackungen herauslösen.

4.4.2 Glucoselipide bei *Alcanivorax borkumensis* MM1

4.4.2.1 Mikrobieller Produzent und Molekülstruktur

Auf den Stamm MM1 von *Alcanivorax borkumensis* und das von ihm produzierte neuartige Glycolipid stießen Forscher bei der Suche nach mikrobiellen Biotensidbildnern unter den Rohölverwertern des Norddeutschen Wattenmeeres. Hintergrund solcher Arbeiten sind die Ölverschmutzung mariner Habitate. Die spektakulärsten Ursachen des Öleintrags sind Tankerunfälle, mit denen dramatische Auswirkungen auf Seetiere, Vögel und Pflanzen verbunden sind. Um solchen Ölverschmutzungen entlang von Küstenstreifen zu begegnen, werden z. Zt. mechanische Methoden und erst in zweiter Linie chemische Dispergatoren zum Einsatz bereitgehalten. Von den Chemikalien wird erwartet, dass sie die Koaleszens der Öltropfen verhindern, die „chocolate mousse"-Bildung reduzieren und den biologischen Abbauprozess fördern. Da jedoch solche am Wattenmeer vorgehaltenen Dispergatoren nachweislich toxische Effekte bei vielen marinen Organismen auslösen [Lang et al. 1986], wird zur Zeit intensiv geprüft, ob die chemisch synthetisierten Tenside durch natürliche <u>marine</u> Biotenside ersetzt werden können. Bei diesen Untersuchungen wurde aus einer ölhaltigen Nordseewasserprobe (Insel Borkum) dieses in der Literatur zuvor noch nicht beschriebene gram-negative Bakterium (Stamm MM1) isoliert, zunächst als *Alcaligenes* sp. bestimmt [Schmidt et al. 1989], später dann als *Alcanivorax borkumensis* gen. nov., sp. nov. erkannt. Die Analyse der 16S rRNA Gensequenz schließlich beweist die Zugehörigkeit des Bakteriums zur γ-Untergruppe der Proteobakterien (Abb. 41).

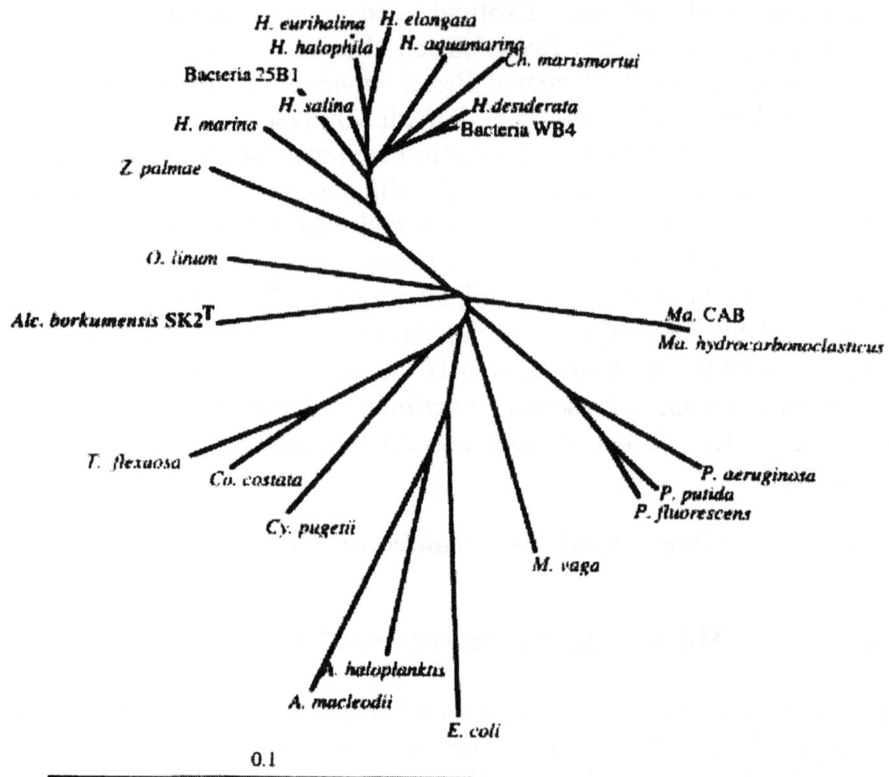

Abb. 41   Phylogenetischer Stammbaum (nach Analyse der 16S rRNA Gensequenz) von *Alcanivorax borkumensis* und repräsentativen Arten der γ-Untergruppen der Proteobakterien [Yakimov et al. 1998].

Das Fettsäuremuster der Phospholipide ist einigen Arten der Gattung *Halomonas* ähnlich: z.B. *H. halophila* und *H. elongata*. Im übrigen unterscheiden sie sich aber stark in der Verwertung wasserlöslicher C-Quellen. Das Bakterium MM1 wächst u.a. nicht auf Glucose, Fructose, Glycerin, Succinat oder Aminosäuren, dagegen ist das Wachstum auf n-Alkanen (n-C16) beiden Gattungen gemeinsam [Yakimov et al. 1998]. MM1 bildet bei Kultivierung auf n-C14/15 und natürlichem

Seewasser, das mit verschiedenen Stickstoff- und Phosphatquellen sowie Hefe-extrakt und Eisenionen supplementiert wird, ein neues Glucoselipid. Der Lipidanteil setzt sich aus vier β-Hydroxydecansäure-Komponenten zusammen, wie in Abb. 42 dargestellt [Schmidt 1990; Schulz et al. 1991a].

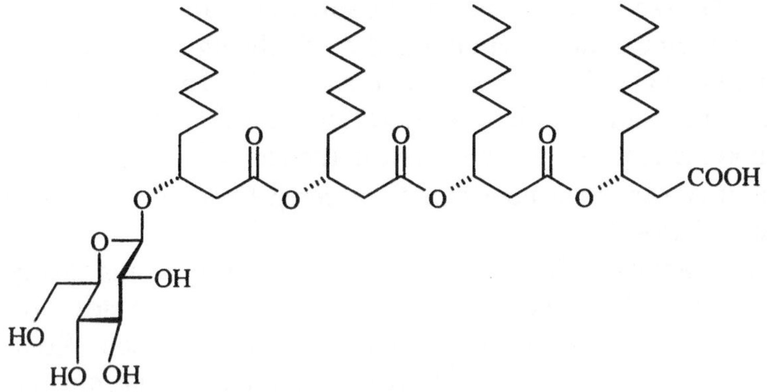

Abb. 42 Struktur des anionischen Glucoselipids von *Alcanivorax borkumensis* MM1 [Schulz et al. 1991a].

4.4.2.2   Biosynthese des Glucoselipids

Die Glucoseeinheit der in Abb. 42 dargestellten Verbindung wird über den Weg der Gluconeogenese synthetisiert. Die entscheidenden Enzymaktivitäten dieses Weges sind in Tab. 16 dargestellt.

Tab. 16 Enzymaktivitäten der Gluconeogenese in Zell-Rohextrakten von *Alcanivorax borkumensis* MM1 [Passeri et al. 1992].

Enzym	Spez. Aktivität (nkat)
Pyruvatcarboxylase	22,14
PEP-Carboxykinase	1,67
Fructose-1,6-diphosphatase	0,89
Glucose-6-phosphatase	0,06

Die Genese der 3-Hydroxydecansäure kann sowohl über ein Intermediärprodukt des Kohlenwasserstoffabbaus als auch durch die Fettsäurebiosynthese erfolgen. Der Beweis für eine *de novo* Synthese gelingt auf mehreren Wegen: Steigende Konzentrationen an Cerulenin (0-50 µg ml^{-1}), das die Kondensation zwischen Malonyl- und Acetyl-S-ACP bei der *de novo* Fettsäuresynthese hemmt

[Takeshima et al. 1977], führt bei Kultivierung auf hydrophoben Kohlenstoffquellen zu einem $Y_{P/S}$-Wert nahe 0. Diese kontinuierliche Verschlechterung des Ertragskoeffizienten wird jedoch nicht durch Acrylsäure verursacht, die die freie CoA-Konzentration bei der β-Oxidation reduziert und die CoA-abhängigen Enzyme Acyl-CoA-Synthetase und 3-Ketoacyl-CoA-Thiolase inaktiviert [Thijsse 1964]. Erst Acrylsäurekonzentrationen von >125 µg ml^{-1} bedingen hier eine totale Hemmung des Wachstums und somit auch eine der Glucoselipidsynthese. Diese Ergebnisse sowie die Tatsache, dass bei Wachstum des Bakteriums auf Kohlenwasserstoffen unterschiedlicher Kettenlänge im Lipidanteil keine Homologenverteilung gefunden wird, sind als erste Hinweise für den totalen n-Alkanabbau über den Weg der β-Oxidation bis zu Acetyl-CoA zu werten [Passeri 1991].

Ein direkter Nachweis der *de novo* Fettsäuresynthese aus Acetyl-CoA erfolgt durch Einbau von deuteriertem Acetat in den Lipidanteil des Glucoselipids und anschließende ^{2}H-NMR-spektroskopische Analyse. Nach Kondensation von deuteriertem Acetyl- und Malonyl-ACP entsteht zunächst ein markiertes Acyl-ACP (Acyl Carrier Protein). Dies führt zu einer endständigen deuterierten Methylgruppe der wachsenden Fettsäure (Abb. 43).

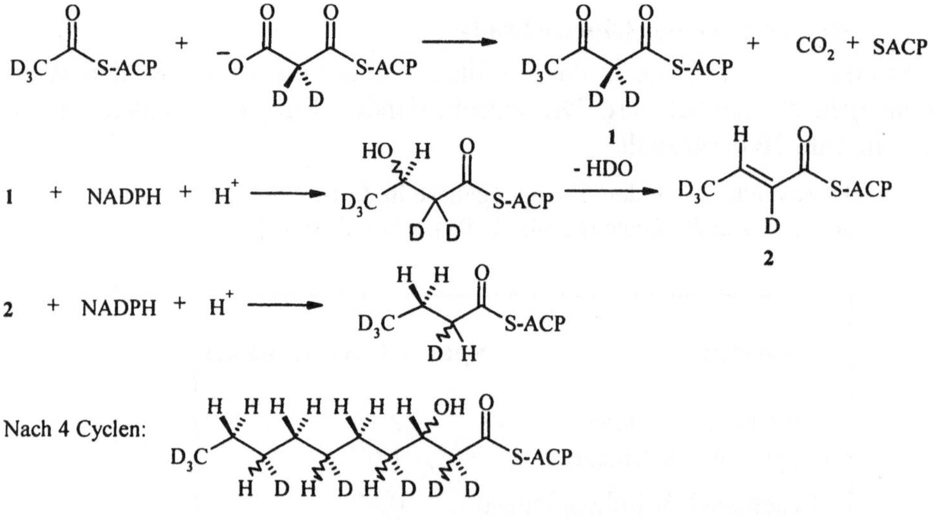

Abb. 43 Nachweis der *de novo* Synthese von ß-Hydroxydecansäure bei *Alcanivorax borkumensis* MM1 durch Einsatz deuterierten Acetats [Passeri 1991; Passeri et al. 1992].

Ein Austausch von ^{2}H- durch ^{1}H-Atome kann während der Reduktion zu 3-Hydroxybutyryl-ACP durch NADPH/H$^+$ erfolgen; die Markierung bleibt jedoch am α-C-Atom erhalten, auch wenn die Synthese bis zum 3-OH-Decanoyl-ACP fortschreitet. Nach Abspaltung eines Moleküls „HDO" entsteht Crotonyl-ACP, das sowohl ein Methin-^{2}H- als auch ein Methin-^{1}H-Atom enthält. Daher kann nach erneuter Protonierung mit NADPH/H$^+$ ein gesättigter Acylrest entstehen, in dem nur jede zweite Methylengruppe deuteriert vorliegt.

Eine NMR-Analyse führt zur erwarteten Verteilung der Deuteriumatome: Die Integration über die Peakflächen der Signale der ^{2}H-Atome der Methyl- (0,95 ppm) und Methylen-Gruppen (1,31-1,425 ppm) beweist die vollständige Deuterierung der endständigen Methylgruppen, die Methylengruppen hingegen liegen danach alternierend protoniert vor. Fehlende Signale im Bereich von 4,13 und 5,22-5,32 ppm indizieren, dass am ß-C-Atom Methinprotonen gebunden sind. Peaks zwischen 2,51 und 2,82 ppm dokumentieren die Deuterierung des α-C-Atoms.

Zudem bestätigt der optische Drehwert der 3-Hydroxydecansäure, die nach n-Alkan-Kultivierung aus dem Glucoselipid gewonnen werden kann, obige Ergebnisse: Im Gegensatz zum Abbau von Fettsäuren durch β-Oxidation, bei dem nur (L)-3-Hydroxy-acyl-CoA gebildet wird, werden bei der *de novo* Synthese (D)-konfigurierte Verbindungen erhalten. Ein Vergleich mit Drehwerten aus der Literatur (Tab. 17) bestätigt mit einem Wert von [α]$_D$ = -16,5 (25 °C, c = 1 in Chloroform) die *de novo* Synthese.

Tab. 17   Drehwinkel (alle in Chloroform) von ß-Hydroxydecansäuren aus Glycolipiden im Vergleich mit Literaturdaten [Passeri et al. 1992].

Säure (c = 1)	[α]$_D^{25}$
D-(-)-β-OH-Decansäure	- 17,5 [Beilstein 1977]
L-(+)-β-OH-Decansäure	+18 [Beilstein 1977]
Säure aus Glucoselipid	- 16,5
Säure aus Rhamnoselipid	- 20,2

In biologischen Systemen verläuft der Verlängerungszyclus normalerweise bis zum C 16/18-Acyl-ACP, wobei die hydrolytische Spaltung der Acyl-ACP-Bindung durch entsprechende Thioesterase erfolgt [Volpe & Vaagelos 1973]. *In vitro* entfalten diese Enzyme strikte Spezifität für langkettige (> C 12) Acylthioester.

Thioesterasen, die kürzerkettige Fettsäuren erzeugen, sind bekannt von Milch-
drüsen nicht-wiederkäuender Säugetiere und von Bürzeldrüsen verschiedener
Wasservögel [Smith et al. 1986], jedoch werden diese nur bei wenigen Bakterien,
u.a. *E.coli* und *Rhodopseudomonas sphaeroides* gefunden [Barnes et al. 1970;
Seay & Lueking 1986].
Diese sogenannte Thioesterase-II-Aktivität besitzen auch MM1-Zellen, gefunden
wurde sie bei der Verfolgung der Hydrolyse von sowohl Decanoyl- als auch 3-
OH-Decanoyl-CoA im wässrigen Rohextrakt nach Zellaufschluß (Abb. 44).

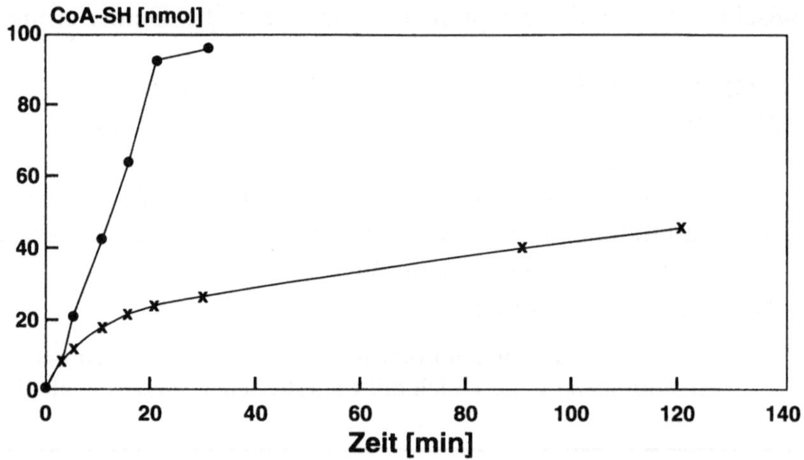

Abb. 44   Hydrolyse der Thioesterbindung in ß-Hydroxy-decanoyl-CoA im
                 Vergleich zu Decanoyl-CoA durch zellfreien Überstand aufgeschlossener
                 Zellen von *Alcanivorax borkumensis* MM1 [Passeri et al. 1992].

4.4.2.3   Mikrobielle Kultivierung

In ersten Studien wurden bei einer Biomassekonzentration von 5 g l^{-1} 250 mg l^{-1}
Glycolipid gewonnen [Passeri et al. 1991b], das die Oberflächenspannung von
Wasser auf 28 mN m^{-1} reduzierte [Schulz et al. 1991a,b]. Nach Optimierung der
Bedingungen im Schüttelkolben wird das Bakterium in einem 10-l-Bioreaktor auf
synthetischem Meerwassermedium (inkl. 23 g l^{-1} NaCl und 5,08 g MgCl$_2$ * H$_2$O)
mit NaNO$_3$ als Stickstoffquelle und 2% n-C14/15 (technisch) als Kohlenstoff-
quelle nach der Fed-Batch-Methode kultiviert. 41 Stunden später, nach erneuter
Zugabe von 10 g l^{-1} n-Alkan, wird mit einer kontinuierlichen, O$_2$-kontrollierten
NaNO$_3$-Dosage begonnen. Abb. 44 dokumentiert den Verlauf der Kultivierung
[Haffner 1991; Passeri et al. 1992]. Nach 90 Stunden und Verbrauch von 30 g l^{-1}

n-Alkan ist eine Konzentration von 1,7 g l^{-1} Glucoselipid erreicht. Die Ertragskoeffizienten betragen $Y_{P/S}$ = 0,058 [g g^{-1}] und $Y_{P/X}$ = 0,073 [g g^{-1}].

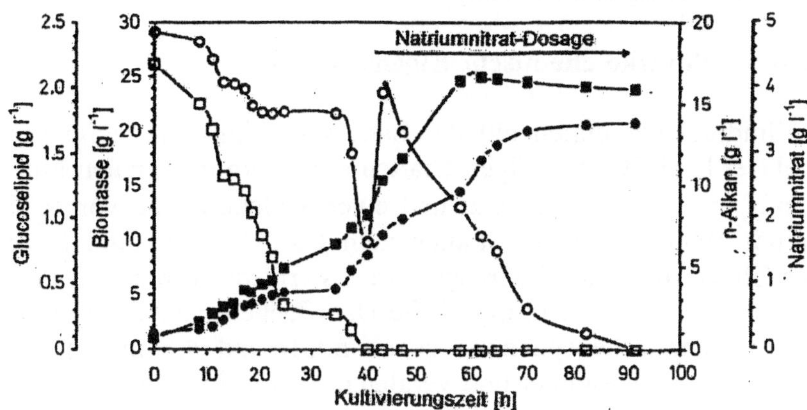

Abb. 45   Fed-Batch Kultivierung von *Alcanivorax borkumensis* MM1 im 10-l-Bioreaktor. Bedingungen: Artifizielles Meerwassermedium, 20 g l^{-1} + 10 g l^{-1} n-C14/15, 27°C, pH 7,0; Intensorsystem, 500 - 1.000 Upm, 0,6 v/vm; ●, Glucoselipid; ■, Biomasse; O, n-C14/15; □, Natriumnitrat [Passeri et al. 1992].

Nach Abb. 45 findet die Biotensid-Produktion parallel zum Wachstum statt. Selbst auf heimischen Pflanzenölen und deren Derivaten wird das Glycolipid in vergleichbaren Konzentrationen gebildet, wie neuere Untersuchungen mit diesem Stamm (durchgeführt vor dem Hintergrund der Veredelung nachwachsender Rohstoffe) zeigen (Abb. 46, Lang et al.[1998b]).

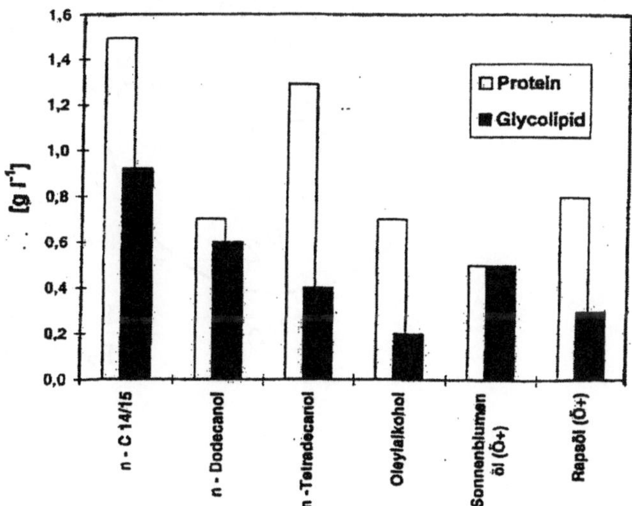

Abb. 46   Einfluß verschiedener C-Quellen auf Biomasse- und Produktbildung bei *Alcanivorax borkumensis*.

Die für obiges Experiment eingestellten Bedingungen waren: 100 ml Kultur, 100 Upm, artifizielles Meerwassermedium, 15 g l^{-1} C-Quelle, 27°C, pH 7,5, 96 h; Ö+, ölsäurereich [Lang et al. 1998b].

4.4.2.4   Physiko-chemische Eigenschaften

Bei Filmdruckmessungen mit der Langmuir-Filmwaage zeigt der Glucoselipid-Monolayer bei 9 °C gute Eigenschaften mit einem maximalen Filmdruckwert von 47,7 mN m^{-1} am Kollapspunkt und einer Molekülfläche von 92,7 Å^2 / Molekül [Schmidt 1990]. Intensive Studien zum Grenzflächen- und Mizellen-Verhalten dieses Glucoselipids sind durchgeführt. Es erniedrigt in einem Phospatpuffer (pH 7,35) bei einer cmc = 142 mg l^{-1} die Oberflächenspannung von Wasser auf 24,7 und die Grenzflächenspannung gegen n-C16 auf 4,6 mN m^{-1}. Die Emulgier-fähigkeit ist ausgezeichnet und vergleichbar mit derjenigen der Rhamnoselipide. Das Glucoselipid, mit α,ω-hydrophilen Anteilen, bildet einen neuen Typ von Mizellen (vesikel-ähnlich strukturiert). Aus Messungen von Kleinwinkel-Röntgenstreuung (SAXS) abgeleitet, enthält die Glucoselipidmizelle (Abb. 47) eine große innere Wasserphase (d =13,4 Å) innerhalb der mizellaren Außenschicht (15,1 Å) [Ishigami et al. 1994; Ishigami & Suzuki 1997].

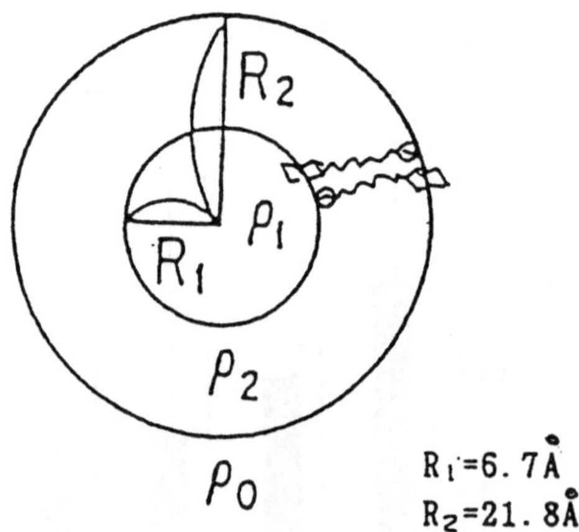

Abb. 47   Vesikel-ähnlich strukturierte Mizelle des Glucoselipids, die eine zentrale Wasserphase enthält [Ishigami et al. 1994; Ishigami & Suzuki 1997].

4.5 Sophoroselipide bei *Candida* sp. (früher: *Torulopsis* sp.)

4.5.1 Mikrobieller Produzent und Molekülstrukturen

Spencer und Mitarbeiter isolierten 1954 eine Hefe aus Nektar von Wildblumen in der Nähe von Saskatoon (Canada) und ordneten sie der Gattung *Torulopsis* zu. Später berichteten sie, dass diese Hefe ein Gemisch von Hydroxyacyl-Sophorosiden ausscheidet [Gorin et al. 1961]. Die Hefe wurde als neue Spezies *Torulopsis bombicola* klassifiziert und war hinsichtlich ihrer Zuckerverwertung verschiedenen anderen Arten dieser Gattung ähnlich, wie z.B. *Torulopsis apicola*, *Torulopsis apis* und *Torulopsis magnoliae* [Spencer et al. 1970]. Spencer et al. [1979] wiesen darauf hin, dass wegen der Galactomannan-Zusammensetzung die Identifikation als *Torulopsis gropengiesseri* [Jones 1967] falsch sei. Vor ca. 10 Jahren wurde die schon lange kommerziell erhältliche, Sophoroselipid-bildende Hefe *Torulopsis bombicola* ATCC 22214 in *Candida bombicola* umbenannt. Die genannten Hefen bilden ein großes Spektrum an Biotensiden, die folgende gemeinsame Strukturmerkmale aufweisen [Tulloch et al. 1968a]:

- Das aus 2 Glucose-Einheiten β-1,2-verknüpfte Disaccharid Sophorose bildet den polaren Anteil.
- ω (ω-1)-Hydroxystearin(öl)säure oder ω (ω-1)-Hydroxypalmitinsäure bilden das Rückgrat für den hydrophoben Teil des Glycolipids.
- Die Hydroxyfettsäuren sind glycosidisch und überwiegend lactonisch mit der Sophorose in Position 4″ verbunden.
- Die 6′- und/oder 6″-Positionen sind partiell oder vollständig acetyliert.

In den Abb. 48, 49 und 50 sind die Hauptstrukturen der Sophoroselipide von *Candida bombicola*, *Candida apicola* und *Candida bogoriensis* dargestellt. Durch Variation der Kohlenstoff-Substrate (Zucker und lipophile Verbindungen) bei der Kultivierung der Hefen lässt sich sowohl der Lipidanteil in der Kettenlänge zwischen C16 und C21, sowie der Doppelbindungsanteil und die Position der Hydroxygruppe verändern. Entsprechende Strukturvorschläge wurden von vielen Arbeitsgruppen unter Verwendung der jeweils zugänglichen modernsten Methoden (gezielte chem. Modifikation, ^{1}H-NMR, ^{13}C-NMR, ^{1}H-^{1}H-korrelierte ^{2}D-NMR, MS, FAB-MS) erarbeitet [Tulloch et al. 1962; Jones & Howe 1968a,b; Jones 1968; Asmer et al. 1988; Weber et al. 1990].

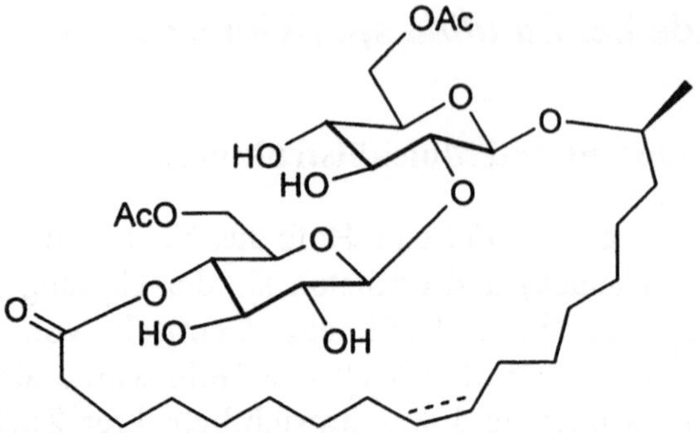

Abb. 48   Hauptkomponente der Sophoroselipide von *Candida bombicola*
                 [Tulloch et al. 1968a; Asmer et al. 1988].

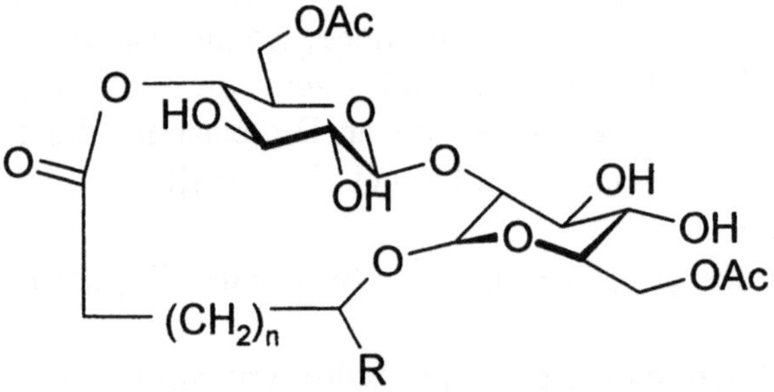

1 $n = 13$, $R = CH_3$

2 $n = 14$. $R = H$

Abb. 49   Hauptkomponenten der Sophoroselipide von *Candida apicola* [aus:
                 Weber et al. 1990]

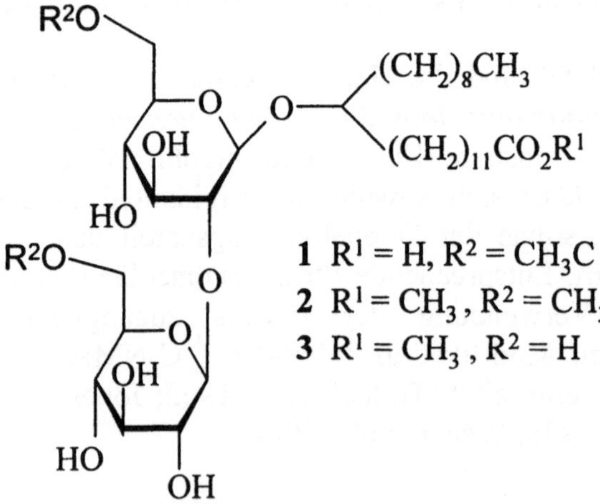

1 $R^1 = H$, $R^2 = CH_3C\,(=O)-$
2 $R^1 = CH_3$, $R^2 = CH_3C\,(=O)-$
3 $R^1 = CH_3$, $R^2 = H$

Abb. 50   Hauptkomponten der Sophoroselipide von *Candida bogoriensis* [aus:
                 Tulloch et al. 1968b; Esders & Light 1972a].

Mit HPLC an RP-Material unter Verwendung eines Lichtstreudetektors sowie mit der Tandem-Massenspektrometrie (FAB-MS und CID-MS; CID = collision-induced dissociation) konnten weitere Sophoroselipide identifiziert werden, die vorher wegen zu geringer Mengen nicht detektierbar waren [Davila et al. 1993; 1994; de Koster et al. 1995]. Als augenfällige Nebenprodukte sind bei Verwendung von Stearyl- bzw. Oleylalkohol neben Glucose als Kohlenstoffquelle Octadecyl- bzw. Octadecenylester der offenen Säureform des Sophoroselipids dokumentiert [Tulloch & Spencer 1972; Shi et al. 1997].
Ohne die Glycolipidstruktur im Detail aufgeklärt zu haben, aber unter Angabe der Lipidanteile nach saurer Methanolyse, machten Jones & Howe [1968a] und Jones [1968] auch auf andere interessante Produkte aufmerksam: 2-Hexadecanol und 2,15-Hexadecandiol werden nach Glucose/Hexadecanol-Kultivierung gebildet bzw. 2-Heptadecanol und 2,16-Heptadecandiol nach Kultivierung auf Glucose/2-Heptadecanol. Auch aus den als sekundäre Kohlenstoffquellen verwendeten 2-Methyl-C16/17-, 2,2-Dimethyl-C16/17- bzw. 3,3-Dimethyl-C16/17-Verbindungen gehen nach Methanolyse der mikrobiell gebildeten Glycolipide neben den immer in großer Menge auftretenden ω (ω-1)-Hydroxyfettsäuren auch Hydroxylderivate der oben genannten Substrate hervor.

Durch kürzlich durchgeführte Kultivierung auf Glucose und racemischen sekundären Fettalkoholen als Hauptkomponenten wurden Sophoroselipide und Glucoselipide (letztere treten jedoch nur bei 2-Dodecanol auf) gewonnen, die zu 60-90% sekundäre Alkohole mit der Kettenlänge C12 bzw. C14 oder C16 enthalten. Die Abb. 51 bis 53 zeigen die neuartigen Haupt- bzw. Nebenkomponenten der auf Glucose/2-Dodecanol gewonnenen Glycolipide. Zur Strukturaufklärung können erfolgreich mehrere Methoden eingesetzt werden:

1. Saure Methanolyse der neuartigen Sophoroselipide, die niedrigere R_f-Werte als die klassischen Verbindungen bei der DC aufweisen, und zusätzliche GC-Analysen zur Bestimmung des Lipidmusters.
2. TOF-SIMS für die schnelle Analyse sehr kleiner Mengen gereinigter Produkte auf der DC-Platte [Brakemeier et al. 1995].
3. ^{1}H- und ^{13}C-NMR- Spektroskopie und FABS-MS an gereinigten Produkten.

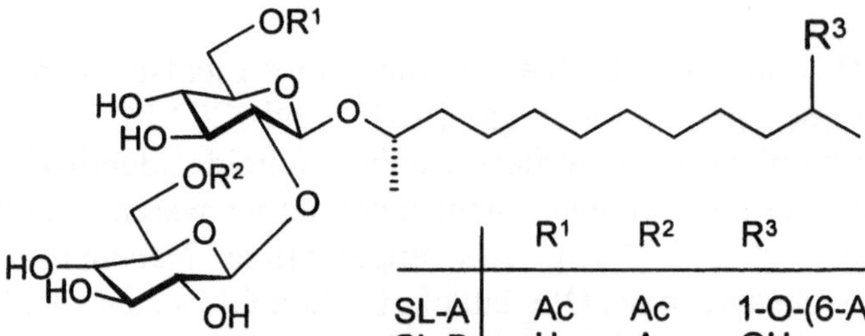

	R¹	R²	R³
SL-A	Ac	Ac	1-O-(6-Ac-Glc)
SL-B	H	Ac	OH
SL-C	Ac	Ac	OH
SL-D	H	H	H
SL-E	H	Ac	H
SL-F	Ac	Ac	H

Abb. 51   Strukturen der 2-Dodecyl-sophoroside von *Candida bombicola* ATCC 22214 [Brakemeier 1997; Brakemeier et al. 1998b].

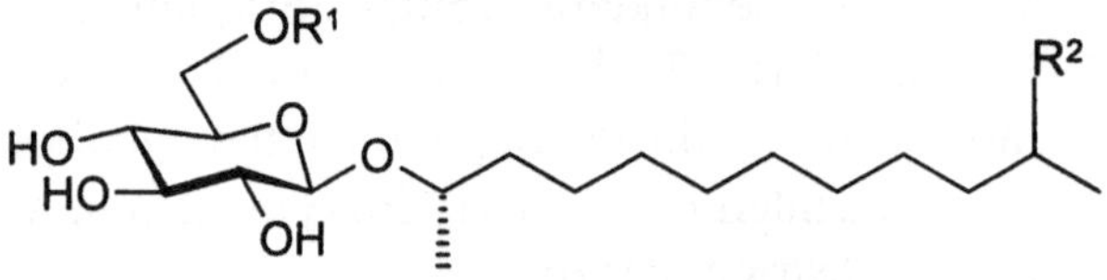

	R¹	R²
GL-A	H	H
GL-C	H	OH
GL-D	Ac	OH

Abb. 52   Strukturen der 2-Dodecyl-glucoside von *Candida bombicola* ATCC 22214 [Brakemeier 1997; Brakemeier et al. 1998 b].

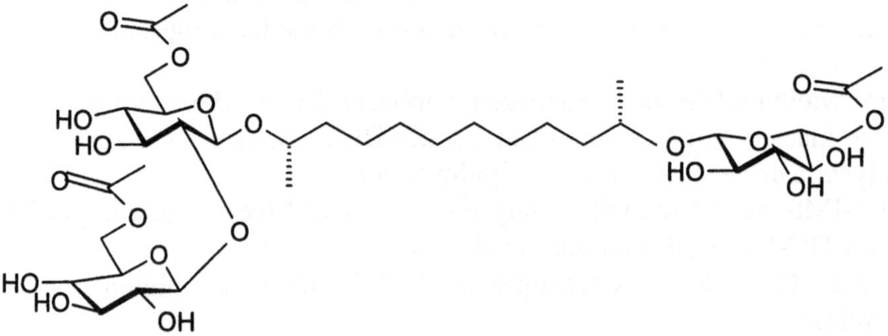

Abb. 53   Struktur einer Nebenkomponente aus der Kultivierung von *Candida bombicola* auf Glucose/2-Dodecanol.

Zur Konfiguration und Struktur der Komponenten (auf Glucose / 2-Dodecanol) ergibt sich folgendes Bild: Dem zu **88%** am Lipidgehalt der Glycolipide beteiligten 2-Dodecanol kommt mit einem Drehwert von $[\alpha]^{25}_D = + 7,4$ (c = 5,

Ethanol, 25 °C) die (*S*)-Konfiguration zu [Kirchner et al. 1985], übereinstimmend mit der (L)-Konfiguration der (ω-1)-Hydroxyfettsäure der klassischen Sophoroselipide [Tulloch et al. 1962].

Neben sechs Alkylsophorosiden werden drei Dodecylglucoside aufgefunden (Gewichtsverhältnis ca. 65/35). Mit der GC-Methode lässt sich die prozentuale Zusammensetzung fast aller Lipidkomponenten der Glycolipidgemische aus den Kultivierungen auf den verschiedenen Cosubstraten bestimmen. Nach Tab. 18 dominieren die 2-Alkanol-Anteile, der Anteil klassischer Hydroxy-C18/C16-Säuren ist stark zurückgedrängt, dies allerdings gilt nicht für das 4-Tetradecanol als Cosubstrat.

Tab. 18   Prozentuale Zusammensetzung der Lipidkomponenten von Glycolipidgemischen bei *Candida bombicola* nach Kultivierung auf Glucose und verschiedenen sekundären Fettalkoholen als Cosubstrate [Brakemeier 1997; Brakemeier et al. 1998b].

Lipidkomponente	%-Werte der Lipidkomponenten bei den Cosubstraten:				
	2-Dodecanol	2-Tetradecanol	2-Hexadecanol	4-Tetradecanol	Ohne
2-Dodecanol	88,1				
2,11-Dodecandiol	0,5				
2-Tetradecanol		84,9			
2,13-Tetradecandiol		1,6			
4-Tetradecanol				23,8	
2-Hexadecanol			59,6		
2,15-Hexadecandiol			7,0		
FS 16-OH-C16:0	0,6	0,5	1,4	4,8	1,9
FS 17-OH-C18:0	2,5	2,7	6,6	17,4	34,3
FS 17-OH-C18:1	5,1	5,4	13,2	39,9	50,2
FS 18-OH-C18:0	0,1		0,4	1,1	
FS 18-OH-C18:1	0,7	0,7	1,9	6,5	10,5
FS C16:0	0,2	0,3	0,3		
FS C16:1	0,2	0,3	0,4		
FS C18:0		0,2			
FS C18:1	1,1	0,9	1,5		
Andere		2,0	1,4	1,8	

Da beim Cosubstrat 2-Hexadecanol zu 7% 2,15-Hexadecandiol im Lipidgemisch gefunden wird, ist es nicht überraschend, dass u.a. als natives Glycolipid auch ein

Produkt mit zwei Sophoroseeinheiten identifiziert werden kann (Abb. 54).

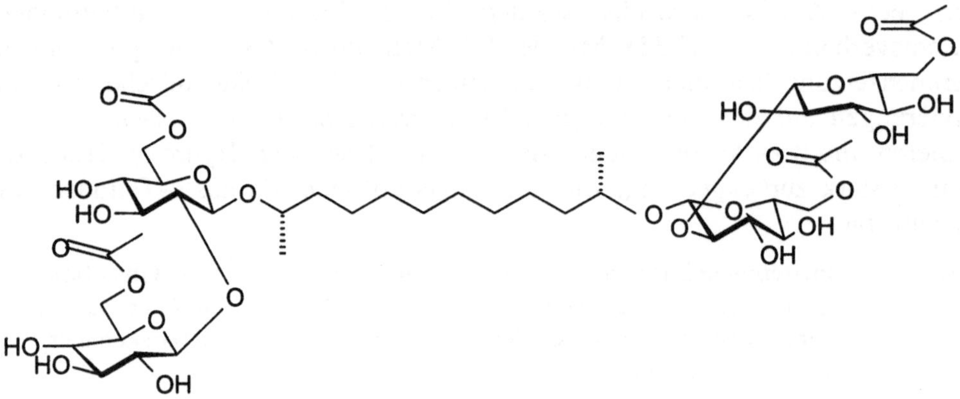

Abb. 54   Glycolipid mit zwei Sophoroseeinheiten nach Kultivierung von *Candida bombicola* auf Glucose/2-Hexadecanol [Brakemeier et al. 1995; Brakemeier 1997].

Aufgrund ihres niedrigeren Preises im Vergleich zu sekundären Alkoholen erscheint es interessant, die analogen Ketone auf ihre Eignung zur Sophoroselipidbildung in Verbindung mit Glucose als erster C-Quelle zu überprüfen. Da in der Literatur zahlreiche Artikel über Hefe-vermittelte Reduktionen von Ketonen zu den homologen Alkoholen beschrieben sind [Utaka et al. 1987; Syldatk et al. 1988; Csuk & Glänzer 1991], werden auch 2-, 3-, 4-Dodecanon und 2-Hexadecanon eingesetzt, nicht ohne Erfolg, wie Tab. 19 zeigt.

Tab. 19   Prozentuale Zusammensetzung der Lipidkomponenten von Glycolipid-gemischen bei *Candida bombicola* nach Kultivierung auf Glucose und verschiedenen Alkanonen als Cosubstrate [Brakemeier 1997; Brakemeier et al. 1998a].

Lipidkomponenten	%-Werte der Lipidkomponenten bei den Cosubstraten:			
	2-Dodecanon	3-Dodecanon	4-Dodecanon	2-Hexadecanon
2-Dodecanol	84,5			
3-Dodecanol		80,0		
4-Dodecanol			41,5	
Andere C12			22,0	
2-Undecanol		3,4		

Fortsetzung Tab. 19

Lipidkomponenten	2-Dodecanon	3-Dodecanon	4-Dodecanon	2-Hexadecanon
2-Hexadecanol				49,4
15-OH-2-Hexa-decanon				21,5
2,15-Hexa-decandiol				4,0
FS 15-OH-C16:0	0,3	0,6	1,4	7,4
FS 16-OH-C16:0	0,3	0,7	1,1	0,9
FS 17-OH-C18:0	2,2	2,5	1,6	4,8
FS 17-OH-C18:1	4,1	7,5	12,6	8,5
FS 18-OH-C18:0		0,2		
FS 18-OH-C18:1	0,6	1,2	0,3	
FS C16:0	0,9	0,3	0,9	
FS C16:1	0,5	0,3	1,3	
FS C18:0	0,7	0,3	0,3	
FS C18:1	5,0	2,6	3,7	0,4
Andere	0,9	0,4	8,4	2,2

Unter Sauerstoff-limitierten Kultivierungsbedingungen gelingt es, auch 1-Dode-canol nach Einsatz als Cosubstrat an die Kohlenhydratkomponente zu binden (Abb. 55) [Lang et al. 1997a; Brakemeier et al. 1998a].

$$\text{SL-D}_{1\text{-}12}: \quad R^1 / R^2 = H;$$
$$\text{SL-E}_{1\text{-}12}: \quad R^1 = H, R^2 = COCH_3$$
$$\text{SL-F}_{1\text{-}12}: \quad R^1 / R^2 = COCH_3$$

Abb. 55   Struktur der 1-Dodecyl-sophoroside von *Candida bombicola* [Lang et al. 1997a; Brakemeier et al. 1998a].

Die Tab. 20 stellt das Lipidmuster dieser neuartigen Sophoroselipide und jenes des auf einem Diol gewonnenen Produktgemisches vor.

Tab. 20   Lipidkomponenten der Methanolyse-Produkte von Sophoroselipiden nach
                 Kultivierung auf Glucose/1-Dodecanol bzw. Glucose/1,14-Tetradecan-
                 diol, (D)FS=(Di-)Fettsäuren [Brakemeier et al. 1998a].

Lipidkomponenten	%-Werte der Lipidkomponenten bei den Cosubstraten:	
	1-Dodecanol	1,14-Tetradecandiol
1-Dodecanol	69,8	
1,14-Tetradecandiol		0,4
FS 14-OH-C14:0		20,0
FS 15-OH-C16:0	1,1	5,7
FS 16-OH-C16:0	1,4	6,1
FS 17-OH-C18:0	5,5	15,6
FS 17-OH-C18:1	8,3	29,9
FS 18-OH-C18:1	1,6	4,4
FS C12:0	10,0	
FS C16:1	0,2	
FS C18:0		0,8
FS C18:1	1,1	4,2
DFS C14:0		11,2
Andere	1,0	1,7

4.5.2   Biosynthese und Regulation

Intensive Biosynthese-Untersuchungen an den Sophoroselipiden, ausgehend von
Glucose als alleiniger Kohlenstoffquelle und alternativ im Gemisch mit lipophilen
Kohlenstoff-Substraten, führen bei *Candida bombicola, C. bogoriensis* und *C.
apicola* zu den folgenden zentralen Aussagen:

1 Anhand der Substrat-Systematik (Glucose/Alkan-Derivate) und der Art der
   gebildeten Produkte werden Stoffwechselwege vorgeschlagen, z.B. der Weg
   vom Alkan über Alkan-1-ol, Alkan-1-Säure zur ω- oder (ω-1)-hydroxylierten
   Fettsäure [Jones & Howe 1968a,b; Jones 1968].
2 Das Sauerstoffatom der Hydroxylgruppe am letzten oder vorletzten
   Kohlenstoffatom der Fettsäure stammt aus molekularem Sauerstoff und nicht
   aus Wasser [Heinz et al. 1969]. Aufgrund der Tatsache, daß NADPH für die
   Hydroxylierung notwendig ist, wird eine "mixed function oxidase" postuliert
   [Heinz et al. 1970].
3 Es werden zwei verschiedene Fettalkohol-Oxidasen bei *Candida bombicola*
   angenommen, die aus zwei Aktivitätsmaxima bei der Umsetzung der

homologen Reihe aliphatischer Alkohole gefolgert werden [Hommel & Ratledge 1990]. Bei *Candida apicola* wird der Nachweis von microsomallokalisierter Pyridinnucleotid-unabhängiger Alkoholoxidase und NAD-abhängiger Aldehyd-dehydrogenase erbracht [Hommel et al. 1994a].

4 ^{13}C-Experimente bei der Glucose / n-C16-Verwertung von *Candida apicola* lassen eine stufenweise Oxidation über 1-Hydroxy-Hexadecan, Hexadecanal, Hexadecansäure, ω- oder (ω-1)-Hydroxyhexadecansäure schlussfolgern [Weber et al. 1992]. Die hier vermuteten zwei Cytochrom-P450-Monooxygenasen werden später nachgewiesen [Hommel et al. 1994a].

5 Lottermoser et al. [1996] berechnen nach der PCR-unterstützten Klonierung zweier P450-Gene für Proteine mit je 519 Aminosäuren Molekulargewichte von 58.656 und 58.631 d. Die abgeleiteten Aminosäuresequenzen sind zu 84,4% identisch. Außerdem verweisen sie darauf, dass weitere P450-bezogene Gene in *Candida apicola* existieren.

6 Die letzten beiden Schritte der Sophoroselipid-Biosynthese bei *Candida bogoriensis* aus Glucose werden aufgeklärt: Nachweis von Glycosyltransferasen, Acetyltransferasen und Acetylesterasen; insbesondere die Erkenntnis, dass die Fettsäure an eine durch UDP aktivierte Glucose-Einheit gebunden wird, die erst danach mit einer zweiten UDP-Glucose-Einheit zur Sophorose kondensiert [Esders & Light 1972a; Esders & Light 1972b; Esders & Light 1972c; Buchholtz & Light 1976a; Buchholtz & Light 1976b; Cutler & Light 1979; Breithaupt& Light 1982].

7 Ergänzend zu dieser Reaktionssequenz finden Hommel et al. [1994d] bei *Candida apicola* bei Untersuchungen zur Kultivierung mit D-[1-^{13}C]-Glucose als alleiniger Kohlenstoffquelle, dass der Zucker nicht direkt in das Sophoroselipid eingebaut wird, sondern zunächst ein Abbau zu Triose-Einheiten und anschließend eine Gluconeogenese erfolgt. Bei Einsatz eines Gemisches von Glucose und n-C16 als C-Quelle wird allerdings ein Teil der Glucose auch direkt in die Kohlenhydrateinheit des Glycolipids inkorporiert.

8 Eine erhöhte Sophoroselipid-Synthese auf Glucose als alleiniger Kohlenstoffquelle bei *Candida bombicola* erfolgt, wenn bei Phosphat-Limitierung die spez. Aktivität von NAD- und NADP-abhängigen Isocitrat-Dehydrogenasen stark erniedrigt wird, jene der Citrat-Synthase jedoch konstant hoch bleibt. Citrat wird durch die nachgewiesene ATP-Citrat-Lyase im Cytosol gespalten, wobei Acetyl-CoA, die Vorstufe für die Fettsäurebiosynthese, gebildet wird [Albrecht et al. 1996]. Untersuchungen zur Übertragbarkeit der Theorie der Lipidakkumulation der "oleaginous yeasts" bei Einsetzen einer Stickstoff-Limitation, die den Prozess auslöst, bis zur Anreicherung von Lipiden auf der Basis überschüssiger Kohlenstoffquelle [Boulton & Ratledge 1983; 1984; Leman 1997] auf *Candida bombicola* führen zu Abweichungen bei der Regulation der Isocitrat-Dehydrogenasen sowie der pH-Optima. AMP-Deaminase-Aktivität, die bei den lipidakkumulierenden Hefen unmittelbar

nach Verbrauch der Stickstoffquelle als charakteristische Reaktion nachgewiesen werden kann [Ratledge 1997], wird bei diesen Experimenten nicht bestimmt.

9 Die Lokalisation der biosynthetischen Enzyme sowie der Ausscheidungsmechanismus der Sophoroselipide aus der Zelle bleibt unklar. Nach Herstellung von Protoplasten von *Candida apicola* haben Rilke et al. [1992] die Existenz von periplasmatischen Vesikeln aufgezeigt; diese sind möglicherweise am Transport der oberflächenaktiven Glycolipide beteiligt. Ähnliche Vesikel werden auch bei *Serratia marcescens* beschrieben, in denen die Biotenside die Hauptmenge der angereicherten Lipide stellten [Matsuyama et al. 1986].

10 *Candida apicola* bildet auf Glucose als alleiniger Kohlenstoffquelle - besonders wenn n-Hexadecan als zusätzliches Substrat vorhanden ist - während der stationären Phase Sophoroselipide. Mit Galactose als Kohlenstoffquelle wird zwar Wachstum beobachtet, jedoch auch in Gegenwart von n-C16 keine Sophoroselipid-Bildung; daraus werden Repressions/Derepressions-Phänomene in der Regulation der Glycolipid-Biosynthese abgeleitet [Hommel & Huse 1993].

11 Für die bei der Kultivierung als Stickstoffquelle dienenden Ammoniumionen finden Hommel et al. [1994c] bei derselben Hefe, dass mit zunehmender Anfangskonzentration an Ammoniumsulfat auch mehr Sophoroselipid gebildet wird bis hin zu einer bestimmten kritischen Konzentration. Zudem wird das Verhältnis der beiden Isomere, des die ω- bzw. (ω-1)-Hydroxypalmitinsäure enthaltenden Sophoroselipids beeinflusst. Auch Veränderungen des zellulären Fettsäureprofils, die bei diesen Variationen der Stickstoffkonzentration beobachtet werden, lassen auf regulatorische Effekte durch Ammoniumionen schließen.

12 Bei Kultivierung auf Glucose / rac. 2-Dodecanol wurde von *Candida bombicola* der *S*-konfigurierte Alkohol direkt eingebaut [Brakemeier et al. 1998b] und das *R*-Enantiomere zusätzlich an der (ω-1)-Position enantioselektiv (*S*)-hydroxyliert und ebenfalls, jedoch nur zu 0,5%, im Sophoroselipid gefunden.

13 Auch primäre Ketone, primäre Alkohole und Diole werden entweder nach leichter Modifikation oder direkt in das Glycolipid eingebaut werden

In den Abb. 56-58 sind die bisherigen Erkenntnisse zur Biosynthese und Regulation zusammengefasst.

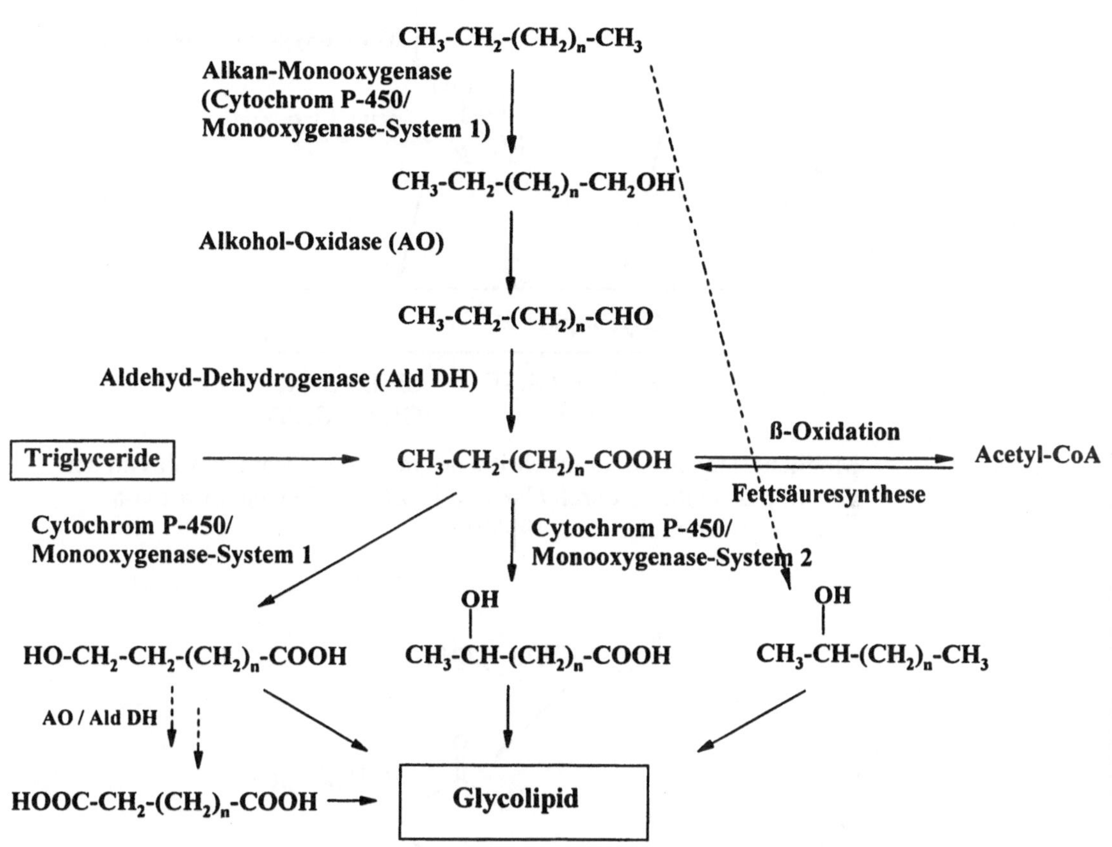

Abb. 56   Schema der Oxidationsreaktionen an Alkanen, Triglyceriden und sekundären Fettalkoholen in *Candida bombicola* und verwandten Spezies [Hommel & Ratledge 1993; Brakemeier et al.1998b].

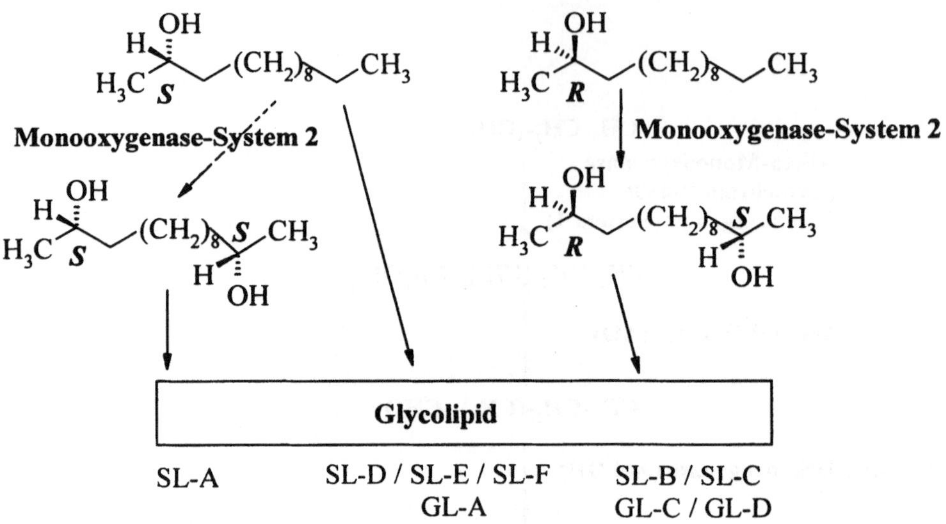

Abb. 57   Mögliche Transformationsschritte des rac. 2-Dodecanols während der Glycolipid-Synthese durch *Candida bombicola* in Gegenwart von Glucose [Brakemeier et al. 1998b].

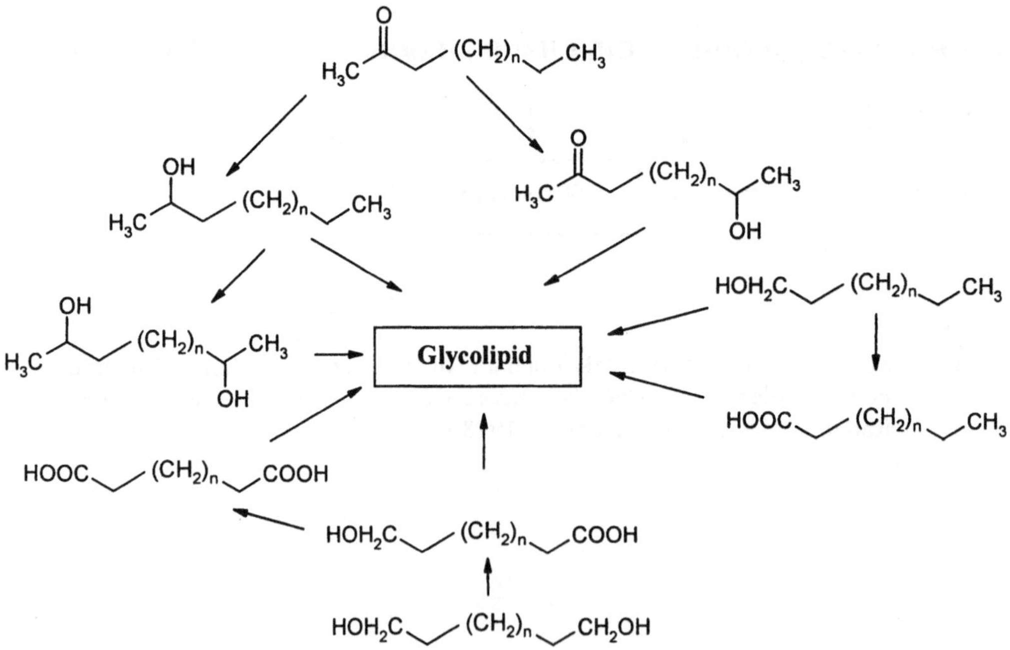

Abb. 58   Transformationsschritte von 2-Alkanonen, primären Alkoholen und 1,ω-Diolen zur Sophoroselipid-Synthese in *Candida bombicola*.

4.5.3 Mikrobielle Produktion von Sophoroselipiden aus natürlichen C-Quellen

Untersuchungen zur möglichen Rolle der Sophoroselipide bei Wachstum auf wasserunlöslichen n-Alkanen zeigen, dass Sophoroselipide und verwandte Modellverbindungen speziell das Wachstum der Hefe *Torulopsis* (heute *Candida*) *bombicola* auf n-Alkanen (C10-C20) erheblich stimulieren. Synthetische nichtionische Tenside sind hierzu nicht in der Lage. Auf das Wachstum anderer typischer n-Alkan-verwertender Hefen, z.B. *Candida tropicalis* oder *Pichia* sp., haben die Sophoroselipide keinen positiven Einfluss bzw. inhibieren es sogar [Inoue & Ito 1982; Ito & Inoue 1982].

Für eine Überproduktion der sogenannten klassischen Sophoroselipide, die die ω-(ω-1)-Hydroxyfettsäuren der Kettenlänge C16/C18 als dominanten Lipidanteil besitzen, haben sich bisher folgende Kultivierungsbedingungen für die *Candida* Spezies als günstig erwiesen:

- Gemisch von Glucose und hydrophoben Substanzen (= Cosubstrate) als Kohlenstoffquellen
- Hefeextrakt, Harnstoff, Ammonium- und Nitrationen als Stickstoffquellen
- 22-30 °C
- Start-pH: 4,5 - 6; danach ohne bzw. mit Korrektur (vorzugsweise pH 2,5 bis 4)
- Inkubationsdauer bis zu 10 Tagen.

Als Methoden zur Kultivierung der Hefe können eingesetzt werden:

- Batch-Fermentation
- Fed-Batch-Fermentation: (semi-)kontinuierliche Dosage des Cosubstrats bzw. auch der ersten Kohlenstoffquelle
- Verfahren mit ruhenden Zellen
- Self-cycling-Verfahren
- Kontinuierliche Fermentation.

4.5.3.1 Batch-, Fed-Batch-Fermentationen und Verfahren mit ruhenden Zellen

Die intensiven Arbeiten zur Verbesserung des Prozesses hinsichtlich Produkt-Konzentration, Ertragskoeffizienten und Produktionsraten von 1961 bis heute sind in Tab. 21 zusammengefasst.

Tab. 21   Daten zur mikrobiellen Produktion von Sophoroselipiden (SL) im Batch
             bzw. Fed-Batch Verfahren. Allgemeine Bedingungen: Schüttel- bzw.
             Bioreaktorkulturen(1 l-50 l); Komplex- u. Mineralsalzmedien, 0,3-2 v/vm
             (Bioreaktor), pH 5-6 zu Beginn (Produktionsphase: keine Korrektur →
             pH 2,5-3), 22-30 °C.

Stamm	C-Quelle ($g\,l^{-1}$)	SL ($g\,l^{-1}$)	$Y_{P/S}$	X ($g\,l^{-1}$)	$Y_{P/X}$	t (h)	P_V ($g\,l^{-1}h^{-1}$)	Referenz
T. magnoliae	Glucose (100) Me-Oleat (20)	17	0,14	n.b.	n.b.	84	0,202	Tulloch et al. 1962
T. apicola	Glucose (100) n-C18 (35)	40	0,29	n.b.	n.b.	120	0,333	Tulloch et al. 1968
T. bombicola ATCC 22214	Glucose (100) Sonnenbl.-Öl (95)	67	0,35	20,0	3,35	100	0,670	Cooper & Paddock 1984
C. apicola IMET 43747	Glucose (100) n-C16 (50)	32	0,28	8,2	3,90	450	0,071	Stüwer et al. 1987
T. bombicola ATCC 22214	Ölsäure (136)	77	0,57	16,0	4,80	144	0,534	Asmer et al. 1988
T. bombicola KSM-36	Glucose (100) Palmöl (140)	120	0,50	n.b.	n.b.	170	0,705	Inoue 1988
C. bombicola ATCC 22214	Saccharose (100),Sonnen- blumenöl (100)	42	0,21	36,0	1,17	140	0,300	Klekner et al. 1991
C. bombicola ATCC 22214	Glucose (100) Safloröl (105)	135	0,66	35,0	3,86	216	0,625	Zhou et al. 1992
C. bombicola CBS 6009	Glucose (304) Rapsöl-FSEE (184)	317	0,65	30,5	10,4	190	1,668	Davila et al. 1992; 1997
C. bombicola ATCC 22214	Glucose (100) Sojaöl (100)	120	0,60	27,0	4,40	100	1,200	Lee & Kim 1993
C. bombicola CBS 6009	Glucose (320) Leinöl (160)	122	0,25	20,0	6,10	190	0,642	Davila et al. 1994
C. bombicola ATCC 22214	Glucose (100) Canolaöl (105)	160	0,78	30,0	10,57	192	0,833	Zhou & Ko- saric 1995
C. bombicola ATCC 22214	Lactose (100) Canolaöl (105)	110	0,53	30,0	3,67	192	0,573	Zhou & Ko- saric 1995
C. bombicola ATCC 22214	Glucose (100) Schweinefett (100)	120	0,60	30,0	4,00	68	1,764	Deshpande & Daniels 1995
C. bombicola ATCC 22214	Glucose (160) Ölsäure (45)	180	0,87	30,0	6,00	200	0,900	Rau et al. 1996

Fortsetzung Tab. 21

Stamm	C-Quelle (g l⁻¹)	SL (g l⁻¹)	$Y_{P/S}$	X (g l⁻¹)	$Y_{P/X}$	t (h)	P_V (g l⁻¹h⁻¹)	Referenz
C. bombicola ATTC 22214	SCO*(20) Rapsöl (400)	422		20	21,1	410	1,029	Daniel et al 1998
C. bombicola ATCC 22214	Glucose (400) Rapsöl (150)	290	0,53	24,0	12,08	125	2,320	Lang et al. 1997b, Rau et al. 1998
C. bombicola ATCC 22214	*C. curvatus-* Rohextrakt mit SCO* (20); Rapsöl (400)	422	n.b. **	20,0	21,10	420	1,000	Daniel et al. 1998
C. bombicola NRRL Y-17069	Glucose (100) Sonnenbl. (100)	120	0,60	27,0	4,44	192	0,625	Casas & Garcia-Ochoa 1999
C. bombicola ATTC 22214	Glucose (400) Rapsöl (150)	300	0,54	24,0	12,5	125	2,400	Rau et al. 2001

* Single cell oil, ** nicht exakt bestimmbar, weil Rohextrakt nicht nur SCO enthielt

Einige der zuvor genannten Methoden, besonders die Fed-Batch Methode, führen zu sehr hohen Produkt-Konzentrationen von bis zu 320 g l⁻¹. Diese sind unter den Biotensiden bei weitem die höchsten und auch für andere mikrobiologische Naturstoffproduktionen beispielhaft hoch. Charakteristisch für die Sophoroselipid-Bildung ist dabei das Einsetzen der Überproduktion ab Beginn der Stickstoff-Limitierung.

Bei $Y_{P/S}$-Werten von 0,6 bis 0,85 können Konzentrationen von mehr als 300 g l⁻¹ an Sophoroselipiden erreicht werden. Es fällt auf, dass im Gemisch mit Glucose oder Saccharose insbesondere lipophile, nachwachsende Rohstoffe, wie pflanzliche Öle, für die Überproduktion sehr förderlich sind. Beispielhaft ist in Abb. 59 die Kultivierung von *Candida bombicola* ATCC 22214 auf Glucose /Canola-Öl (= laurinsäurereiches Rapsöl) wiedergegeben [Zhou & Kosaric 1995].

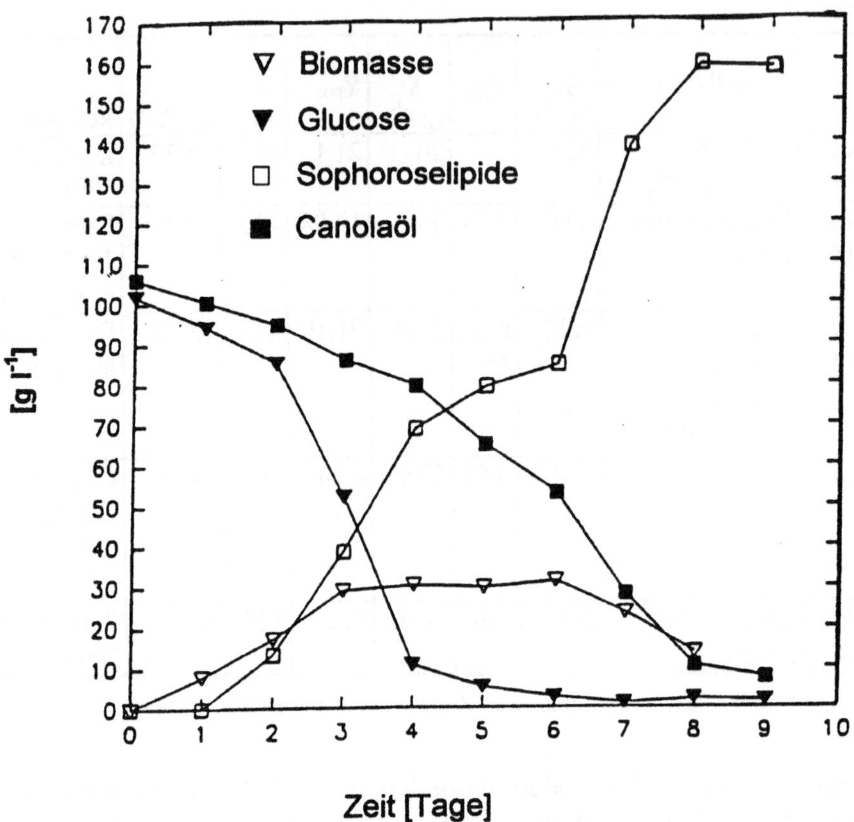

Abb. 59   Wachstum und Sophoroselipidbildung bei *Candida bombicola* im 1-1-
                 Bioreaktor. Bedingungen: Mineralsalzmedium mit 0,4% Hefeextrakt und
                 0,1% Harnstoff, 100 g l⁻¹ Glucose, 105 g l⁻¹ Canolaöl [Zhou & Kosaric
                 1995].

Auch auf Ölsäure als alleiniger Kohlenstoffquelle lassen sich hohe
Produktausbeuten erzielen [Asmer et al.1988]. Die in dieser Arbeit eingeführte
Nomenklatur für die Strukturen von sechs sauber trennbaren Sophoroselipiden mit
dem diacetylierten und Lactonring enthaltenden Glycolipid als Hauptkomponente
(40-60%) wird von späteren Arbeiten übernommen: u.a Klekner et al. 1991;
Davila et al. 1992; Davila et al. 1993; Davila et al. 1994.
In diesem Zusammenhang bedeutend sind zwei Arbeiten, die sich mit der
Sophoroselipid-Bildung auf Milchwirtschaftsabfällen befassen.
1 Lactose (Hauptkohlenhydrat der Molke) allein kann von *Candida bombicola*
  nicht verwertet werden, da wahrscheinlich Transportsysteme fehlen. In
  Verbindung mit Olivenöl kann sie jedoch für die simultane Produktion von

intra- und extrazellulären Lipiden (letztere sind Sophoroselipide) genutzt werden [Zhou & Kosaric 1993].

2 Diese Erkenntnis nutzend werden in weiteren Arbeiten zunächst intrazelluläres „single-cell-oil" mit einer Lactose-verwertenden Hefe *Cryptococcus curvatus* produziert und der daraus gewonnene Zellaufschluss anschließend der Kultivierung von *Candida bombicola* zugeführt [Daniel et al. 1998].

Experimente mit ruhenden Zellen von *Candida bombicola* sind naheliegend, da eine starke Glycolipid-Bildung erst nach Stickstoff-Limitierung einsetzt. In McIlvaine-Puffer (pH 3,5) werden Kohlenhydrate, z.B. Maltose, Saccharose, Mannose und Glucose, mit $Y_{P/S}$-Werten von 0,1 bis 0,3 und lipophile Substrate, u.a. Octadecan, C14/15-n-Alkane, Ölsäure und Sojaöl, mit $Y_{P/S}$-Werten von 0,3 bis 0,6 zu Sophoroselipiden umgesetzt [Göbbert et al. 1984].
Mit dieser Strategie lassen sich für die Wachstumsphase der Hefe auch synthetische Medien optimieren. Im Hinblick auf eine industrielle Anwendung können so im Produktionsprozess nach 200 Stunden 120 g l^{-1} Lipid aus 100 g l^{-1} Glucose und 100 g l^{-1} Sonnenblumenöl geerntet werden [Casas et al. 1997].

4.5.3.2 Self-cycling-Fermentation

Solange nicht die Optimierung des Sophoroselipid-Ertrags im Mittelpunkt steht, existiert mit der Self-Cycling-Fermentation (SCF) eine vielversprechende Alternative zur semi-kontinuierlichen Produktion [McCaffrey & Cooper 1995].

SCF hängt von der Kopplung eines Feedback-Kontrollsystems an den Metabolismus des Mikroorganismus ab. Diese Kopplung kann über das pO_2-Minimum während der Kultivierung angestrebt werden. Da die Produktbildung zu diesem Zeitpunkt (Beginn der stationären Phase) erst beginnt, muss allerdings so verfahren werden, dass die Hälfte der Kultursuspension immer erst zwei Stunden später geerntet und durch ein gleiches Volumen frischen Nährmediums (10 g l^{-1} Glucose, 2,5 g l^{-1} n-Hexadecan, 8 g l^{-1} NH_4NO_3 u.a.) ersetzt wird. Auf diese Art und Weise werden mehrere Zyklen durchlaufen. Die Sophoroselipid-Bildung lässt sich u.a. durch die Erniedrigung der Oberflächenspannung des Kulturüberstands erfassen.
Die oben zitierte Arbeitsgruppe hatte die echte SCF-Methode (ohne „extended phase") zuvor schon erfolgreich an synchronen Kulturen von *Acinetobacter calcoaceticus* zur Emulsanbildung getestet [Brown & Cooper 1991].

4.5.3.3 Kontinuierliche Sophoroselipid-Produktion

Der Einfluss von Sojaöl (100 g l^{-1}) und Glucose (100 g l^{-1}) auf Wachstum und Produktbildung bei *Torulopsis bombicola* ATCC 22214 in kontinuierlicher Kultur ist bereits untersucht worden [Kim et al. 1997d]. Wird in der späten exponentiellen Phase (nach 30 Stunden) mit der Dosage frischen Mediums (pH 4) begonnen und werden Verdünnungsraten von 0,01 bis 0,05 pro Stunde (h^{-1}) getestet, so lässt sich eine Abnahme der Konzentration an Sophoroselipid von 94 g l^{-1} auf 10 g l^{-1} und der Biomassse von 23 g l^{-1} auf 17 g l^{-1} protokollieren. Die Glycolipid-Produktivität besitzt ihr Maximum von 1,8 g l^{-1} h^{-1} bei einer Verdünnungsrate von 0,03 h^{-1}; die Sophoroselipid-Konzentration beträgt 60 g l^{-1}.

Der weitgehend wachstumsentkoppelten Produktbildung wird Rechnung getragen [Rau et al. 1995; 1997; 1998 und Fiehler et al. 1997] mit einem kontinuierlichen Zwei-Stufen-Prozess: Während die erste Stufe der Biomassebildung dient (Stickstoff-limitierter Chemostat; neben Glucose ist zur Präkonditionierung auch schon Ölsäure nötig), findet in der zweiten Stufe (Stickstoff-limitierte Biokonversion; Glucose- und Ölsäure-Zudosage) die Produktion der Tenside statt. Die Durchflussrate beträgt in Stufe 1 0,1 $l\,h^{-1}$, in Stufe 2 0,06 $l\,h^{-1}$. Mit der in der ersten Stufe erreichten Biomasse von 13,5 g l^{-1} kann in der zweiten Stufe (mit Glucose-Dosage 1,86 g l^{-1} h^{-1}, Ölsäure 2,5 g l^{-1} h^{-1}; pH 3,3) ein P_V-Wert von 3,18 (g l^{-1} h^{-1}) erreicht werden. Dieser Wert liegt in derselben Größenordnung, wie die von Deshpande & Daniels [1995] in Fed-Batch-Kultivierungen mit Glucose / Schweinefett nach besonders kurzen Kultivierungszeiten (68 Stunden) berechneten Daten.

4.5.3.4   Gewinnung neuer Sophoroselipide durch biotechnologische Maßnahmen

Die bisher beschriebenen Sophoroselipid-Produkte enthalten zu mehr als 95% C18- und C16-Hydroxyfettsäuren, deren anionischer Charakter durch die intramolekulare Lactonbildung aufgehoben wird. Die Tensidwirkung dieses Produkts ist nicht befriedigend, auch nicht nach alkalischer Öffnung des Lactonrings (siehe Kap. 4.5.5).

Versuche, die Kettenlänge der Hydroxyfettsäure zu verkürzen (nach Modellierung wäre dies ohne Spannungserhöhung möglich), indem kurzkettige n-Alkane, primäre Fettalkohole, Fettsäuren etc. als Cosubstrate eingesetzt werden, endeten bisher mit negativem Ergebnis. Biochemische Degradation bzw. Elongation ergeben am Ende immer die bekannten klassischen Produkte.

Hinweise darauf, dass ein Cosubstrat das Lipidmuster im Sophoroselipid bestimmen kann, existieren seit den Arbeiten von Jones & Howe [1968a] und Jones [1968]. Die Autoren fanden nach Gabe von Glucose und 2-Alkanolen / 2-Acetoxyalkanen / methylverzweigten Alkanen der Kettenlänge C16 und C17 Sophoroselipide, die bis zu maximal 30 % Mono- und Dihydroxyalkane (C16 bzw. C17) enthielten.

Davila et al. [1994] berichten, dass nach Kultivierung auf Glucose und n-C12 bzw. n-C14 4% bzw. 7,9% Hydroxydodecane bzw. Hydroxytetradecane im Lipidmuster enthalten sind.

Um diese Werte wesentlich zu verbessern und um säurefreie kurzkettige Sophoroselipide herzustellen, werden als Cosubstrate sekundäre Fettalkohole mit 10 bis 16 Kohlenstoffatomen zur Biokonversion mit *Candida bombicola* ATCC 22214 eingesetzt. Diese werden mehrfach portionsweise zugegeben, und zwar erstmals 48 Stunden nach Wachstumsbeginn. Mit 2-Decanol werden nur geringe Glycolipidmengen gebildet. Nach schrittweiser Zugabe (nach 48, 72, 96 Stunden) von insgesamt 24 g l^{-1} rac. 2-Dodecanol zu einer Kultur, die mit 100 g l^{-1} Glucose und 1 g l^{-1} Hefeextrakt angesetzt wurde, werden nach 210 Stunden 16 g l^{-1} Sophoroselipide gewonnen (Abb. 60).

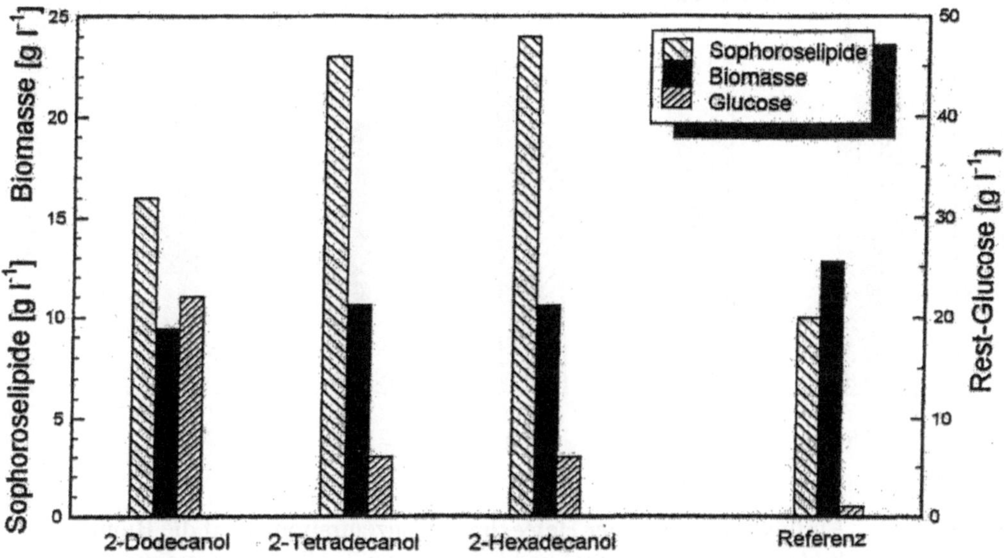

Abb. 60   Einfluss sekundärer Fettalkohole auf Biomasse- und 2-Alkyl-sophorosid-Bildung bei *Candida bombicola* ATCC 22214. Bedingungen: 500 ml Kulturen, 100 Upm, Mineralsalzmedium mit 0,1% Hefeextrakt, 100 g l^{-1} Glucose, 24 g l^{-1} Fettalkohol (Zugabe: je 8 g l^{-1} nach 48, 72, 96 h); 30 °C, pH 5,8 (später keine Korrektur), 210 h [Brakemeier et al.1995].

Sie enthalten zu 88% 2-Dodecanol im Lipidmuster. Mit 2-Tetradecanol bzw. 2-Hexadecanol können 23 g l⁻¹ Produkt gewonnen werden [Brakemeier et al. 1995; Lang et al.1996b,c].

Bei Konzentration auf rac. 2-Dodecanol als Cosubstrat (total 15 g l⁻¹) und steigende Mengen an Hefeextrakt im Nährmedium nimmt, wie in Abb. 61 zu sehen, die Biomasse stetig zu, doch ist das Maximum an Glycolipiden mit 22 g l⁻¹ bei 4 g l⁻¹ Hefeextrakt erreicht. Wahrscheinlich ist die hier erreichte hohe Zellmassenkonzentration dafür verantwortlich, dass unter diesen Bedingungen eine geringere Sauerstoffversorgung vorliegt, die die übliche Oxidation am anderen Ende der Kohlenstoffkette und den β-Oxidationsweg des Cosubstrats verhindert.

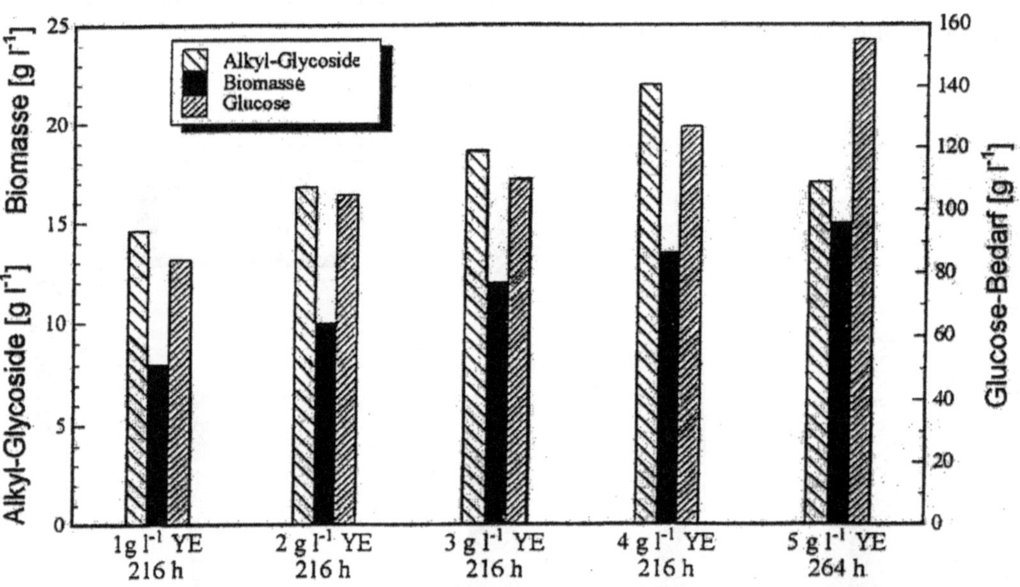

Abb. 61   Einfluss verschiedener Hefeextrakt-Konzentrationen auf die Biomasse-bildung, Glucose-Bedarf und Bildung von 2-Alkyl-glycosiden bei *Candida bombicola* [Brakemeier et al. 1998b].

Die Bedingungen für das in Abb. 61 dokumentierte Experiment sind: 100 ml Kulturen, 100 Upm, Mineralsalzmedium; Glucose (g l⁻¹): 110 (1 g l⁻¹ YE = yeast extract), 130 (2 g l⁻¹ YE), 140 (3 g l⁻¹ YE), 150 (4 g l⁻¹ YE), 160 (5 g l⁻¹ YE); 2-Dodecanol: 15 g l⁻¹ (je 5 g l⁻¹ nach 48, 72, 96 h); 30°C, pH 5,8 (unkorrigiert).

Der zuvor genannte Ertrag kann durch Erhöhung der 2-Dodecanol-Mengen von 15 auf 35 g l^{-1} und jener von Glucose von 150 auf 200 g l^{-1} letztendlich auf 41 g l^{-1} gesteigert werden (Abb. 62). Dabei verbessert sich der $Y_{P/S}$-Wert (0,17) zwar leicht, jedoch wird dies mit einer wesentlich längeren Kultivierungszeit erkauft.

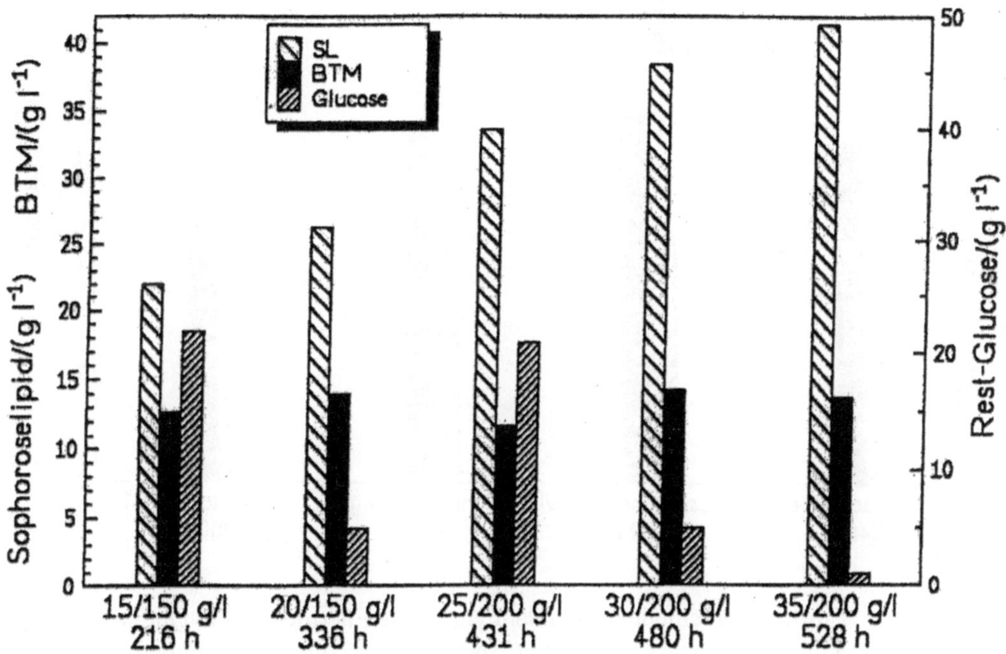

Abb. 62   Einfluss verschiedener C-Substrat-Konzentrationen auf einige Kultivierungsparameter in Schüttelkulturen von *Candida bombicola*. Bedingungen: Mineralsalzmedium mit 4 g l^{-1} Hefeextrakt, Glucose 150 bzw. 200 g l^{-1}, 2-Dodecanol 15-35 g l^{-1} (in Anteilen nach 48, 72, 96h), 100 ml, 100 Upm, 30°C. Abszissenbezeichnung: $c_{\text{2-Dodecanol}}$/c_{Glucose} und Inkubationszeit.

Nach der Variation der Hefeextrakt- und Alkoholkonzentrationen lassen sich auch verschiedene Kohlenhydrate als erste C-Quelle des Grundmediums auf ihre Eignung zur Produktion des Glycolipidgemisches überprüfen. Dazu kann Glucose alternativ durch Fructose, Saccharose, Mannose, Maltose, Lactose und Galactose ersetzt werden. Lediglich drei der ausgewählten Zucker ermöglichen ein Wachstum von *Candida bombicola* und führen in Verbindung mit 2-Dodecanol zur Produktbildung. Beispielhaft sind Kultivierungsergebnisse in Abb. 63

dargestellt; aus dieser Abb. wird deutlich: mit Saccharose, Mannose und Fructose werden nicht die guten Erträge erzielt, die mit Glucose möglich sind.

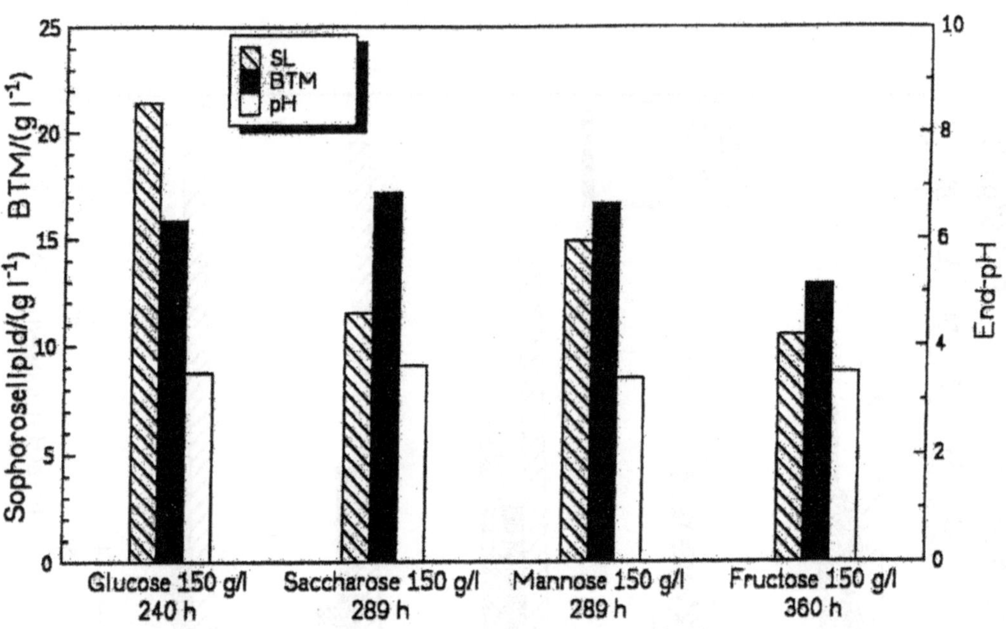

Abb. 63   Einfluss verschiedener Kohlenhydrate als Energie- und C-Quelle auf Kultivierungsparameter von *Candida bombicola*. Bedingungen: Mineralsalzmedium mit 4 g l⁻¹ Hefeextrakt, Kohlenhydrate 150 g l⁻¹, 2-Dodecanol 15 g l⁻¹ (in je 5 g l⁻¹ - Anteilen nach 48, 72, 96h), 100 ml, 30 °C, 9 Tage

Neben dem Zusatz von rac. 2-Dodecanol lässt sich die Produktbildung unter Zuhilfenahme weiterer Kultivierungsparameter, wie CO_2-Bildungsrate und O_2-Verbrauchsrate oder Gelöstsauerstoff-Konzentration (pO_2) unter deutlich definierteren Bedingungen optimieren. Hohe Anschaffungskosten der 2-Alkanole im Feinchemikalienhandel können hierzu durch Beschränkungen des Scale-up auf 2-l-Kulturvolumina in Kauf genommen werden. Wie schon bei der Schüttelkultur vollzogen wird der Alkohol erst nach Anwachsen der Biomasse zudosiert. Zur Regelung der permanenten Versorgung der Hefe mit dem Cosubstrat wird die schaumbildende Wirkung der Fermentationsprodukte als Indikator genutzt. Bereits geringe Mengen des Sophoroselipids bewirken in Abwesenheit des hydrophoben Substrats ein starkes Aufschäumen der Kulturbrühe.

Der Fettalkohol, der mit einer über eine Schaumsonde gesteuerten Dosagepumpe zugefüttert wird, wirkt entgegen dem Produkt solange als ein Antischaummittel, bis er metabolisiert wird. Abb. 64 gestattet einen Überblick über den Kultivierungsverlauf auf Glucose / 2-Dodecanol.

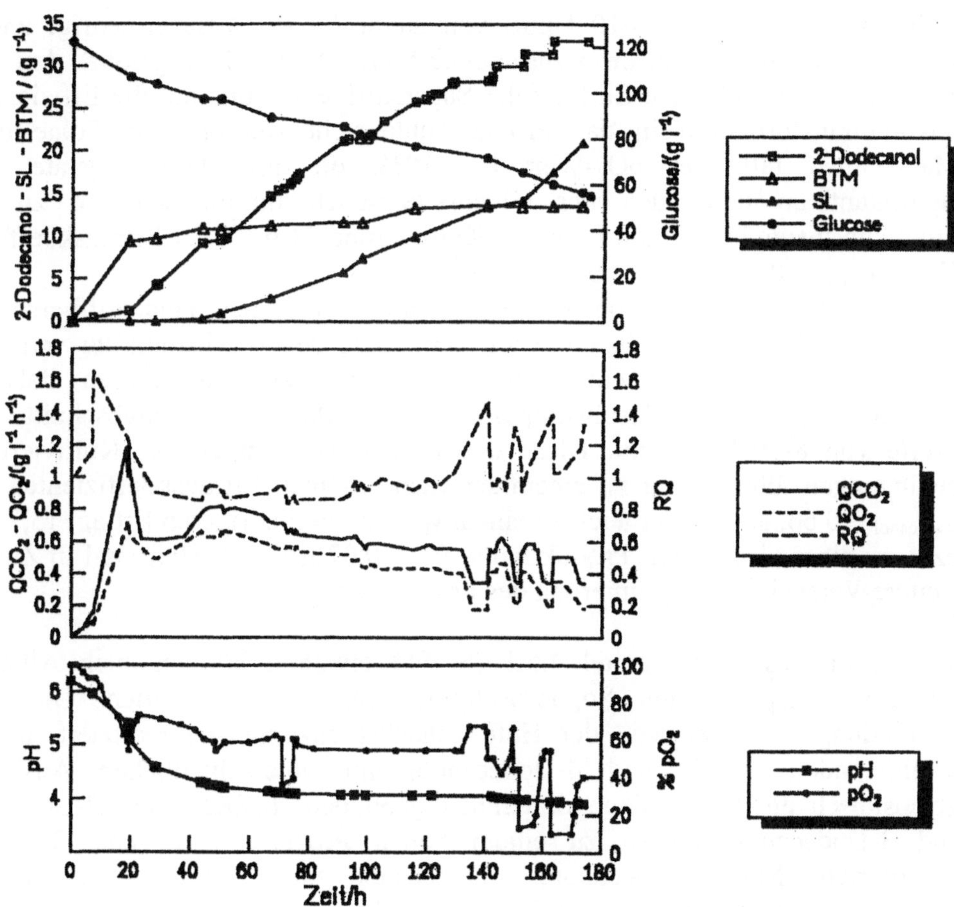

Abb. 64   Kultivierungsparameter während der Produktion von Alkyl-Sophorosiden aus Glucose/2-Dodecanol durch *Candida bombicola* im 2-l-Bioreaktor. Bedingungen: Mineralsalzmedium mit 4 g l^{-1} Hefeextrakt, Glucose 120 g l^{-1}, V_F = 2l, V' = 36 l h^{-1} (0,3 v/vm), 915 Upm (610 Upm nach 150 h), 30 °C, 174 h.

Die Biomasse entwickelt sich nach 24 h auf etwa 10 g l^{-1}, danach wird nur noch ein langsamer Anstieg beobachtet. Die Kultursuspension wandert bei dieser Fermentation in den sauren Bereich bis ca. pH 4. Von der 50. bis zur 150. Stunde wird das Produkt mit weitgehend konstanter Rate gebildet. Die zwischenzeitlichen Verarmungen an Cosubstrat sind durch die Abnahme der Sauerstoffverbrauchs-raten und der Kohlendioxidbildungsraten sowie durch Zunahme des Sauerstoff-partialdrucks erkennbar. Nach 150 h wird der pO_2 durch Reduzierung der Rührerdrehzahl (915 $\rightarrow$ 610 Upm) von zuvor 65 auf 40% erniedrigt und im weiteren Verlauf werden zwei zusätzliche Substratpulse durchgeführt. Auf diese Weise kann der mögliche Einfluss der Sauerstoffversorgung auf die Effizienz der Alkoholtransformation in das Produkt untersucht werden. Als Folge dieser Maßnahmen fällt der pO_2-Wert auf 10%, die Produktbildungsrate steigt signifikant an und auch der Glucoseverbrauch nimmt schwach zu. Die Produktausbeute beträgt am Ende der Kultivierung 21 g l^{-1}, der Ertragskoeffizient $Y_{P/2\text{-Dodecanol}} = 0{,}64$ und $P_V = 0{,}12$ g l^{-1} h^{-1}.

Der zuletzt beschriebene positive Effekt der reduzierten Sauerstoffversorgung legte nahe, die Rührerdrehzahl schon zum Ende des Wachstums zu verringern (610 Upm). In einem entsprechenden Folgeexperiment werden dabei in Abhängigkeit von den Cosubstratpulsen für jeweils längere Zeitabschnitte pO_2-Werte von 8-10% erreicht. Diese drastischen Änderungen der Kultivierungs-bedingungen führen zwar zu einem schwach erhöhten Ertragskoeffizienten $Y_{P/2\text{-Dodecanol}} = 0{,}66$, aber leider auch zu einem wesentlich niedrigeren Ertrag, 13,2 g l^{-1}, bzw. zu einer niedrigeren Produktivität, $P_V = 0{,}07$ g l^{-1} h^{-1}. Hier sind in Zukunft weitere Versuche zur Optimierung des Prozesses nötig.

Wie schon zuvor in Kapitel 4.5.1 (S. 96) erwähnt, können auch Alkanone erfolgreich in neuartige Sophoroselipide umgewandelt werden. Die Oxo-Verbindungen werden von der Hefe zunächst enzymatisch reduziert und die resultierenden 2-, 3- und 4-Dodecanole mit unterschiedlichen Ausbeuten glycosidisch an die Kohlenhydrateinheit gebunden. Insbesondere 2-Dodecanol und 3-Dodecanol werden zu einem hohen Prozentsatz in das Glycolipid inkorporiert. Mit 2-Dodecanon, 3-Dodecanon und 2-Hexadecanon können Ausbeuten von mehr als 15 g l^{-1} Glycolipide erzielt werden, wie Abb. 65 dokumentiert. Werden der sekundäre Alkohol 4-Tetradecanol und eine Verbin-dung mit zwei primären Hydroxygruppen, das 1,14-Tetradecandiol, als Cosub-strate getestet, dann können zwar Erträge in ähnlicher Größenordnung wie bei den Alkanonen erhalten werden, der Anteil neuartiger Sophoroselipide ist jedoch wesentlich geringer als bei 2- und 3-Dodecanon (Kapitel 4.5.1).

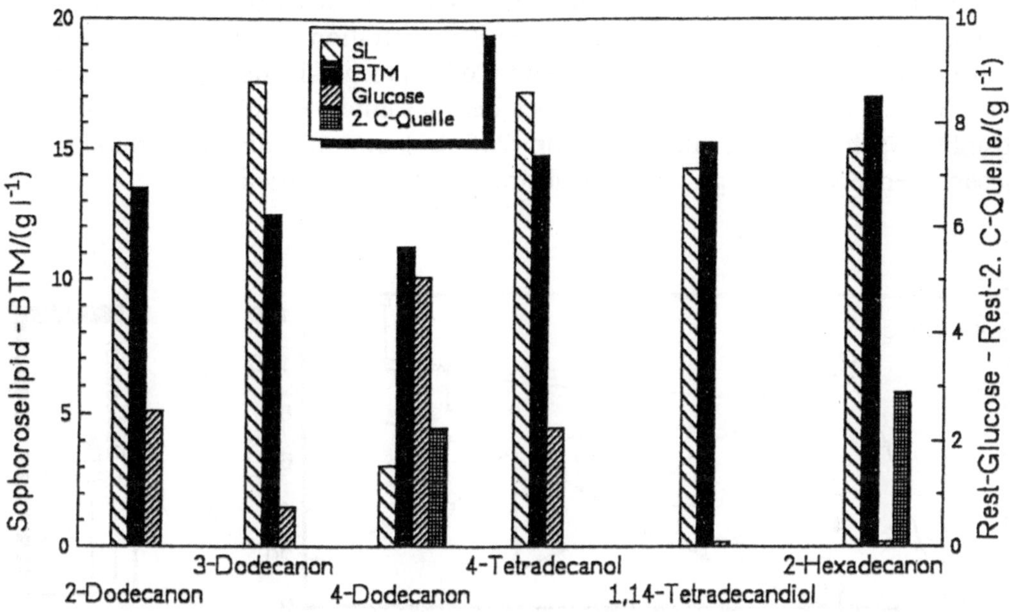

Abb. 65   Einfluss diverser Oxo- und Hydroxy-Verbindungen als Cosubstrate auf
Wachstum und Glycolipid-Produktion bei *Candida bombicola*.
Bedingungen: Mineralsalzmedium mit 4 g l⁻¹ Hefeextrakt, 150 g l⁻¹
Glucose, Cosubstrate: je 3,3 g l⁻¹ nach 48, 72, 96 h, 100ml, 100 Upm,
30 °C, 12 Tage.

Bei Verwendung der preiswerteren primären Fettalkohole als Cosubstrate werden
unter normalen Kultivierungsbedingungen hauptsächlich die klassischen
Sophoroselipide mit großem 17-Hydroxy-C18-Fettsäureanteil erhalten. Die oben
beschriebene Glucose/2-Dodecanol-Fermentation deutet an, dass sauerstoff-
reduzierte Bedingungen für die Bildung der Alkyl-Sophoroside von Vorteil sind.
Wird nun z.B. im 2-l-Bioreaktor bei niedriger Drehzahl kultiviert, dann reagiert
nach Abschluss des Wachstums (40 h) und Beginn der 1-Dodecanol-Pulse die
Hefekultur mit einem spontanen Absenken der Gelöstsauerstoff-Konzentration
von zuvor 75 auf 10% pO_2 (Abb. 66). Gleichzeitig steigen die Kohlendioxid-
bildungsrate und die Sauerstoffverbrauchsrate signifikant an. Nach weiterer
Zugabe von 2 g l⁻¹ 1-Dodecanol vergehen 30 h bis zur vollständigen
Metabolisierung des zugesetzten Fettalkohols. Die Verarmung an Cosubstrat führt
erneut zum Anstieg des pO_2 und dem Absinken von Q_{O2} und Q_{CO2}, ehe sich,
bedingt durch die neuerliche Zugabe von 1-Dodecanol, die Verhältnisse vor der
vollständigen Metabolisierung wiederherstellen. Bis zum Abbruch der Kultivierung sollten derartige 1-Dodecanol-Pulse mehrfach wiederholt werden. Um
eine Limitation der Energiequelle zu verhindern, wird Glucose in fester Form

nachdosiert (im obigen Experiment nach 160 h insgesamt 50 g l^{-1}). So ließ sich das neuartige Sophoroselipid nach dem ersten Puls des Cosubstrats nach 25 h mittels HPLC-Technik nachweisen. Seine Konzentration steigt bis zum Ende der Kultivierung auf 14,3 g l^{-1} (entsprechend 0,64 g pro g 1-Dodecanol) an, während der pH-Wert der Kultursuspension über den gesamten Produktbildungszeitraum absinkt. Nach einer Kulturdauer von 235 h kann mit dieser Methode eine Gesamtmenge von 22,5 g l^{-1} des Cosubstrats umgesetzt werden.

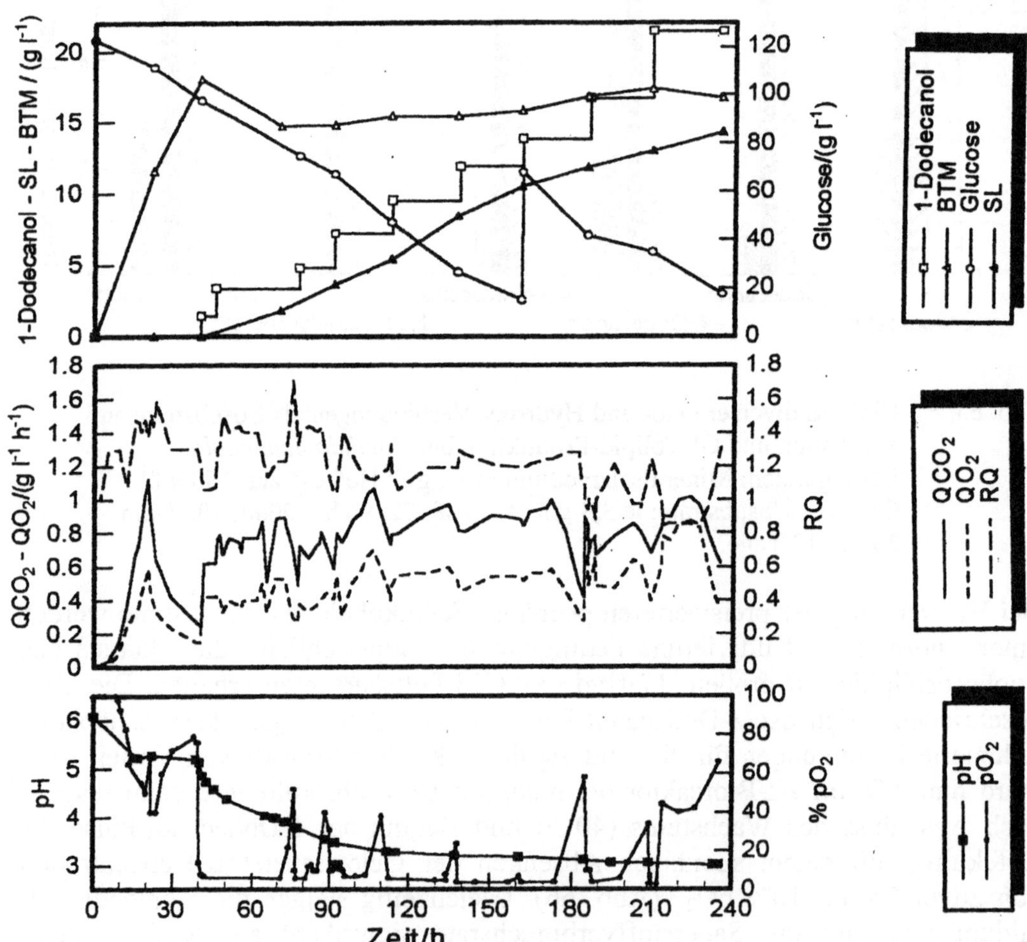

Abb. 66   Kultivierungsparameter während der Gewinnung von Alkyl-
                 Sophorosiden aus Glucose/1-Dodecanol mit *Candida bombicola*
                 bei reduz. Sauerstoffversorgung. Bedingungen: 2-l-Bioreaktor,
                 Mineralsalzmedium mit 4 g l^{-1} Hefeextrakt, 120 g l^{-1} Glucose (+ 50
                 g l^{-1} nach 160 h), V_F = 2 l, V' = 36 l h^{-1}, 610 Upm, 30 °C [Lang et
                 al. 1997a].

Abschließend werden in Tab. 22 wesentliche Daten zur Produktion dieser neuartigen Glycolipide von *Candida bombicola* zusammengefasst. Im Vergleich zur Produktion klassischer Sophoroselipid-Lactone (Tab. 21) sind die Werte deutlich geringer.

Tab. 22   Produktionsdaten zur mikrobiellen Bildung neuartiger Alkyl-sophoroside (ASL) durch *C. bombicola* ATCC 22214. Allgemeine Bedingungen: Schüttelkulturen, Bioreaktur-Kulturen; Mineralsalzmedium inkl. 1-4 g l^{-1} Hefeextrakt; portionsweise Addition der Cosubstrate nach 48, 72, 96 h bzw. in Abhängigkeit von phys.-chem. Parametern (im Bioreaktor); 30 °C; keine pH-Korrektur.

C-Quelle (g l^{-1})	ASL (g l^{-1})	$Y_{P/S}$	X (gl^{-1})	$Y_{P/X}$	t (h)	P_V (gl^{-1}h^{-1})	Referenz
Glucose (130) 2-OH-C12 (15)	22,0	0,152	13,0	1,692	216	0,102	Brakemeier et al.1998b
Glucose (200) 2-OH-C12 (35)	41,0	0,174	15,0	2,733	528	0.078	Brakemeier et al.1998b, Brakemeier 1997
Glucose (100) 2-OH-C14 (24)	23,0	0,185	10,5	2,190	210	0,109	Brakemeier et al. 1995
Glucose (100) 2-OH-C16 (24)	24,0	0,193	10,5	2,285	210	0,114	Brakemeier et al. 1995
Glucose (170) 1-OH-C12 (22,5)	14,3	0,084	17,0	0,841	235	0,051	Lang et al. 1997a; Brakemeier et al. 1998a
Glucose (150) 2-Oxo-C12 (10)	15,0	0,093	13,5	1,111	288	0,052	wie obere Zeile
Glucose (150) 3-Oxo-C12 (10)	17,5	0,109	12,2	1,434	288	0,060	wie obere Zeile

4.5.4   Oberflächenaktive Eigenschaften von nativen Sophoroselipiden

Der zellfreie Kulturüberstand von *Candida apicola* IMET 43747 zeigt sowohl nach Wachstum auf n-Alkanen als auch auf Glucose bei tensiometrischen Messungen Werte von 30 mN m^{-1} (Oberflächenspannung) bzw. kleiner 1 mN m^{-1} (Grenzflächenspannung gegen n-Decan) [Hommel et al. 1987; Stüwer et al. 1987]. Ähnliche Werte werden von McCaffrey & Cooper [1995] bei Kulturen von *Candida bombicola* ATCC 22214 auf Glucose/n-Hexadecan erreicht.

Das isolierte klassische Sophoroselipid-Gemisch (nach Kultivierung auf Glucose / Sojaöl) erniedrigt die Oberflächenspannung von Wasser von 72 mN m^{-1} auf 37

mN m^{-1} bei einer kritischen Mizellenkonzentration von 82 mg l^{-1}. Die Grenz-
flächenspannung gegenüber n-Hexadecan wird mit 1-2 mN m^{-1} angegeben
[Cooper & Paddock 1984]. Vermutlich durch Bildung gemischter Mizellen lässt
sich die schlechte Löslichkeit des Sophoroselipids in Wasser durch Zusatz von
Natriumdodecylsulfat verbessern [König et al. 1993].
Für die Bildung der neuartigen Sophorose- und Glucoselipide liegen detaillierte
Messungen vor, von denen einige mit den Abb. 67 und Abb. 68 vorgestellt
werden.

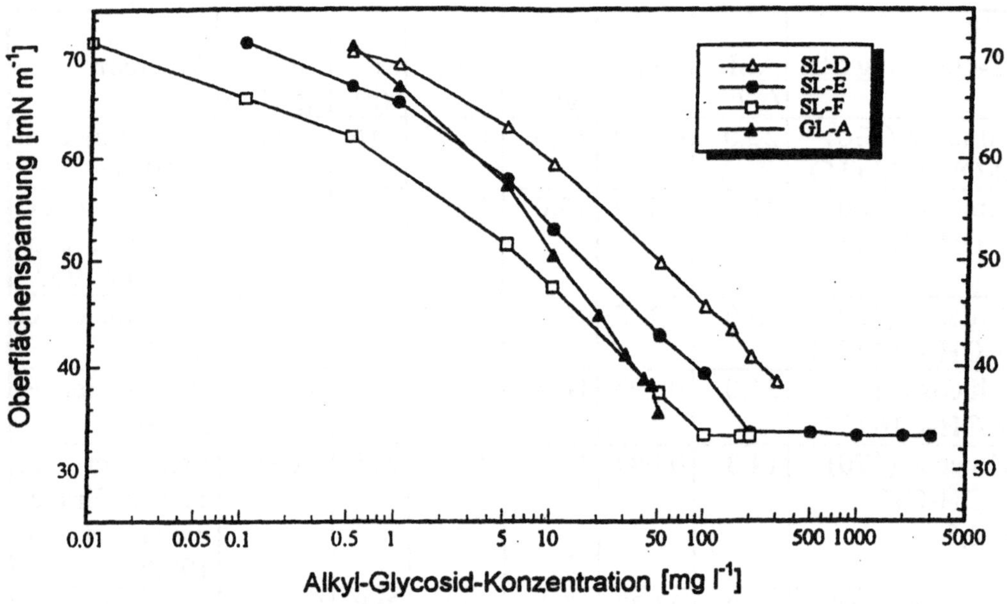

Abb. 67   Einfluss verschiedener 2-Dodecyl-glycoside (Strukturen siehe Abb.
                 51 und 52) auf die Oberflächenspannung von Wasser bei 25 °C
                 [Brakemeier et al. 1998b].

Die Verbindungen SL-E und SL-F zeigen starke Effekte und führen zu Ober-
flächenspannungswerten von ca. 33 mN m^{-1} bei cmc-Werten von 200 bzw. 100
mg l^{-1}. Die Glycolipide SL-D und GL-A sind nur wenig löslich in Wasser und
können ihre kritische Mizellenkonzentration bei 25 °C nicht erreichen (Abb. 67).
In Abb. 68 wird das auf Glucose/1-Dodecanol basierende neue Produkt und sein
alkalisches Hydrolyseprodukt mit synthetischen Zuckertensiden verglichen: Die
nativen Alkylsophoroside SL 1-12 und das Hydrolyseprodukt SL 1-12 (hydr.)
erniedrigen die Oberflächenspannung auf 31 bzw. 33 mN m^{-1}. Sie sind damit
ähnlich effektiv wie die kommmerziell erhältlichen Verbindungen β-Octyl-
glycosid und β-Dodecylmaltosid. Nur APG$^{®}$1200, ein chemisch synthetisiertes

kommerzielles Gemisch von Alkylglycosiden, erreicht mit 27 mN m^{-1} einen noch niedrigeren Wert.

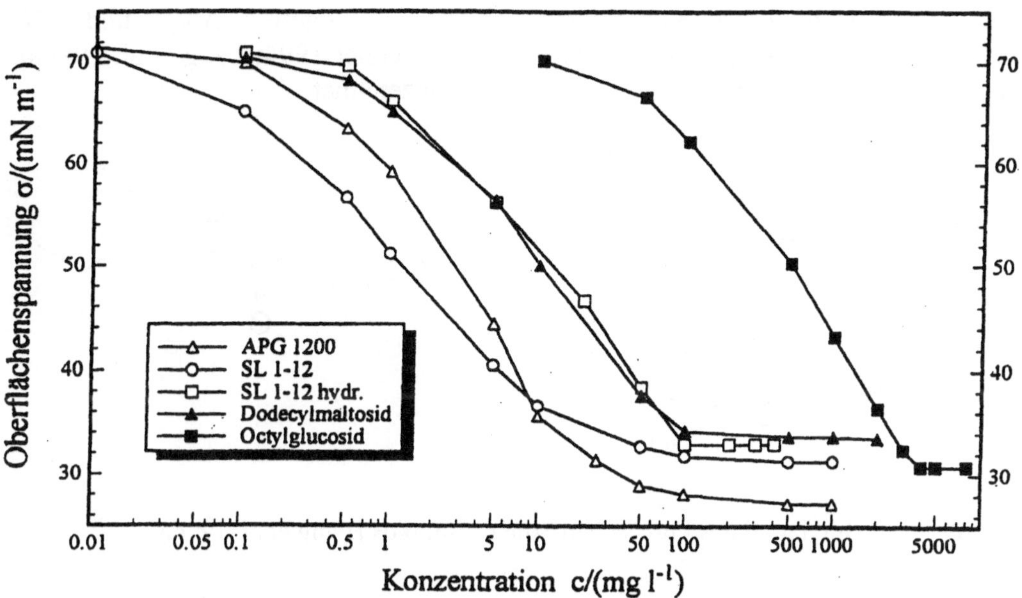

Abb. 68   Einfluss mikrobieller und chemisch-synthetischer Alkylglycoside auf die Oberflächenspannung von Wasser bei 25°C. SL 1-12: natives Produktgemisch von *Candida bombicola* nach Kultivierung auf Glucose /1-Dodecanol; SL 1-12 hydr.: nach Hydrolyse der Esterbindungen; APG 1200: Alkylpolyglycosid auf der Basis C12/14-Alkohol (Plantaren® 1200, Henkel KGaA, Düsseldorf); ß-Dodecylmaltosid, ß-Octylglucosid (Sigma, Steinheim) [Brakemeier et al. 1998a].

4.5.5   Modifizierung nativer Sophoroselipide

Die chemische Öffnung des Lactonrings im klassischen Sophoroselipid wird erstmals von Inoue [1988] beschrieben. Anschließende Veresterung der Säuregruppe mit primären Alkoholen von C1 bis C14 führt nach tensiometrischen Messungen zu kaum veränderten Eigenschaften (vom Methyl-sophoroselipid bis zum Decyl-sophoroselipid von 36-40 mN m^{-1}), hingegen setzt Myristyl-sophoro-

selipid die Oberflächenspannung von Wasser nur noch auf 48 mN m^{-1} herab. Das Sophoroselipid (Säureform) kann chemisch in Gegenwart von N-Methyl-2-chlor-pyridiniumjodid und Tributylamin mit Benzyl- bzw. Decylamin in die entsprechenden Carbonsäureamide überführt werden [Ishigami et al. 1992].
Über Katalyse mit Ammoniumchlorid werden auch weitere N-Alkyl- und N,N-Dialkylamide des Sophoroselipids hergestellt [Spöckner 1994; Lang et al. 1996a]. Eine dieser neuen Verbindungen ist in Abb. 69 gezeichnet.

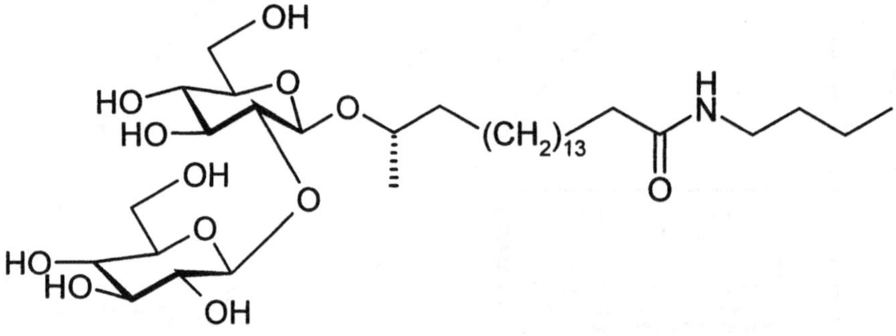

Abb. 69   N-Butylamid des klassischen Sophoroselipids [Lang et al. 1996a].

Modifikationen dieses Typs zeigen in der DC auf Kieselgel (Normalphase) gegenüber dem bekannten diacetylierten Sophoroselipid (Lactonform) wesentlich niedrigere R_f-Werte und somit einen wesentlich polareren Charakter (Tab. 23); dies gilt auch für die freie Säure.

Tab. 23   Native und modifizierte Sophoroselipide: Polarität und Einfluss auf die Oberflächenspannung von Wasser bei 25 °C. a) DSC: Kieselgel, mobile Phase CHCl$_3$/CH$_3$OH/H$_2$O (65/15/2); b) Messung der Oberflächenspannung bei cmc-Werten von 10-100 mg l^{-1}, SL = Sophoroselipid [Lang et al. 1996a].

Verbindung	DSC /R_f-Wert	σ_{min} (mN m^{-1})
SL-Lacton / di-Ac	0,59	36
SL- n-Decylamid	0,18	63
SL - Diethylamid	0,17	47
SL- n-Butylamid	0,15	44
SL- Säure	0,07	54

Sämtliche modifizierten Glycolipide besitzen bezüglich der Reduktion der Oberflächenspannung von Wasser offenbar einen größeren Einfluss als das unpolarere Ausgangsprodukt. Eine Erklärung dafür könnte die räumliche Anordnung der Moleküle in der Grenzschicht Luft/Wasser anbieten: eindeutige

Kopf/Schwanz-Anordnung beim klassischen Sophoroselipid (diacetyliert, Lacton-form), zwei Kopf- und z.T. zwei Schwanzgruppen bei den übrigen Verbindungen.

4.5.6 Sophorose und optisch-aktive Fettsäuren

Sophorose kommt in der Natur selten in Form eines freien Disaccharids vor, häufig jedoch in acylierter oder glycosidisch gebundener Form. Beispiele aus neuerer Zeit sind das acylierte Cyanidin-3-sophorosyl-5-glucosid in den violett-blauen Blumen von *Pharbitis nil* [Saito et al. 1993], das Luteolin-7-*O*-sophorosid von *Pteris cretica* [Imperato & Nazzaro 1996] sowie 7- und 8-*O*-Methyl-herbacetin-3-*O*-sophoroside in Bienenpollen [Markham & Campos 1996]. Unter den Mikroorganismen ist nur vom Sophoroselipid-Bildner *Candida bombicola* KSM-36 bekannt, dass 30 g l^{-1} Sophorose neben 12 g l^{-1} Mannit gewonnen werden können [Inoue et al. 1986]. Allerdings liegt bei dieser Patentschrift der Verdacht nahe, dass während der Aufarbeitung der Kultursuspension das Disaccharid durch milde physikalische und chemische Maßnahmen hergestellt wurde. Ansonsten ist die chemische Gewinnung der Sophorose aus dem nativen Glycolipid sehr schwierig, weil auch die Hydroxyfettsäure glycosidisch an eine Glucoseeinheit gebunden ist.

Die (ω-1)-Hydroxy-C16/18-säure des klassischen Sophoroselipids sowie die sekundären C12/14/16-Alkohole des neuartigen Sophoroselipidtyps sind optisch aktive Verbindungen und lassen sich durch saure Hydrolyse aus den Lipiden gewinnen. Aufgrund ihrer Chiralität sind sie als Zwischenprodukte sehr interessant für die chemische Synthese (chiral pool).

4.6 Cellobiose- und Mannosyl-erythritollipide

4.6.1 *Ustilago* sp.: Cellobiose- und Mannosyl-erythritollipide

Seit 1951 und 1956 ist von zwei *Ustilago* Spezies bekannt, dass sie in Nährmedien mit Glucose als Kohlenstoffquelle zwei Glycolipidtypen bilden. *Ustilago* sp. PRL-119 scheidet im $CaCO_3$-gepufferten Medium nadelförmige Kristalle einer optisch aktiven Verbindung aus [Haskins 1950], deren Zusammensetzung in mehreren Arbeiten geklärt werden konnte [Lemieux et al. 1951; Lemieux 1951; Lemieux & Giguere 1951; Lemieux & Charanduk 1951; Lemieux 1953; Lemieux et al. 1953; Bhattacharjee et al. 1970]. Der Zuckeranteil des Glycolipidgemisches besteht einheitlich aus Cellobiose. Das reichhaltige Muster der esterartig verknüpften Fettsäuren bewirkt die Vielfalt der Komponenten (sichtbar in der DSC). Das Gemisch der glycosidisch gebundenen Hydroxysäuren setzt sich dagegen nur aus 15-D-,16-Dihydroxyhexadecansäure und 2-D,15-D,16-Trihydroxyhexadecansäure zusammen. Die Filtration der Kristalle aus der Kulturbrühe sowie weitere Aufarbeitungsschritte führen nach 3 bis 5 Tagen zu 8 bis 15 g l^{-1} Cellobioselipid-Rohprodukt aus 100 g l^{-1} Glucose [Thorn & Haskins 1951]. Später wird im 5-l-Bioreaktor ein $Y_{P/S}$-Wert von 0,23 erreicht, entsprechend 23 g l^{-1} Produkt aus 100 g l^{-1} Glucose [Roxburgh et al. 1954].

Bei einem extensiven Screening unter einer Vielzahl von *Ustilago* Spezies wurden bei mehreren Isolaten auf Glucose und insbesondere unter nicht $CaCO_3$-gepufferten Bedingungen etherlösliche, extrazelluläre Öle isoliert mit einer Dichte >1 [Haskins et al. 1955]. Der wässrige Überstand enthielt D-Mannopyranosyl-1-meso-erythritol, das extrazelluläre Öl in Übereinstimmung damit ein Mannosyl-erythritollipid-Gemisch [Boothroyd et al. 1956; Bhattacharjee et al. 1970]. Ca. 30% dieser Stämme [Haskins et al. 1955] bilden auf Glucose sowohl letztere extrazellulären Öle als auch die oben erwähnten Kristalle. Die Lipidanteile setzen sich nach Bhattacharjee et al. [1970] aus Säuren der Länge C2, C12:0, C14:0, C14:1, C16:0 (41%), C16:1, C18:0 und C18:1 (Mannosyl-erythritollipid, MEL) bzw. der Länge C2, C6:0, 3-OH-C6:0, 3-OH-C8:0, 15,16-Dihydroxy-C16:0 und 2,15,16-Trihydroxy-C16:0 (Cellobioselipid, CL) zusammen.

In den intrazellulären Lipiden dieses Stammes wurde ein 4-*O*-(2,3,4,6-tetra-*O*-acyl-β-D-mannopyranosyl)-D-erythritol identifiziert, dessen Fettsäureketten-längen von C12 bis C18 reichen, wobei C16 überwiegt [Fluharty & O'Brien 1969].

[14]C-Markierungsexperimente (Glucose, Erythrose und Erythrit als Precursor) offenbaren, dass das im Überstand gefundene Disaccharid durch direkte Transformation von D-Glucose in D-Mannose gebildet wird, die dann durch eine spezifische Transglycosylierungsreaktion an das C-4-Atom von D-Erythritol gebunden wird. Die Markierung des D-Erythritol-Anteils (aufgrund von ^{14}C nicht mehr in meso-Form) beweist, dass 80% des C-4 des Moleküls aus der C-6-Position der Glucose stammen [Gorin et al. 1960].

4.6.2 Mannosyl-erythritollipide bei anderen Gattungen

Deml et al. [1980] berichteten, dass *Schizonella melanogramma* GD 325 während des Wachstums auf YM-Medium ca. 0,1 g l^{-1} an neuen zellgebundenen Mannosyl-erythritollipiden der in Abb. 70 gezeigten Struktur synthetisierte. Neben Palmitin-säure (44%) waren C16:1 (19%) und C18:1 (21%) die dominanten Acylgruppen.

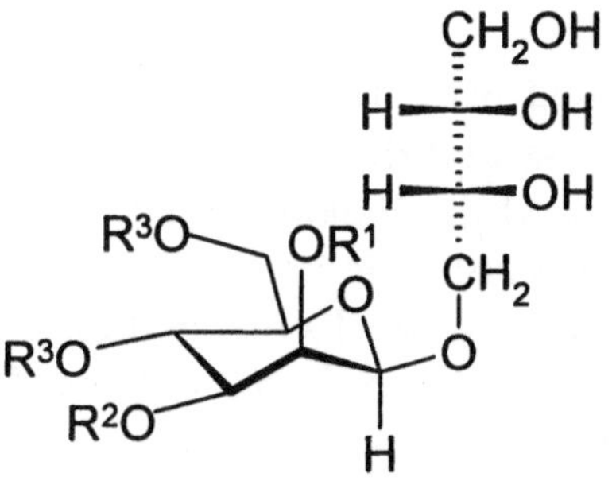

	R^1	R^2	R^3
1	H	H	H
2	Ac	$n\text{-}C_{15}H_{31}CO*$	H
3	Ac	$n\text{-}C_{15}H_{31}CO*$	Ac
4	H	$n\text{-}C_{15}H_{31}CO*$	H

* dominante Kettenlänge

Abb. 70   Struktur der Mannosyl-erythritollipide von *Schizonella melanogramma* GD 325 [Deml et al. 1980].

Nur bei n-Alkanen oder Triglyceriden als Kohlenstoffquelle produziert *Candida* sp. B-7 extrazelluläre 4-*O*-(2′,6′-Di-*O*-acyl-β-D-mannopyranosyl)-D-erythritole in Konzentrationen von 25 bis 36 g l⁻¹ [Kawashima et al. 1983].

Kohlenhydrate erweisen sich als untauglich für die Glycolipidbildung. Die Acylreste besitzen Kettenlängen von C7 bis C14 und variieren in ihren Anteilen in Abhängigkeit von den eingesetzten Kohlenstoffquellen. Die auf Sojaöl-Basis gewonnenen Glycolipide enthalten hauptsächlich Fettsäuren der Länge C8 (19%), C10 (10%), C12 (25%) und C14 (46%), zum Teil ungesättigt.

Zwei neue Mannosyl-erythritollipide werden von dem Neuisolat *Candida antarctica* T-34 produziert, und zwar als Hauptkomponenten in einem Gemisch mit zwei zuvor schon beschriebenen Produkten [Kitamoto et al. 1990a,b]. Abb. 71 gibt die Molekülstrukturen wieder.

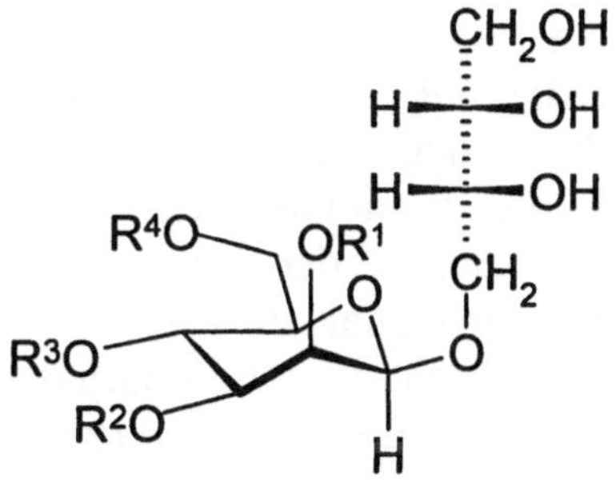

MEL-A: $R^{1\text{-}4}$ = 2 x Ac, 2 x Fettsäure
MEL-B: $R^{1\text{-}4}$ = 1 x H, 1 x Ac, 2 x Fettsäure

Abb. 71   Strukturen von MEL-A und MEL-B, Hauptkomponenten der Mannosyl-erythritollipide von *Candida antarctica* T-34;dominante Fettsäuren in MEL-A: C8:0 (18%), C10:0 (71%), C12:0 (10%) [Kitamoto et al. 1990a].

Die beiden neuartigen Glycolipide MEL-A und MEL-B, die ungefähr 80% der
gesamten Lipide ausmachen, sind 4-*O*-(Di-*O*-acetyl-di-*O*-alkanoyl-β-D-manno-
pyranosyl)-erythritol und das 4-*O*-(Mono-*O*-acetyl-di-*O*-alkanoyl-β-D-manno-
pyranosyl)-erythritol. Der Stamm bildet die Verbindungen auf verschiedenen
pflanzlichen Ölen, nicht aber auf n-Alkanen oder Kohlenhydraten. Unter
optimalen Schüttelkulturbedingungen lassen sich nach 8 Tagen auf Sojaöl-Basis
40 g l⁻¹ Mannosyl-erythritollipide isolieren (Abb 72).

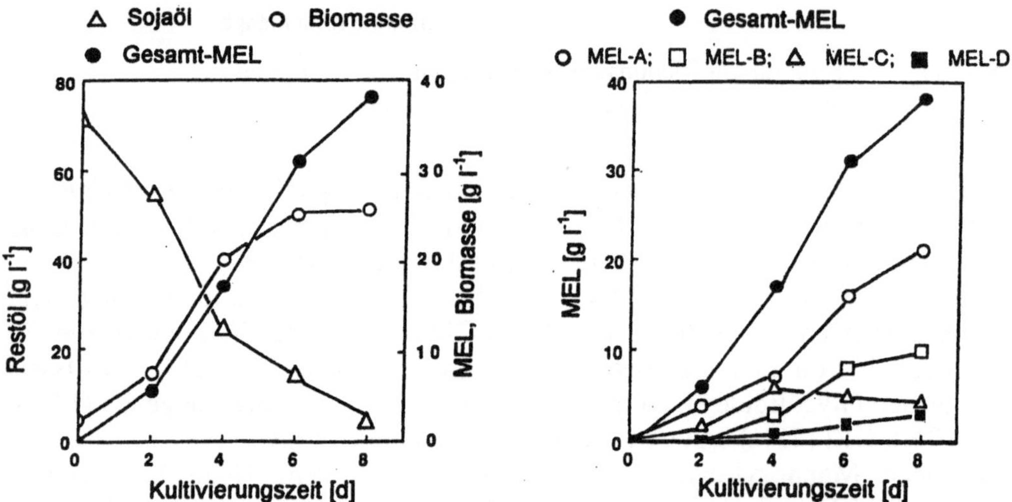

Abb. 72   Zeitlicher Verlauf der Produktion von Mannosyl-erythritollipiden
                durch *Candida antarctica* T-34 [Kitamoto et al. 1990b].

Mit ruhenden Zellen von *Candida antarctica* in destilliertem Wasser werden 8%
(v/v) Erdnussöl in 47 g l⁻¹ obiger Glycolipide umgewandelt. Da hierbei auch
Hefezellen eingesetzt werden, die auf Glucose und anderen wasserlöslichen
Substraten angezüchtet wurden, liegt es nahe anzunehmen, dass die
enzymatischen Aktivitäten für die Produktion der Mannosyl-erythritollipide
konstitutiv sind, während die Exkretion der Lipide die Gegenwart wasser-
unlöslicher Substrate benötigt [Kitamoto et al. 1992a].
Unterstützt wird diese Annahme dadurch, dass die Zellmasse zu 10% Mannosyl-
erythritollipide intrazellulär enthält, wenn *Candida antarctica* T-34 auf Glucose
kultiviert wird [Kitamoto et al. 1992b].
Nach Kultivierung auf geradzahligen Fettsäuren (C12 bis C18) bzw. deren
Methylestern dominieren mittelkettige Fettsäuren wie C8, C10 und C12 im
extrazellulären Glycolipid, während ungeradzahlige Fettsäuren bzw. deren
Methylester zu C7-, C9- und C10-Acylgruppen führen [Kitamoto et al. 1993a].
Die Fettsäure-Kettenlängen der intrazellulären Triglyceride jedoch orientieren
sich hauptsächlich an der Kettenlänge gerad- und ungeradzahliger Substrate.

Daraus werden unterschiedliche Biosyntheserouten für extrazelluläre Glycolipide und intrazelluläre Lipide abgeleitet.

Durch Einsatz von Cerulenin, (2*R*, 3*S*)-2,3-Epoxy-4-oxo-7,10-*trans,trans*-dodeca-dienamid, das die Fettsäuresynthese bei der β-Ketoacyl-thioester-Bildung hemmt, konnte das oben genannte partielle β-Oxidationssystem nachgewiesen werden, weil bei längerkettigen Substraten (C14 bis C18) Bildung und Fettsäureprofil der Biotenside kaum verändert waren; d.h., die Hefe kommt ohne *de novo* Biosynthese der Fettsäuren für das Glycolipid aus [Kitamoto et al. 1995].

4.6.3 Untersuchungen mit *Ustilago maydis* ATCC 14826 und *Ustilago maydis* DSM 4500

Cellobiose- und Mannosyl-erythritollipid-Bildung wird auch bei Einsatz von den kommerziell erhältlichen Pilzen *Ustilago maydis* ATCC 14826 und *Ustilago maydis* DSM 4500 beobachtet. Nach einem C-Substrat-Screening wurden hauptsächlich Kokosfett (C8 - C18; darunter 48% C12, 17% C14) für die Kultivierung des im ATCC-Katalog (1983) als Cellobioselipid-Bildner bezeich-neten Stammes ATCC 14826 eingesetzt. Aus 20 g l^{-1} Pflanzenfett konnten 12 g l^{-1} Glycolipide gewonnen werden [Frautz et al. 1984; Frautz et al. 1986].

Die qualitative DC des Rohextraktes weist ein breites Produktspektrum nach, das sich von sehr polaren, anionischen Glycolipiden bis zu den nichtionischen zuckerhaltigen Verbindungen erstreckt. Die anionischen Glycolipide wurden anhand von NMR-Spektroskopie und GC/MS-Analyse als Cellobioselipide identifiziert, die u.a. in 1-*O*-β-Position des Disaccharids glycosidisch mit 15,16-Dihydroxy-hexadecansäure verbunden sind. Die nichtionischen Glycolipide, deren Anteil ca. 50% der Gesamtglycolipide ausmacht, wurden damals nicht in der Struktur aufgeklärt [Frautz 1985].

Im Rahmen eines Projektes zur Förderung der (bio-)chemischen Nutzung heimischer Pflanzenöle wurde der obige ATCC-Stamm und der DSM 4500 Stamm auf weiteren Kohlenstoffquellen getestet. Die Kultivierung verlief in 100-ml- oder 300-ml-Kulturen auf Mineralsalzmedium bei pH 5,8-6,0, 30 °C und 100 Upm. Ammoniumsulfat bzw. Harnstoff dienten als Stickstoffquelle; als Kohlenstoffquelle kamen 20 ml l^{-1} pflanzliche Öle, deren Derivate, Glucose und Kombinationen von Öl/Glucose zum Einsatz. Das Wachstum wurde anhand des Zellproteins (nach Aufschluss) und der Ammonium- bzw. Harnstoffkonzen-trationen (nasschemisch bzw. enzymatisch) verfolgt. Die Glycolipide gewann man durch Extraktion der Pilzsuspension mit Methyl-t-butylether; die quantitative Auswertung erfolgte über DC/Densitometer - Kopplung. Die Molekülstrukturen wurden mit Hilfe von ^{1}H-, ^{13}C-NMR, MS und GC-MS aufgeklärt.

Die Glycolipidbildung verläuft bei beiden Pilzen ähnlich, teilweise jedoch zeigen sich deutliche Unterschiede. Die höchsten Konzentrationen von über 2 g l^{-1} werden mit Glucose als C-Quelle erzielt. Unter den nativen heimischen Pflanzenölen ragt das ölsäurereiche Sonnenblumenöl (Sn) als nützliche C-Quelle, und für beide Stämme geeignet, mit einem Ertrag von ca. 1,25 g l^{-1} heraus (Abb. 73).

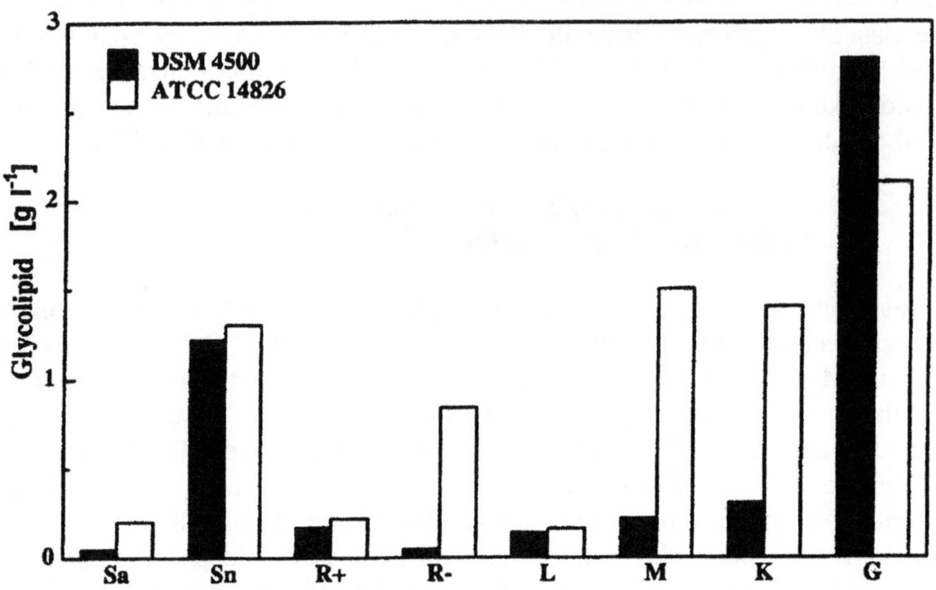

Abb. 73   Einfluss verschiedener C-Quellen (20 ml l^{-1}) auf die Glycolipid-Bildung
bei *Ustilago maydis* DSM 4500 und ATCC 14826. Bedingungen: 100-
ml-Kulturen, 100 Upm; Sa = Sonnenblumenöl (linolsäurereich), Sn =
Sonnenblumenöl (ölsäurereich), R+ = Rapsöl (erucasäurereich), R- =
Rapsöl (ölsäurereich), L = Leinöl, M = Maisöl, K = Kokosfett, G =
Glucose.

Mit Hilfe von Dünnschicht- und Säulenchromatographie sowie anschließender
Strukturaufklärung konnte nachgewiesen werden, dass beide Arten von
Glycolipiden (das Gemisch der Mannosyl-erythritollipide und Cellobioselipide)
auf allen eingesetzten Kohlenstoffquellen gebildet werden; allerdings gibt es
prozentuale Unterschiede. Aus der besonders effizienten Kultivierung mit
Sonneblumenöl-Fettsäuren (siehe Kap. 4.6.3.1) wurden drei Mannosyl-
erythritollipide, MEL A, MEL B, MEL AB, aufgereinigt. Die Strukturaufklärung
führte zu den in Abb. 74 gezeigten, bisher noch nicht in der Literatur beschriebenen Molekülen.

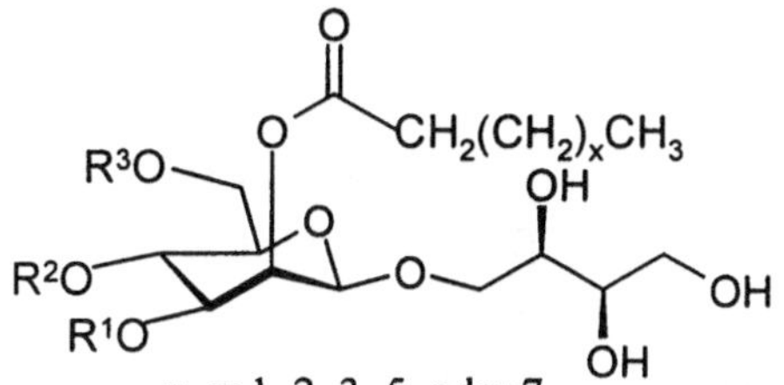

MEL-A: R^1 = -CO-$(CH_2)_3$CH=CH$(CH_2)_y$CH$_3$
  y = 5 -11, aber nicht 6 ; R^2 = R^3 = H

MEL-B: R^1 = -CO-$(CH_2)_3$CH=CH$(CH_2)_y$CH$_3$
  y = 5-11, aber nicht 6; R^2 = Ac; R^3 = H

MEL-AB: R^1 = -CO-$(CH_2)_4$CH=CH$(CH_2)_y$CH$_3$
  y = 4-10 ; R^2 = H; R^3 = H

x = 1, 2, 3, 5, oder 7

Abb. 74   Nichtionische Mannosyl-erythritollipide von *Ustilago maydis* [Spöckner et al. 1998; Lang et al. 1998a].

Mit Hilfe der GC-MS-Kopplung lässt sich nach Hydrolyse der Glycolipide das Fettsäuremuster aufklären. Es dominieren die Kettenlängen C6:0, C14:1 und C16:1 (Tab. 24). Bei den ungesättigten Fettsäuren von MEL A und B befindet sich die Doppelbindung zwischen den Positionen C-5 und C-6, bei MEL AB zwischen C-6 und C-7 (aus ^{1}H-^{1}H-COSY-NMR, nicht abgebildet).

Tab. 24   Fettsäuremuster des Hauptprodukts MEL A (75%) der Mannosyl-erythritollipide [Spöckner et al. 1998].

Fettsäure	Anteil [%]	Fettsäure	Anteil [%]
C4:0	9,06	C14:1*	0,25
C5:0	1,49	C14:1*	0,45
C6:0	19,59	C14:0	3,78
C8:0	0,72	C15:0	0,13
C10:0	0,74	C16:2	0,39
C12:1*	0.08	C16:1	12,59
C12:1*	0,13	C16:0	1,94
C12:0	3,00	C18:2	0,32
C14:2	0,58	C18:1	1,68
C14:1*	42,92	C18:0	0,19

* Isomere

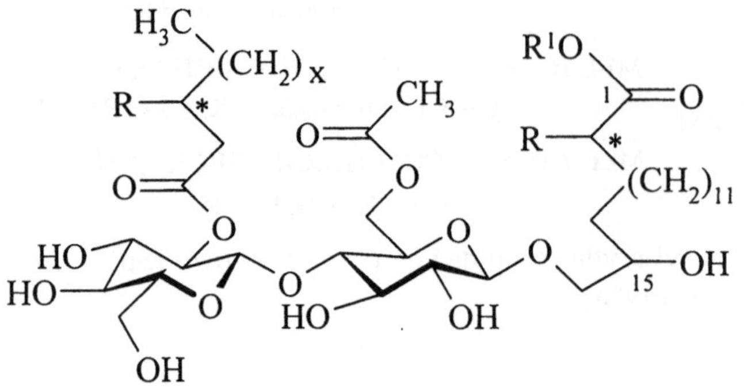

R = OH oder H
R¹ = H oder CH₃
x = 1 - 14,
auch unges. Fettsäuren

Abb. 75   Cellobioselipide von *Ustilago maydis* [Spöckner et al. 1998; Lang
               et al. 1998a].

Abb. 75 zeigt die polareren Cellobioselipide. Variable Substitutionen mit Acetyl-
bzw. verschiedenen Acylgruppen in den Positionen 6′ bzw. 2″ der Cellobiose
tragen auch hier zu einer großen Vielfalt an Glycolipiden bei. Bemerkenswert ist,
dass die in 1′-Position befindliche C16-Säure nach Kultivierung auf Glucose
zweifach hydroxyliert (an C-15, C-16), nach Kultivierung auf Sonnenblumenöl-
fettsäuren jedoch dreifach hydroxyliert (an C-2, C-15 und C-16) vorliegt.

4.6.3.1   **Mikrobielle Produktion mit *Ustilago maydis* ATCC 14826 und DSM 4500**

Bei Glucose-Kultivierungen wird innerhalb kurzer Zeit eine Abnahme der anfangs
gebildeten Mannosyl-erythritollipide zugunsten der Cellobioselipide (Verhältnis
zueinander 50:50 nach 5 Tagen) beobachtet. Auf pflanzlichen Ölen dominieren
dagegen die Mannosyl-erythritollipide mit einem Verhältnis von 90:10.

Werden mit *Ustilago maydis* DSM 4500 als Substrat nicht nur die nativen Öle,
sondern auch die aus ihnen chemisch hergestellten Methylester und Fettsäuren
eingesetzt, führt dies zu einer Verkürzung der Wachstumszeit und einer stärkeren
Glycolipidbildung gegenüber den Triglyceriden (Abb. 76). Ursache hierfür könnte
die zu geringe Lipase-Aktivität des Pilzes (Spaltung des Triglycerids) sein.

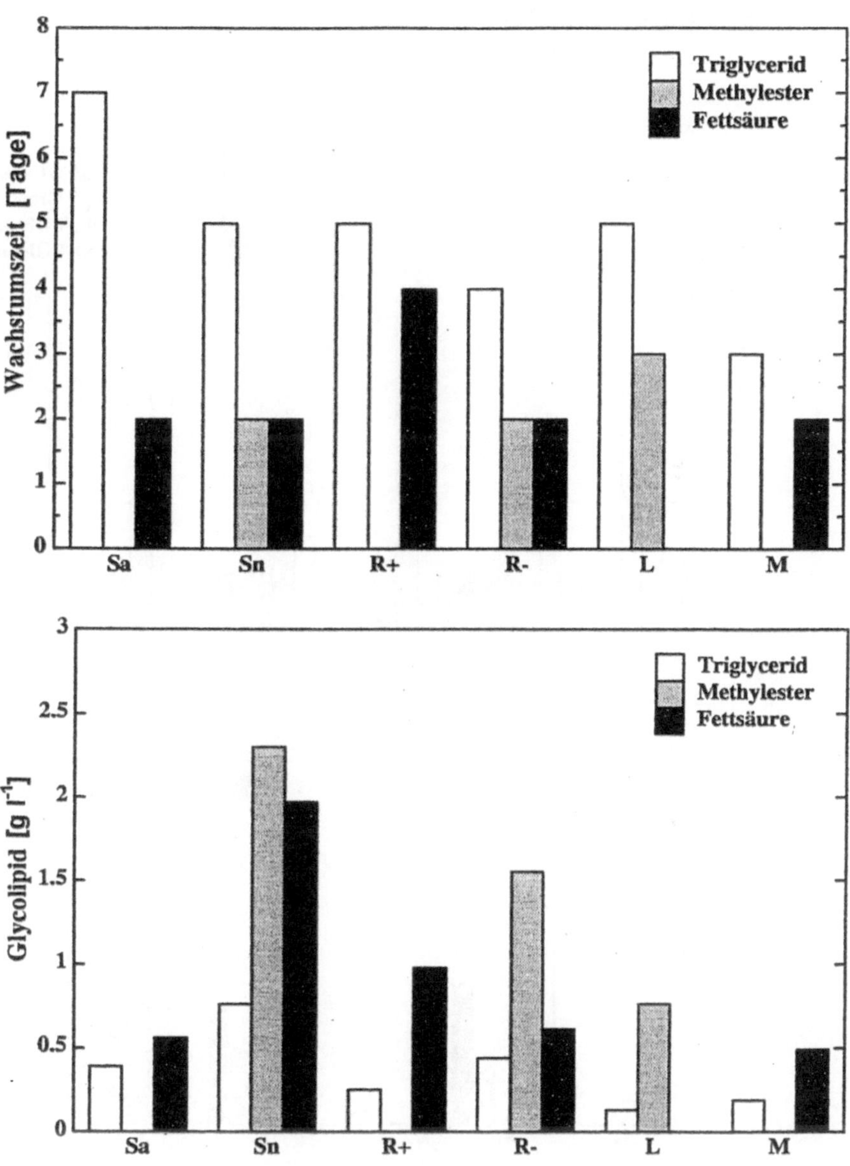

Abb. 76   Vergleich von Wachstumszeiten und Glycolipidmengen bei den Kultivierungen von *Ustilago maydis* DSM 4500 auf Pflanzenölen und ihren
Derivaten. Kurzbezeichnungen siehe Legende zu Abb. 73.

Bei *Ustilago maydis* ATCC 14826 führt die zusätzliche Gabe von geringen
Konzentrationen an Glucose zu den Pflanzenöl-Kulturen (Glucose/Öl = 1/10)
nicht zu einer Beschleunigung des Wachstums, größere Mengen (1/2, 1/1)
verkürzen es sogar (Abb. 77).

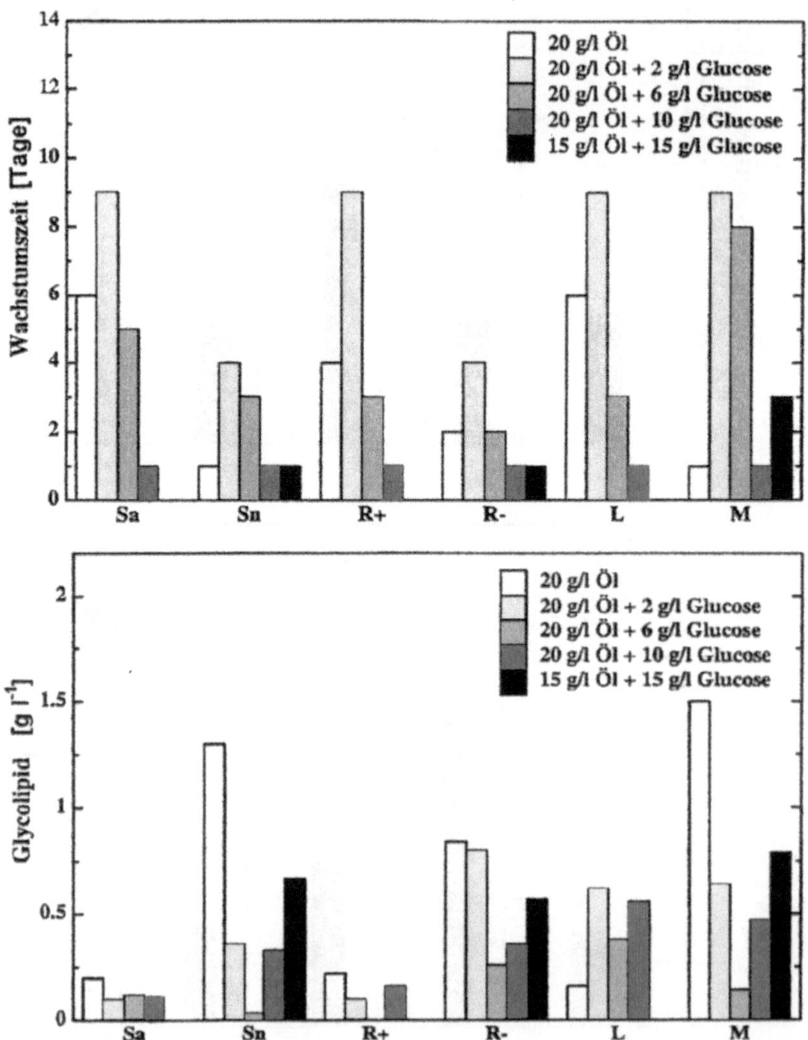

Abb. 77   Einfluss von Substratkombinationen (Öl/ Glucose) auf Wachstum und
                 Produktbildung bei *Ustilago maydis* ATCC 14826. Kurzbeschreibungen
                 siehe Legende zu Abb. 73

Zudem wird bei größeren Mengen nur Glucose metabolisiert und das Cellobiose-
lipid-reichere Glycolipidmuster entsteht. Die Öle werden nicht mehr verwertet,

weil sich der Metabolismus in der stationären Phase (Produktionsphase) nicht vom Glucose- auf den Triglyceridabbau umstellt. Eine Pflanzenölmenge von mehr als 20 ml l^{-1} zu Beginn einer Kultivierung ist von Nachteil für das Pilzwachstum (wahrscheinlich wegen Membranschädigung). Eine zeitverschobene zusätzliche Gabe von Ölsäure (nach 5 Tagen zugegeben) während der stationären Phase lässt den Glycolipidertrag auf nahezu 8 g l^{-1} ansteigen (Abb. 78).

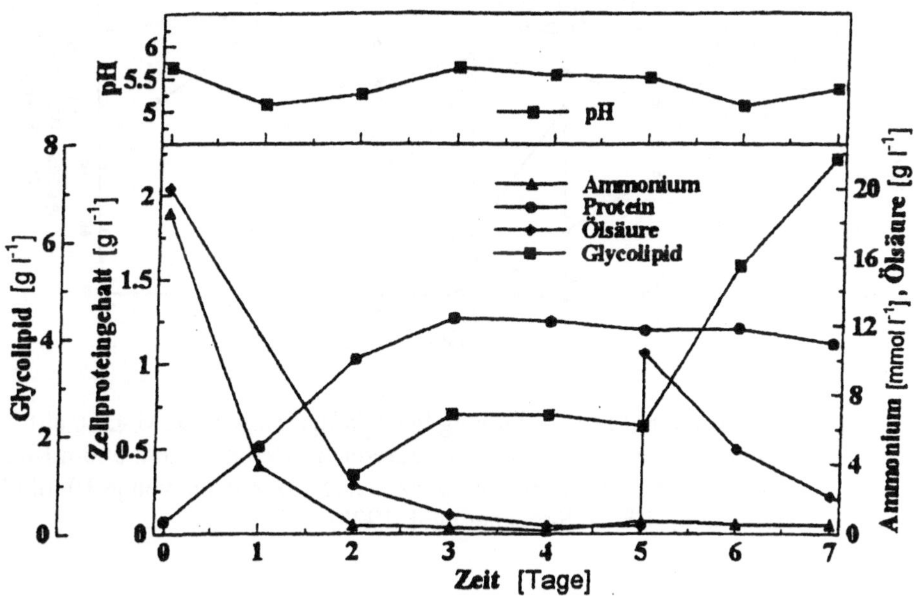

Abb. 78   Wachstum und Produktbildung bei *Ustilago maydis* DSM 4500 auf Ölsäure. Bedingungen: 100-ml-Kultur, 20 ml l^{-1} Ölsäure zu Beginn, weitere 10 ml l^{-1} nach 5 Tagen.

Wird das Substrat (hier: Sonnenblumenöl-Fettsäuren) während der stationären Phase (hier gleich zu Beginn) mehrfach zusätzlich hinzugefügt, wie in Abb. 79 dargestellt, werden nach Vorlage von 20 ml l^{-1} und Zufütterung von insgesamt 30 ml l^{-1} Substrat annähernd 30 g l^{-1} Glycolipide (90% davon Mannosyl-erythritol-lipide) gewonnen [Lang et al. 1998a].

Die Substratzugabe sollte erfolgen, wenn in der wässrigen Phase keine Emulsion (Mikroskop !) mehr beobachtet wird. Die hohen Restsubstratkonzentrationen sind auf Substratakkumulation in den Zellen zurückzuführen. Mit Methylestern des Sonnenblumenöls und unter ähnlichen Bedingungen werden nach sieben Tagen ca. 14 g l^{-1} Produkt erhalten [Lang et al. 1997b; Spöckner & Lang 1998].

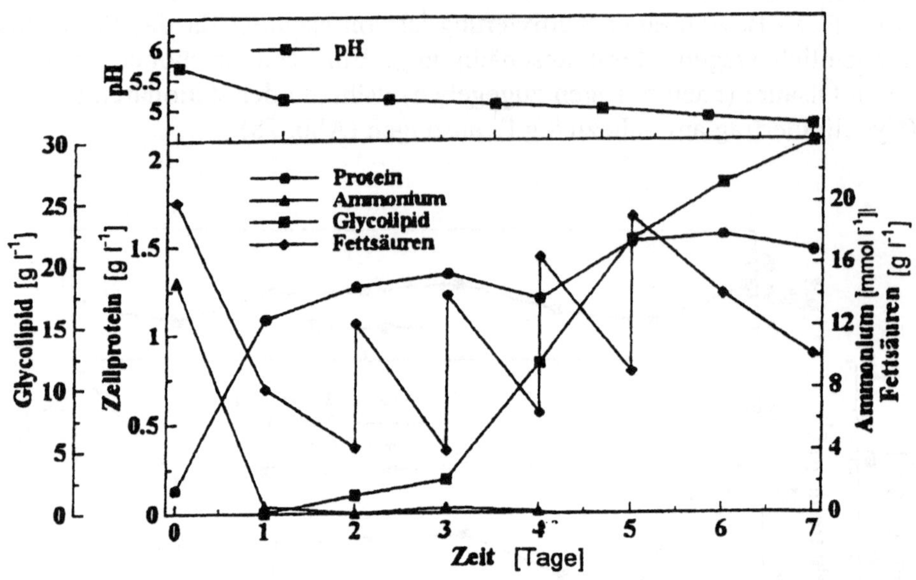

Abb. 79   Wachstum und Produktbildung bei *Ustilago maydis* DSM 4500 auf
               Sonnenblumenöl-Fettsäuren (ölsäurereich). Bedingungen: 500-ml-Kultur,
               20 ml l⁻¹ Substrat (zu Beginn; danach noch 3x Zugabe von je 10 ml l⁻¹)
               [Lang et al. 1998a; Spöckner et al. 1998].

Zum Abschluss dieses Kapitels sind die Kultivierungsergebnisse zur Cellobiose-
und Mannosyl-erythritollipid-Bildung in Tab. 25 zusammengefasst. Höchste Ertragskoeffizienten von $Y_{P/S}$ = 0,653 und 0,667 werden mit den beiden *Candida*
Spezies und *Ustilago maydis* DSM 4500 erreicht.

Tab. 25   Daten zur mikrobiellen Bildung von Cellobiose-lipiden (CL) und Man-
               nosyl-erythritollipiden (MEL). Bedingungen: Schüttel- und Bioreaktor-
               kulturen; Komplex- bzw. Mineralsalzmedien; 22-30 °C, pH 5-6

Stamm	C-Quelle (g l⁻¹)	Pro-dukt	Konz. (g l⁻¹)	$Y_{P/S}$	X (g l⁻¹)	$Y_{P/X}$	t (h)	P_V (gl⁻¹h⁻¹)	Referenz
Ustilago sp. PRL-119	Glucose (100)	CL	23,0	0,230	n.b.	n.b.	45	0,511	Roxburgh et al. 1954
Ustilago sp. PRL-627	Glucose (100)	MEL	16,0	0,160	n.b.	n.b.	144	0,111	Haskins et al.1955

Fortsetzung Tab. 25

Stamm	C-Quelle(g l^{-1})	Produkt	Konz. (g l^{-1})	$Y_{P/S}$	X (g l^{-1})	$Y_{P/X}$	t (h)	P_V (gl^{-1}h^{-1})	Referenz
U. maydis ATCC 14826	Kokosfett (20)	CL/ MEL (1/1)	12,1	0,605	15,0	0,806	65	0,186	Frautz et al.1986
U. maydis DSM 4500	Sonnenblumen-öl-Fettsäuren (45)	MEL/ CL (9/1)	30,0	0,667	n.b.	n.b.	168	0,179	Lang et al. 1998a
U. maydis DSM 4500	Sonnenblumen-öl-Fettsäure-methylester (45)	MEL/ CL (9/1)	14,0	0,311	n.b.	n.b.	168	0,083	Lang et al. 1997b
Sch. Melanogramma GD 325	YM-Glucose (18)	MEL	0,1*	0,005	4,8	0,021	120	0,001	Deml et al. 1980
C. sp. B-7	Sojaöl (54)	MEL	36,0	0,667	n.b.	n.b.	96	0,375	Kawashima et al. 1983
C.antarctica T-34	Sojaöl (72)	MEL	40,0	0,556	26,0	1,538	192	0,208	Kitamoto et al. 1990b
C.antarctica T-34 (ruhende Z.)	Erdnussöl (72)	MEL	47,0	0,653	24,0	1,958	144	0,326	Kitamoto et al. 1992a

*Reinprodukte

4.6.4 Grenzflächenaktive Eigenschaften der Cellobiose- und Mannosyl-erythritollipide

Das Glycolipidrohprodukt (20 mg l^{-1}) von *Ustilago maydis* ATCC 14826 nach Kokosfett-Kultivierung erniedrigt die Oberflächenspannung des Wassers von 72 auf 30 mN m^{-1} und die Grenzflächenspannung im System Wasser/n-Hexadecan von 43 auf < 1mN m^{-1}; die Anteile von Mannosyl-erythritol- und Cellobioselipid sind dabei gleich groß [Frautz et al. 1984]. Sowohl MEL-A als auch MEL-B, die Hauptprodukte der Mannosyl-erythritollipide von *Candida antarctica* T-34, bewirken ein Absinken der oben genannten Werte auf 28 mN m^{-1} bzw. 2 mN m^{-1} (Wasser/n-14) [Kitamoto et al. 1993b]. Lipidvesikel mit Bindungsaffinitäten zu Concavalin A beschreiben Kitamoto et al. [2000]. Mit den neu aus *Ustilago maydis* DSM 4500 isolierten Glycolipidgemischen (90% MEL, 10% CL) werden Werte von 25 mN m^{-1} bzw. < 1 mN m^{-1} erreicht (Abb. 80).

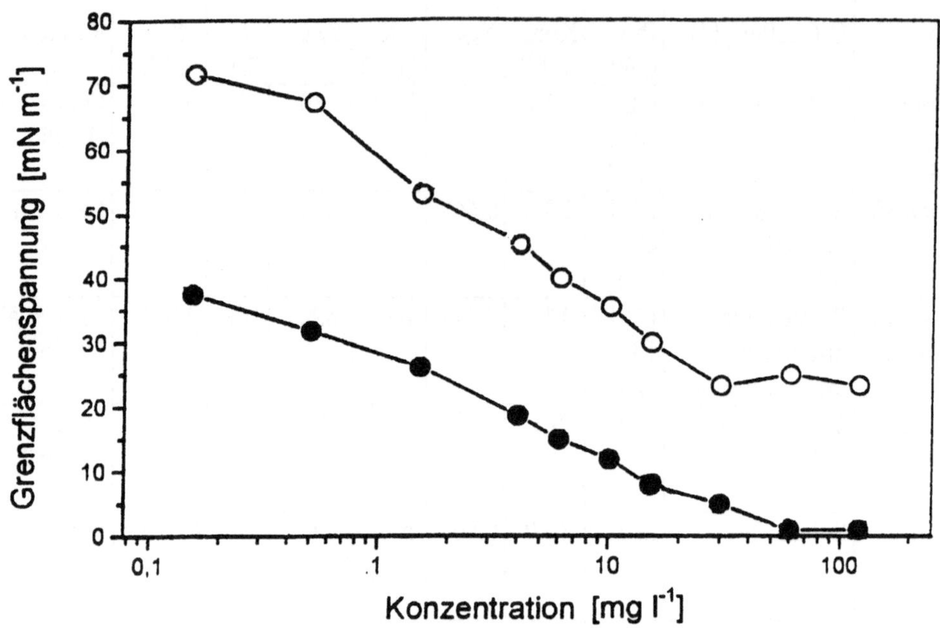

Abb. 80   Einfluss des Gemisches an Mannosyl-erythritol- (90%) und
                Cellobioselipiden (10%) auf die Grenzflächenspannungen von
                Wasser/Luft (oben) bzw. Wasser/n-Hexadecan (unten) bei 25 °C [Lang et
                al. 1997b; 1998a].

4.6.5   Sonstige Eigenschaften von *Ustilago maydis*

Der den Basidiomyceten zugehörige Pilz *Ustilago maydis* kann sowohl
hefeähnlich als auch filamentös wachsen. Nur im dikaryotischen Stadium seines
Lebenszyklus kann er Maispflanzen infizieren und phytopathogen wirken. Die
Bildung des Dikaryon durch Fusion von hefeähnlichen haploiden Zellen ist
verbunden mit einem morphologischen Wechsel zum filamentösen Wachstum.
Zellfusion, Beibehaltung des Hyphenwachstums und Pathogenität werden kontrolliert durch die Paarungstyp-Loci *a* und *b* [Banuett 1995].
Der *a*-Locus kodiert ein Pheromon-basierendes Zellerkennungssystem, der *b*-
Locus kodiert für Homeodomänen-Proteine, die als Hauptregulatoren des filamentösen Wachstums und der Pathogenität fungieren [Bölker et al. 1992; Hartmann et
al. 1996]. Erst kürzlich wurde ein motorisches Protein identifiziert, das für das

filamentöse Wachstum benötigt wird [Lehmler et al. 1997]. Nach Expression des grün-fluoreszierenden Proteins (GFP) von *Aequorea victoria* als vitalem Marker in *Ustilago maydis* konnten Wirt-Pathogen-Wechselwirkung *in vivo* untersucht werden [Spellig et al. 1996].

Es ist bekannt, daß *Ustilago maydis* Phytohormone wie z. B. Auxine und Cytokinine in *in vitro*-Kulturen produziert. Indol-3-Essigsäure (IAA) ist dasjenige Auxin, das sowohl in verbrauchten Medien von Pilzkulturen als auch in den Infektionsstellen von befallenem Mais gefunden wird. Mit einem Wildtyp-Stamm wurden 124 µg ml^{-1} Indol-3-essigsäure auf einem Kartoffel/Dextrose/Tryptophan-Medium gebildet [Sosa-Morales et al. 1997]; die Autoren haben IAA-defekte Mutanten hergestellt, mit denen mögliche Pathogenitäts- und Virulenzfaktor-Eigenschaften in Zukunft untersucht werden sollen. Basse et al. [1996] detektierten in diesem Zusammenhang zwei potentielle Indol-3-acetaldehyd-Dehydrogenasen, die die Bildung des oben genannten Produktes herbeiführen.

4.7   Auswahl anderer mikrobieller Glycolipide

In diesem Abschnitt werden die neuartigen Polyol-Lipide von *Aureobasidium* sp. A-2 [Kurosawa et al. 1994] vorgestellt (Abb. 81), die in relativ großen Konzentrationen gebildet werden. Bei Wachstum auf 12% Glucose werden sie nach 7 Tagen bei 25 °C in einer Konzentration von 35 g l^{-1} ausgeschieden ($Y_{P/S}=0{,}29$). Ein anderer Pilz, *Coryneum modonium,* bildet ein Disaccharidlipid Abb. 82), das wachstumshemmend gegen den pathogenen Stamm *Candida albicans* wirkt [Gunawardana et al. 1997].

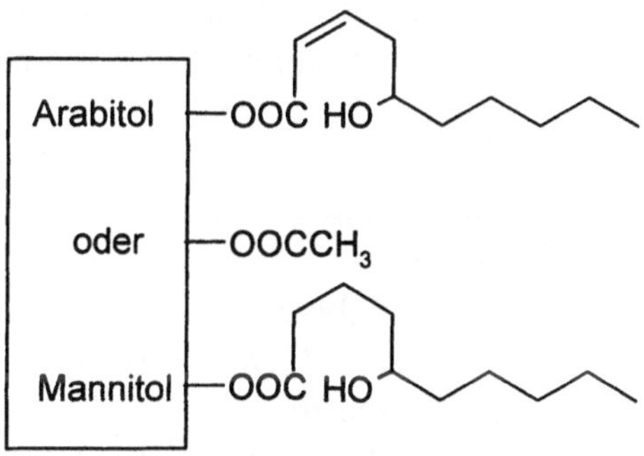

Abb. 81   Hauptkomponenten der Polyol-Lipide von *Aureobasidium* sp. (Kurosawa et al. 1994)

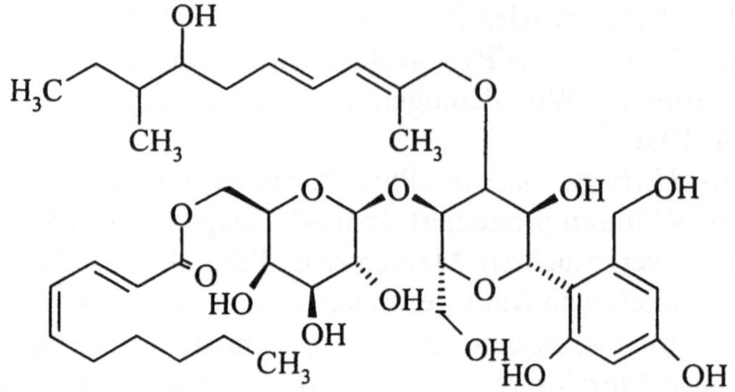

Abb. 82   Struktur des Corynecandins von *Coryneum modonium* [Gunawardana et al. 1997].

Im übrigen ist dieses Kapitel der Vorstellung solcher Glycolipide gewidmet, die hauptsächlich zellgebunden und in kleinen Mengen (< 100 mg l^{-1}) vorkommen und zur chemotaxonomischen Klassifizierung der Mikroorganismen beitragen. Damit ist nicht ausgeschlossen, dass in Zukunft gentechnologische bzw. biotechnologische Entwicklungen eine Produktion dieser Verbindungen mit größeren Erträgen erlauben werden. Die Tab. 26 präsentiert bakterielle Zucker / Glycerin-Lipide, die in den letzten Jahren isoliert worden sind.

Die Monogalactosyl-diacylglycerine des Cyanobacteriums *Phormidium tenue* zeigen Anti-Algen-Wirkung [Murakami et al 1990; 1991]. Die ebenfalls von diesem Mikroorganismus gebildeten Digalactosyl-diacylglycerine (Linolen-, Linol- und Myristinsäure-reich) inhibieren den Epstein-Barr-Virus, der zuvor durch 12-*O*-Tetradecanoylphorbol-13-acetat in Raji-Zellen aktiviert wurde [Murakami et al. 1991; Shirahashi et al. 1993]. Noch bessere inhibitorische Effekte auf diese Tumor-Förderung ließen sich allerdings mit dem synthetisierten, fettsäurefreien 1-*O*-Galactosyl-glycerin erzielen [Colombo et al. 1996].

Tab. 26 Mikrobielle Glyco-glycerolipide

Stamm	Glyco-glycerolipide	Referenz
Phormidium tenue	Monogalactosyl-diacylglycerin Fettsäuren: C18:3, C18:2, C18:1, C16:0, C14:0	Murakami et al. 1990
Phormidium tenue	Digalactosyl-diacylglycerin Fettsäuren: C18:3, C18:2, C18:1, C16:0, C14:0	Murakami et al. 1991
Phormidium tenue	Sulfochinovosyl-diacylglycerin Fettsäuren: C18:3, C18:2, C18:1, C16:0, C14:0	Shirahashi et al. 1993
Fischerella ambigua	Monogalactosyl-diacylglycerin Fettsäuren: C18:2, C18:1, C16:1, C16:0	Falch et al. 1995

Fortsetzung Tab. 26

Stamm	**Glyco-glycerolipide**	**Referenz**
Rhodobacter sphaeroides	1,2-Di-*O*-acyl-[α-D-glucopyranosyl-(1→4)-*O*-ß-D-galactopyranosyl]-glycerin Fettsäure: cis-11-Octadecensäure	Benning et al. 1995
Thermus aquaticus	Galactofuranosyl-(N-acetyl)galactosaminyl-(N-acyl) galactosaminyl-glucosyl-diacylglycerin Fettsäuren: iso-C15:0, iso-C17:0, iso-C17:0-3-OH	Carreto et al. 1996
Saccharopoly spora sp.	α-D-Mannopyranosyl-(1→3)-α-D-manno-pyranosyl-(1→1/3)-monoacylglycerin, Fettsäuren: anteiso-C17:0, iso-C17:0, iso-C16:0, iso-C18:0	Gamian et al. 1996
Arthrobacter atrocyaneus	1-[α-Mannopyranosyl-(1α-3)-(6-*O*-acyl-α-manno-pyranosyl)]-3-*O*-acylglycerin Fettsäuren: anteiso-C17:0, anteiso-C15:0	Niepel et al. 1997
Microbacterium sp.	1-{*O*-Acyl-3[*a*-glycopyranosyl-(1-3)-(6-*O*-acyl-*a*-mannopyranosyl]}-glycerin; Fettsäuren: anteiso-C15:0, anteiso-C17:0	Wicke et al. 2000

In Abb. 83 sind die kürzlich isolierten phenolischen Glycolipide von *Mycobacterium kansasii* [Watanabe et al. 1997], die Carotinoid-Glycosid-Mycolsäureester von *Rhodococcus rhodochrous* RNMS 1 [Takaichi et al. 1997] sowie die Nodulationsfaktoren von *Rhizobium meliloti* [Kohring et al. 1996, 1997] wiedergegeben. Die letztgenannten Glycolipide gewinnen auf Grund ihrer multiplen Funktionen – sie wirken als Botenstoffe bei der Etablierung von Symbiosen zur Stickstoff-Fixierung, als Elicitoren der Pflanzenabwehr und auch als Pflanzenwachstumsregulatoren beim Protoplastenwachstum verschiedener Nutzpflanzen – für Forschung und Anwendung immer größere Bedeutung.

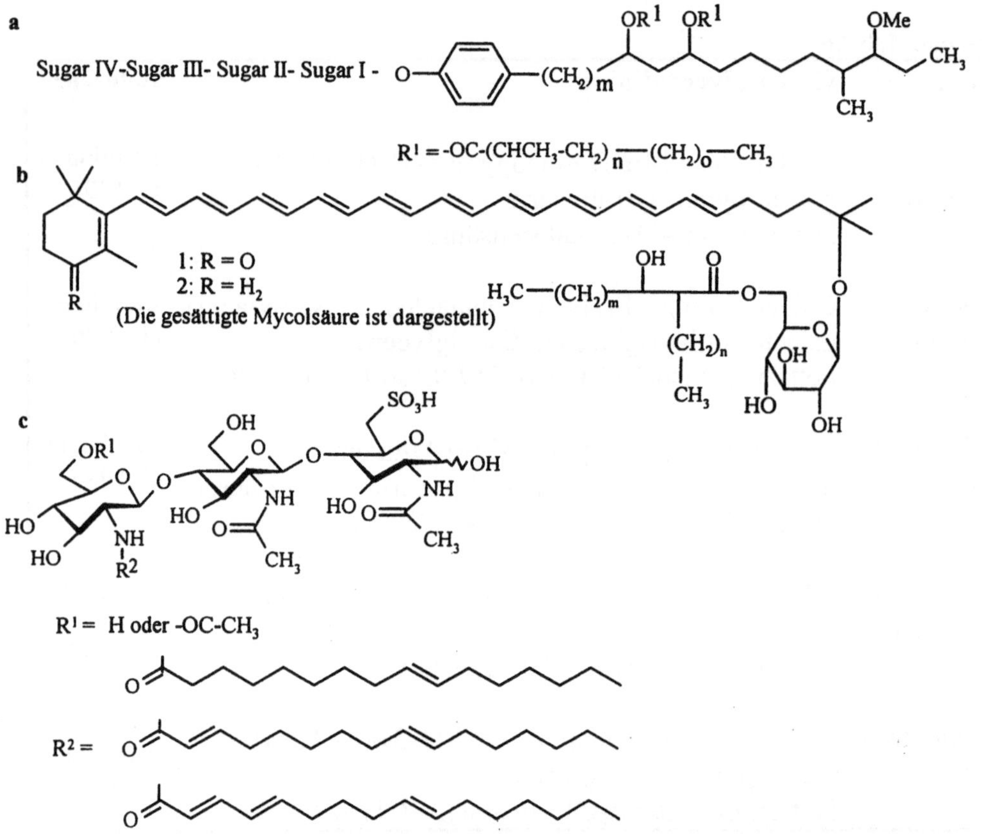

Abb. 83   Strukturen der Glycolipide von: (a) *Mycobacterium kansasii* (aus: Watanabe et al. 1997), (b) *Rhodococcus rhodochrous* (aus: Takaichi et al. 1997) und von (c) *Rhizobium meliloti* (aus: Kohring et al. 1996, 1997).

4.8   Enzymatische Glycolipidbildung

Die gezielte biochemische Übertragung von Zuckern oder Zuckeralkoholen auf Lipide wie z.B. Fettsäuren oder Fettalkohole zur Bildung von Emulgatoren ist für den Lebensmittel-, den Pharmabereich und andere Bereiche in Zukunft von großem Interesse. Saccharose-laurate mit verschiedenem Acylierungsgrad werden beispielsweise in Formulierungen für Lebensmittel und Körperpflegemittel laufend genutzt. Zusätzlich wird über ihre antitumoralen, antibakteriellen und insektiziden Wirkungen berichtet [Kato und Arima 1971, Nishikawa et al. 1976, Chortyk et al. 1996]; in Zukunft sollten enzymatisch hergestellte Glycolipide in der Lage sein, mit den bekannten Alkylpolysacchariden (APGs; Henkel,

Düsseldorf, Deutschland) zu konkurrieren, die mit Hilfe chemischer Methoden aus nachwachsenden Rohstoffen synthetisiert werden. Insbesondere bei nichttoxischen Produktionsbedingungen können sie trotz des höheren Preises konventionelle Produkte verdrängen.

Die Verwendung von Enzymen – Lipasen, Proteasen, Glycosidasen – erlaubt die Herstellung einer großen Palette von Glycolipiden, die auf die gewünschten physiko-chemischen Eigenschaften des Endproduktes hin zugeschnitten werden können. Vorteile der Biokatalysatoren sind zusätzlich die milden Reaktionsbedingungen und die Regioselektivität der Zuckeracylierung. Übersichtsartikel zu diesem Themenkreis stammen von Vulfson [1993], Coulon und Ghoul [1998], Bevinakatti und Mishra [1999] sowie Lang und Fischer [1999].

4.8.1 Lipase- und Protease-katalysierte Veresterung von Lipiden mit Zuckern und Zuckeralkoholen, Glycosidasen

Lipasen (EC 3.1.1.3) hydrolysieren in wässrigen Puffersystemen Triglyceride und andere Fettsäureester an der Lipid/Wasser-Phase. Die Umkehrreaktion, die Acylrest-Übertragung, wird ermöglicht, wenn die Biokatalyse in einem „enzymfreundlichen" organischen Lösungsmittel durchgeführt wird. Besonders jene mit log P Werten > 3 (Cyclohexan, n-Hexan, n-Octan) fördern die Bildung von Esterbindungen, minimieren die Enzyminaktivierung und erlauben die Wiederverwendung des Biokatalysators. Ein anderer wichtiger Gesichtspunkt ist die Wasseraktivität (a_W) des gesamten Reaktionssystems. Vor dem Hintergrund, dass die konformationelle Mobilität des Enzyms vom Gehalt an gebundenem Wasser abhängt, müssen die am besten geeigneten a_W-Werte zuvor bestimmt werden. Über diese (physikalischen) Parameter hinaus müssen die Reaktionspartner – Fettsäure und Zucker - häufig noch modifiziert werden, damit eine gute Ausbeute erreicht wird; so besitzen zum Beispiel Enolester, Säureanhydride oder aktivierte Ester von freien Fettsäuren um den Faktor 10^2 bis 10^3 höhere Umsatzraten als die korrespondierenden freien Säuren [Faber 1997]. Hinsichtlich der Acylierungsposition werden Zucker im Allgemeinen an primären Hydroxygruppen funktionalisiert, z.B. Glucose in 6-OH-Position.

Generell sind folgende Reaktionsbedingungen bei enzym-katalysierten Glycolipidbildungen bekannt:
- Anwendung freier und immobilisierter Lipasen und Proteasen
- Verwendung von Fettsäuren (C_4 – C_{22}) und von Mono/Disacchariden, Zuckeralkoholen bzw. modifizierter Formen
- Verwendung verschiedener organischer Lösungsmittel, auch lösungsmittelfrei
- Benutzung von Molekularsieben oder Arbeiten unter reduziertem Druck zur Entfernung von Nebenprodukten (z.B. Wasser oder Methanol)
- Reaktionen bei 30 °C bis 80 °C, Reaktionszeiten 6 bis 72 h.

In diesem Kapitel werden fünf Verknüpfungsarten zu Glycolipiden vorgestellt:

1. Lipase-vermittelte Katalyse in organischen Lösungsmitteln oder lösungsmittelfrei.

2. Lipase-vermittelte Katalyse in Gegenwart von Adjuvantien.
3. Lipase-vermittelte Katalyse unter Bentzung von hydrophobisierten Zuckern.
4. Protease-vermittelte Katalyse in organischen Lösungsmitteln.
5. Glycosidase-Katalyse von Fettalkoholen mit Zuckern zu Alkylglycosiden.

4.8.1.1   Katalyse in organischen Lösungsmitteln oder lösungsmittelfrei

Um definierte Kohlenhydrat-Fettsäuremonoester durch Lipase-vermittelte Katalyse zu gewinnen, kommt aus ökonomischen Gründen die direkte Verknüpfung einer freien Fettsäure (oder ein natives Triglycerid) mit dem Zucker in Frage. Dies sollte in Gegenwart wenig gefährlicher Lösungsmittel oder lösungsmittelfrei geschehen. Eine Modellreaktion liefert Abb.84.

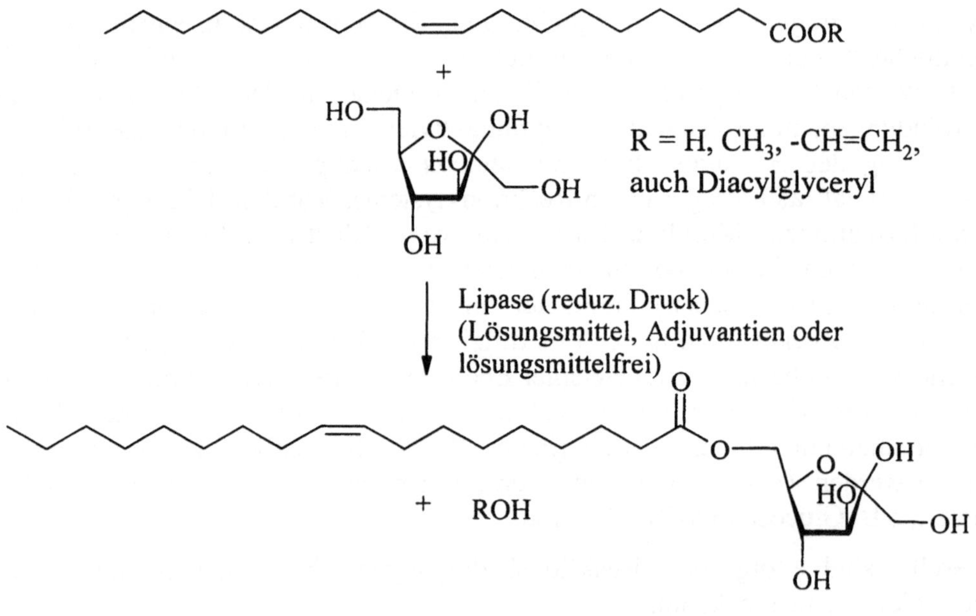

Abb. 84   Schema der Lipase-katalysierten Umesterung zum Fructose-monooleat (Hauptisomer).

Bezüglich der Löslichkeit des lipophilen Reaktionspartners gibt es keine Probleme. Die Kohlenhydrate sind allerdings nur schwer löslich in den üblichen Lösungsmitteln wie n-Octan oder n-Hexan; sie lösen sich nur in einigen hydrophilen Solventien wie Dimethylsulfoxid (DMSO), Dimethylformamid oder

Pyridin. Das Problem der schlechten Solubilisierung lässt sich einschränken, indem die aktivierten Fettsäuren in polaren organischen Lösungsmitteln eingesetzt werden. Eine andere Möglichkeit besteht darin, Lösungsmittel mittlerer Polarität zu verwenden, z.B. 2-Methyl-2-butanol. Dies gewährleistet eine teilweise Solubilisierung beider Substrate im Reaktionsmedium. Wenn n-Hexan, super-kritisches Kohlendioxid oder sogar die zu veresternde Fettsäure selbst verwendet werden, sollten sich die Zuckersubstrate im festen Aggregatzustand befinden. Seit 1986 [Therisod und Klibanov] ist eine Vielfalt ähnlicher Untersuchungen zu diesem Thema publiziert. Die log P Werte der Solventien reichen von $- 1,30$ bis $+ 6,60$. Alternativ werden freie Säuren, Alkyl-, Trichloroethyl-, Vinyl- oder Glycerylester als lipophile Reaktanden verwendet.

Das während der Veresterungsreaktion gebildete Wasser wird durch Zusätze aktivierter Molekularsiebe entfernt. Im Falle der Vinylester von Fettsäuren tautomerisiert der gebildete Vinylalkohol zum leicht flüchtigen Acetaldehyd und bewirkt keine Rückreaktion mehr. Allerdings sollte man dabei in Betracht ziehen, dass einige Lipasen (z.B. von *Candida rugosa* und *Geotrichum candidum*) in Gegenwart von Acetaldehyd ihre Aktivität verlieren [Weber et al. 1995]. In vergleichenden Studien zeigen Coulon et al. [1995], dass in Gegenwart eines Lösungsmittels die Transesterifikation zu besseren Ergebnissen führt als die direkte Veresterung. Unter lösungsmittelfreien Bedingungen ist nur die direkte Veresterung möglich. In den meisten Fällen dienen Lipasen von *Candida antarctica* und *Rhizomucor miehei* (früher *Mucor miehei*) als Biokatalysatoren (Tab. 27). Als Kohlenhydrat wird häufig Fructose verwendet. Aufgrund ihres spezifischen Verhaltens in Lösung werden vier Isomere (Furanose- und Pyranoseformen, α- und ß-Anomere) von monoacylierter Fructose gefunden [Scheckermann et al. 1995; Jung et al. 1998]. Im Falle von Glucose, Maltose, Trehalose oder Saccharose werden nur die primären 6- und/oder 6'-Positionen acyliert. Auch die regioselektive Acylierung einer sekundären Hydroxygruppe in Saccharose (2-OH-Position) ist möglich [Plou et al. 1999]. Bei Verwendung von DMSO, Vinyllaurat und der Lipase von *Humicola lanuginosa*, die an Celite adsorbiert ist, kann 2-*O*-Lauroylsaccharose als Hauptprodukt isoliert werden. Es wird beobachtet, dass diese Reaktion auch ohne den Biokatalysator, d.h. in Gegenwart von Celite oder Eupergit stattfindet.

Abschließend soll über eine enzymatische Fructose-Transesterifikation berichtet werden, die in einem 2-l-Pilotreaktor durchgeführt worden ist [Coulon et al. 1999]. Dabei diente 2-Methyl-2-butanol (Sdp. 102 °C) als Lösungsmittel, der Ölsäure-methylester als Acyldonor. Es wurde bei reduziertem Druck von 200 mbar mit der immobilisierten *Candida antarctica* Lipase gearbeitet. Unter diesen Bedingungen lassen sich mehr als 90% der Fructose acylieren, während unter Normaldruck nur 50% Umsatz zu beobachten ist. Die Autoren führen dies auf die Evaporation des entstehenden Nebenprodukts Methanol zurück, die das Gleichgewicht verschiebt. Nach Trocknung über Molekularsieb im Bypass wird

2-Methyl-2-butanol wieder in den Enzymreaktor zurückgeführt. Fructoseoleat wird auf diesem Weg in Konzentrationen von mehr als 40 g l^{-1} gebildet. Auch ölsäurereiches Rapsöl lässt sich gut als Acyldonor verwenden.

4.8.1.2   Lipase-vermittelte Katalyse in Gegenwart von Adjuvantien

Die katalytisch unterstützte Synthese von Zuckerlipiden findet überwiegend in Festphasen-Systemen statt. Die Acylierung des im festen Aggregatzustand befindlichen Zuckers mit einer Fettsäure wird dabei mittels Lipase-Katalyse in Anwesenheit sehr kleiner Mengen an organischen Lösungsmitteln (Aceton, Tetrahydrofuran oder t-Butanol) ausgeführt (siehe Tab. 28, S. 150). In einem typischen Experiment enthält das Reaktionsgemisch equimolare Mengen (0,5 mmol) an Zucker und Fettsäure sowie das organische Lösungsmittel (in einer Konzentration von 100 bis 300%, w/w), um eine kleine katalytische Flüssigphase zu erhalten. Die Volumina der hydrophoben Lösungmittelsysteme (siehe vorstehendes Kapitel oben) übertreffen diese Flüssigphasen–Volumina um mehrere Größenordnungen. Wie auf elegante Art die Löslichkeitsprobleme eliminiert werden können, widmet sich das nächste Unterkapitel.

4.8.1.3   Lipase-vermittelte Katalyse unter Einsatz hydrophobisierter Zucker

Ein Reaktionsschema für die Synthese von Glycolipiden aus Alkylglycosiden und Fettsäuren ist in Abb. 85 dargestellt. Um die Probleme der niedrigen Löslichkeit von Mono- und Disacchariden in unpolaren organischen Solventien sowie ihrer hohen Schmelzpunkte zu umgehen, wird die Hydrophobisierung des Zuckers vor der Lipase-katalysierten Acylierungsreaktion empfohlen [Björkling et al. 1989].

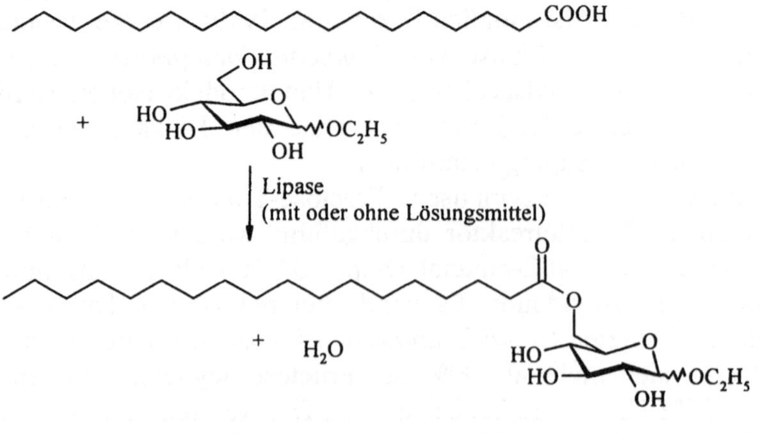

Abb. 85   Schema der Lipase-katalysierten Synthese des Ethyl ß-D-glucose-6-O-monooctadecanoats.

Neben 1-*O*-Ethyl-D-glucosid arbeitet diese Methode gut unter Verwendung von Propyl-, iso-Propyl-, Butyl-, iso-Butyl- und sogar Phenylglucosid. Als Fettsäuren dienen Kettenlängen von C8:0 bis C18:0 oder C18:1 bzw. C22:1. Die enzymatischen Reaktionen werden unter reduziertem Druck und lösungsmittelfrei durchgeführt. Bei Einsatz von Lipase B aus *Candida antarctica* können mehr als 95% Ausbeute an 6-*O*-Monoester erzielt werden. Die Übertragung in eine Pilotanlage zur Produktion von 20-kg-Mengen ergibt keine Probleme, so dass industrielle Anwendungstests durchgeführt werden konnten [Andresen und Kirk 1995]. Ein Nachteil besteht in der Notwendigkeit, die Alkylschutzgruppe selektiv wieder entfernen zu müssen.

Zwei spezielle Reaktionen sind besonders erwähnenswert. Ein neuer Typ eines kationischen Tensids, der 6-*O*-Monoester von 3-(Trimethylammonium)-propyl-D-glucopyranosid, kann in hohen Ausbeuten via chemo-enzymatische Synthese hergestellt werden. Um Laurinsäure in die 6-Position von 1-geschützter Glucose einzuführen, wird *C. antarctica* Lipase B erfolgreich (90% Umsatz) unter lösungsmittelfreien Bedingungen bei 75 °C eingesetzt [Kirk et al. 1998].

In einer anderen Studie, in der die Lipasen vom Schweinpankreas bzw. von *Candida antarctica* verwendet werden, lässt sich die Ringöffnungs-Polymerisierung von sowohl ε-Caprolacton (ε-CL) als auch von Trimethylencarbonat (TMC) durch das multifunktionelle Ethyl-glucopyranosid (EGP) katalysieren. Dies resultiert in der Bildung von EGP-oligo(ε-CL)- und EGP-oligo(TMC)-Konjugaten mit Molekulargewichten > 7.200 Da.

Neben den 1-*O*-Alkylglycosiden wurden auch Isopropyliden-, Benzyliden- und Phenylborsäure-geschützte Zucker zur Lipase-katalysierten Acylierung benutzt. Der Vorteil ist, dass diese Schutzgruppen nach der enzymatischen Reaktion leicht abgespalten werden können. Um die acetalischen bzw. Borsäuregruppen selektiv zu entfernen, genügt eine Behandlung mit Trifluoressigsäure in Aceton/Wasser oder Methanol/Wasser (Abb. 86). Einige Studien, die dieses Verfahren anwenden, sind in Tab. 29 (S. 151) zusammengefasst. Bei einer *Rhizomucor miehei* Lipase-katalysierten Synthese eines Zuckeresters mit Arachidonsäuresubstitution in Position 5 beträgt die Konversion 84%, wenn das Verhältnis Fettsäure zu 1,2-*O*-Isopropyliden-D-xylofuranosid wie 1-2 : 1 vorliegt [Ward et al. 1997].

Auch dimere (Gemini-) Zucker-Fettsäureester sind in einem chemoenzymatischen Prozess herstellbar [Gao et al. [1999]. Zuerst dienen dabei Lipasen (*Candida antarctica, Rhizomucor miehei*) der Monoacylierung (6- oder 6'-OH) von acetalisierter Galactose oder Lactose mit 2-Bromotetradecansäure. Danach werden diese Produkte chemisch mit Dicarbonsäuren dimerisiert und nach Entfernung der Isopropylidenschutzgruppen in die gewünschten Gemini-Produkte überführt.

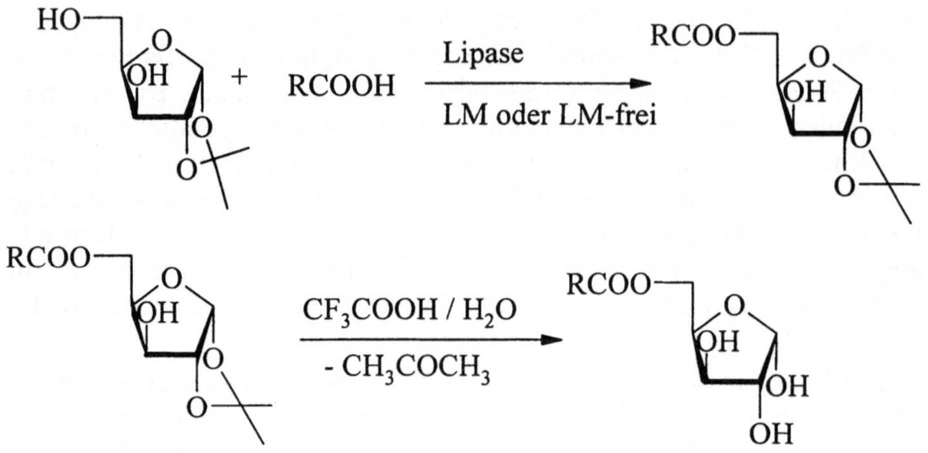

HO
OH
+ RCOOH
Lipase
LM oder LM-frei
RCOO
OH
O

RCOO
OH
O
CF$_3$COOH / H$_2$O
- CH$_3$COCH$_3$
RCOO
OH
OH
OH

Abb. 86   Schema der Lipase-vermittelten Synthese von Zuckerestern aus iso-
               Propyliden-D-xylofuranose und Fettsäure (LM = Lösungsmittel).

In Tab. 30 (S. 152) sind die wichtigen Lipase-katalysierten Synthesen mit derivatisierten Zuckerbausteinen aufgelistet.
Ist statt der C-6-Acylierung die Acylierung anderer primärer OH-Gruppen am Zuckerrest erwünscht, wird sich besser der Proteasen bedient.

4.8.1.4   Protease-vermittelte Katalyse in organischen Lösungsmitteln

Neben Lipasen lassen sich auch Proteasen gut zur regioselektiven Acylierung von Zuckern und verwandten Verbindungen in organischen Lösungsmitteln, insbesondere Dimethylformamid (DMF) und Pyridin, einsetzen (siehe auch Tab. 31, S. 153). Proteasen der Subtilisin-Familie acylieren Saccharose bevorzugt an der 1′-OH-Gruppe des Fructoseringes (Abb. 87), was mit vielen Beispielen belegt wird [Carrea et al. 1989; Soedjak und Spradlin 1994; Plou et al. 1995; Rich et al. 1995; Polat et al. 1997). Mit Lipasen ist die bevorzugte Acylierungsposition dagegen die 6-OH-Gruppe (Rich et al. 1995; Woudenberg et al. 1996; Kim et al. 1998; Ferrer et al. 1999]. Andererseits ist im Falle von Monosacchariden bei beiden Enzymen die 6-OH-Gruppe die gemeinsame Acylierungsposition.

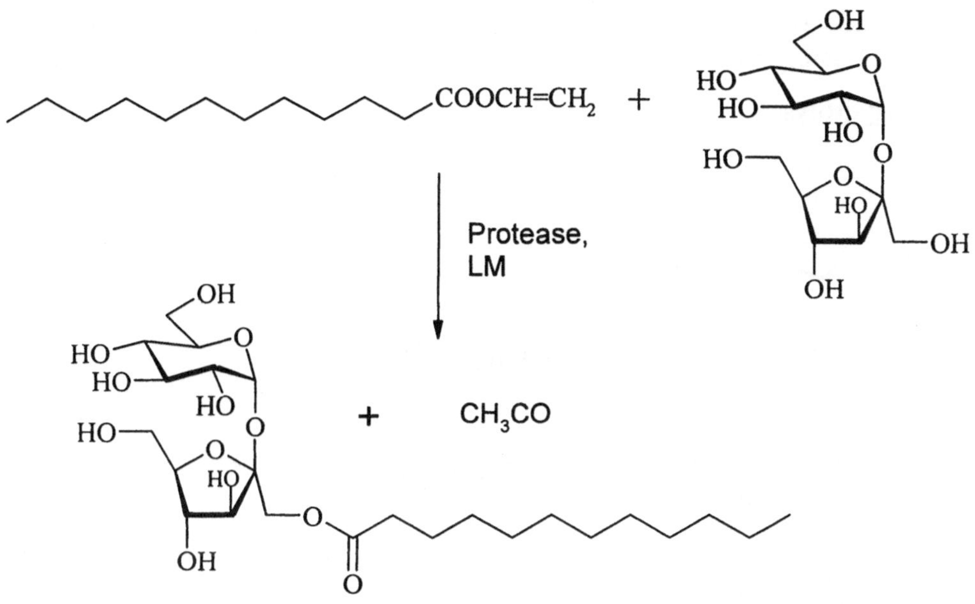

Abb. 87 Schema der Protease-katalysierten Synthese von Saccharose-monolaurat, LM = Lösungsmittel.

4.8.1.5 Glycosidase-katalysierte Glycosylierung von Fettalkoholen mit Zuckern

Alkylglycoside sind unter alkalischen Bedingungen stabiler als Zucker-Fettsäureester, leider ist ihre enzymatische Herstellung wesentlich problematischer zu bewerkstelligen. Alkylglycoside können aus Alkoholen und Kohlenhydraten mit Hilfe von Glycosidasen als Biokatalysatoren hergestellt werden. Unter physiologischen Bedingungen hydrolysieren Glycosidasen glycosidische Bindungen. Die Synthese von Alkylglycosiden kann entweder durch reverse Hydrolyse oder durch eine Transglycosylierungsreaktion mit einem Alkohol als Glycosylakzeptor erreicht werden. Der Unterschied beider Methoden hängt von der Natur des Glycosyldonors ab. Bei der reversen Hydrolyse wird die Reaktion mit einem Monosaccharid (z.B. Glucose) ausgeführt, während bei der Transglycosylierung ein Glycosid (z.B. ein Disaccharid) als Glycosyldonor dient (Abb. 88). Die erste Reaktion ist eine Gleichgewichts-kontrollierte, die zweite ein kinetisch-kontrollierte. Im Allgemeinen ist die Transglycosylierung schneller und führt zu höheren Ausbeuten als die reverse Hydrolyse. Beide Reaktionen können entweder in Monophase- oder in Zweiphasen-Systemen ausgeführt werden, wobei folgende Komponenten involviert sind: (i) mehr oder weniger Wasser und (ii) der zu glycosylierende flüssige Alkohol; in den meisten Fällen wird kein zusätzliches organisches Lösungsmittel benutzt.

Reverse Hydrolyse:

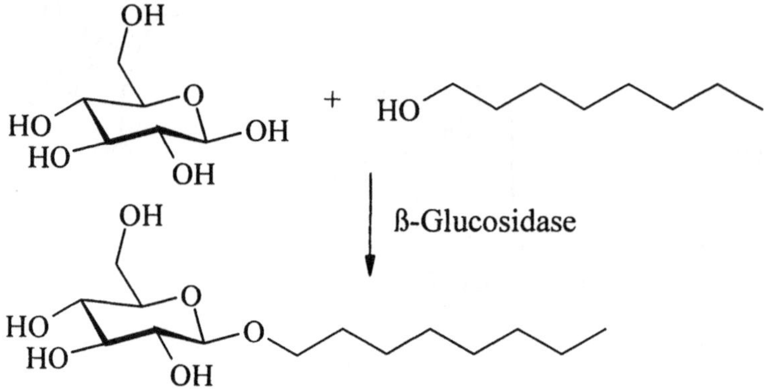

ß-Glucosidase

Transglycolisierung:

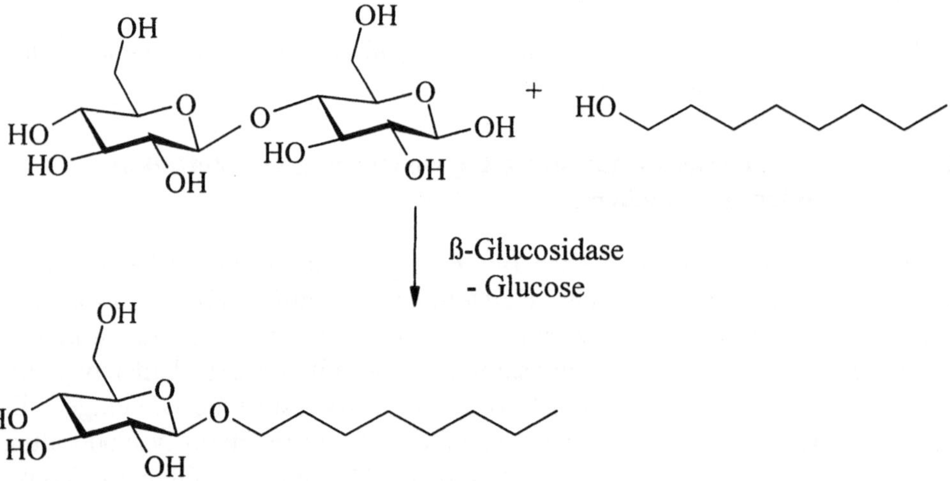

ß-Glucosidase
- Glucose

Abb. 88   Schema zweier Wege zur Glycosidase-katalysierten Synthese von 1-*O*-Alkylglycosiden.

Wenn die Kettenlänge des Alkohols ansteigt, werden sowohl die Anfangsgeschwindigkeit als auch die Ausbeute geringer; nur in wenigen Veröffentlichungen treten Alkohole, länger als C8, als geeignete Reaktanden auf. Übersichten über Glycosidase-katalysierte Glycolipid-Synthesen enthalten die Tab. 32 und 33 auf den Seiten 154 und 155.

Überwiegend wird die ß-Glucosidase der Mandel (EC 3.2.1.21) verwendet. Häufig werden auch Zweiphasen-Systeme aus wässriger Pufferlösung und dem

Alkohol benutzt. Einige Arbeiten studieren den Einfluss des Wassergehalts auf die Synthesereaktion. Ismail et al. [1999a ; 1999b] erreichen die höchste Ausbeute an n-Butylgalactosid in einem Monophase-System bei 17% (v/v) an Wasser in einer Transglycosylierungsreaktion (Lactose, n-Butanol, ß-Glucosidase aus *Aspergillus oryzae*). Ähnliches (8-13% Wassergehalt) gilt auch für die reverse Hydrolyse mit Glucose und der Mandel ß-Glycosidase bei der n-Butylglucosid-Herstellung.

4.8.2 Tensid-Eigenschaften der durch Enzym-Katalyse hergestellten Glycolipide

Für die Zuckermonoester lassen sich folgende Resultate präsentieren: Produkte, die auf Monosacchariden und Fettsäuren der Kettenlänge C10 bis C14 basieren, erniedrigen die Oberflächenspannung von Wasser von 72 mN m^{-1} auf 30 bis 27 mN m^{-1} (kritische Mizellkonzentration: 10^{-5} bis 10^{-3} mol l^{-1} bei 37 °C) und erhöhen die Stabilität von Öl-in-Wasser Emulsionen [Scheckermann et al. 1995; Ducret et al. 1996; Lang et al. 1997]. Die Zuckerester auf Basis von C18:0 oder C18:1 bilden bei Experimenten an der Langmuir-Filmwaage stabile Monolayer aus. Mit Filmdrücken von mehr als 40 mN m^{-1} bei einem Kollapspunkt von 28 bzw. 32 Å^2/molecule sind sehr gute Bedingungen für Netzmittelanwendungen gegeben [Lang et al. 1996]. Die langkettigen Produkte sind auch geeignet, Wasser-in-Öl Emulsionen zu stabilisieren [Ducret et al. 1996]. Mit aryl-aliphatischen Glucoseestern werden minimale Werte von 35 bis 45 mN m^{-1} bei der Oberflächenspannungserniedrigung von Wasser erzielt [Otto et al. 1998a]. Wässrige Lösungen von Ethylglucosidestern von C9:0 bis C12:0 sind in der Lage, Maschinenöl von Eisenspänen zu entfernen [Andresen und Kirk 1995].

Für die Alkylglycoside stehen bisher nicht viel Literaturdaten zur Verfügung. Shinoyama et al. [1991a] berichten, dass im Falle von Heptyl-ß-D-xylosid die kritische Mizellkonzentration zu 30 mN bei 28 mN m^{-1} bestimmt werden konnte. Die entsprechende molekulare Fläche bei Sättigungsadsorbtion beträgt 43 Å, das mizellare Gewicht 20,7 Da und die Aggregationszahl 78. Dieses Tensid kann in der Effektivität mit kommerziell erhältlichem n-Octyl-ß-D-glucosid verglichen werden.

Tab. 27   Lipase-katalysierte Glycolipid-Synthesen in a) organischen Lösungsmitteln und b) lösungsmittelfrei, nach log P Werten geordnet

Lipase	Lösungsmittel	Log P	Lipid-Reaktionspartner	Zucker/Polyol	Referenz
*Humicola lanuginosa**	Dimethylsulfoxid	− 1.30	Vinyl laurat	Saccharose	Plou et al. 1999
Chromobacterium viscosum	Buffer/2-Pyrrolidon	− 0.90	C14:0 - C20:0, C18:1	Sorbit, Fructose, Glucose	Janssen et al. 1991
*Candida antarctica**	Acetonitril	− 0.33	C8:0	Glucose	Ljunger et al. 1994
*Porcine pancreas**	Acetonitril	− 0.33	C4:0, Tributyrin	Fructose	Bagi and Simon 1999
Porcine pancreas	Pyridin	+ 0.71	Trichloroethyl laurat	Glucose	Therisod and Klibanov 1986
Porcine pancreas	Pyridin	+ 0.71	Triolein, Maisöl, Erdnußöl, Sonnenblumenöl	Ribitol, D-Sorbit	Chopineau et al. 1988
Alcaligenes spec.	Pyridin	+ 0.71	Divinyl sebacat	Glucose	Kitagawa and Tokiwa 1998
Byssochlamys fulva	t-Butanol	+ 0.80	C18:0, C18:1, C18:2, C18:3	Fructose, Glucose; Maltose, Saccharose	Ku and Hang 1995
*Candida antarctica**	t-Butanol	+ 0.80	Ethyl butanoat, Ethyl laurat	Maltose, Saccharose, Trehalose	Woudenberg-van Oosterom et al. 1996
*Candida antarctica**, *Mucor miehei**	t-Butanol	+ 0.80	C2:0 - C20:0	Glucose, Maltose	Degn et al. 1999
*Humicola lanuginosa**	2-Methyl-2-butanol/ Dimethylsulfoxid	+ 1.30/ − 1.30	Vinyl laurat	Saccharose	Ferrer et al. 1999
*Mucor miehei**	2-Methyl-2-butanol	+ 1.3	C18:0	Fructose	Khaled et al. 1991
*Rhizomucor miehei**	2-Methyl-2-butanol	+ 1.3	C10:0 - C18:0	Fructose	Scheckermann et al. 1995
*Candida antarctica**	2-Methyl-2-butanol	+ 1.3	C18:1 Methylester	Fructose	Coulon et al. 1995
*Candida antarctica**	2-Methyl-2-butanol	+ 1.3	C12:0, C18:0	Sorbit, Fructose, Glucose	Ducret et al. 1995
*Candida antarctica**	2-Methyl-2-butanol	+ 1.3	C10:0, C12:0, C18:1, C22:1	Glucose, Fructose, Xylit	Ducret et al. 1996
*Candida antarctica**	2-Methyl-2-butanol	+ 1.3	C18:1 Methylester	Fructose	Jung et al. 1998

* immobilsierte Enzyme

Tab. 27 / Fortsetzung

Lipase	Lösungsmittel	Log P	Lipid-Reaktionspartner	Zucker/Polyol	Referenz
*Candida antarctica**	2-Methyl-2-butanol	+ 1.30	C18:1 Methylester, Rapsöl	Fructose	Coulon et al. 1999
Pseudomonas spec.	n-Hexan, n-Octan, n-Dodecan	+ 3.5, + 4.5, + 6.6	C16:0	Glucose, Galactose, Fructose, Sorbose, Saccharose, Maltose, Lactose	Tsuzuki et al. 1999
*Rhizomucor miehei**	n-Hexan	+ 3.5	C12:0, C16:0, C18:1	Fructose**, Glucose**	Stamatis et al. 1998
*Rhizomucor miehei**	Superkrit. CO_2		C12:0, C16:0, C18:1	Fructose**, Glucose**	Stamatis et al. 1998
*Mucor miehei**	—		C8:0	Fructose	Guillardeau et al. 1992
*Mucor miehei**	—		C18:1	Isosorbid, Sorbit	Mukesh et al. 1993
*Candida antarctica**	—		C18:1	Fructose	Coulon et al. 1995
*Mucor miehei**	—		C10:0	Sucrose	Kim et al. 1998

* immobilisierte Enzyme; ** adsorbiert an Kieselgel

Tab. 28   Lipase-katalysierte Glycolipid-Synthesen in Gegenwart von Adjuvantien

Lipase	Adjuvantien	Log P	Lipid-Reaktionspartner	Zucker/Polyol	Referenz
*Candida antarctica**	Aceton oder Dioxan	- 0.23 - 1.10	C12:0 - C18:0	Glucose, Mannose, Galactose, Mannit, Sorbit	Cao et al. 1996, Cao et al. 1997
*Candida antarctica**	2-Methyl-2-butanol/ n-Hexan	+ 1.3/ + 3.5	C12:0	Sorbitan	Sarney et al. 1997
*Candida antarctica**	Dioxan oder Tetrahydrofuran (oder Mono/diglyme)	- 1.10 + 0.49	Vinyl- und Methylester von C4:0 - C22:0 (gesättigt u. ungesättigt)	Glucose; Fructose, Saccharose, Ascorbinsäure	Aha et al. 1997a; 1997b; 1998; Berger et al. 1998
*Candida antarctica**	t-Butanol	+ 0.80	Phenylbuttersäure	n-Alkyl-glycoside	Otto et al. 1998a
*Candida antarctica**	t-Butanol	+ 0.80	n-Butanol, Zimtalkohol	Glucuronsäure	Otto et al. 1998b
*Candida antarctica**	t-Butanol	+ 0.80	Arylaliphatische Säuren, Aliphatische Säuren (C8,10)	Glucose, Alkyl-glucoside	Otto et al. 1998c
*Candida antarctica**	t-Butanol	+ 0.80	Arylaliphatische Säuren	Glucose	Otto et al. 2000
*Candida antarctica**	Ethyl methyl keton Aceton	- 0.80 - 0.23	C8:0, C16:0, C18:0 Methylester von C8:0, C16:0, C18:0	Glucose Glucose	Yan et al. 1999

* immobilisierte Enzyme

Tab. 29 Lipase-katalysierte Glycolipid-Synthesen unter Verwendung von Alkylglycosiden

Lipase	Lösungsmittel	Log P	Lipid-Reaktionspartner	Modifizierter Zucker	Referenz
*Candida antarctica** *Humicola* spec.* *Mucor miehei* *	—		C8:0 C18:0, C18:1	Ethyl D-glucopyranosid, i-Propyl D-glucopyranosid, n-Propyl D-glucopyranosid, n-Butyl D-glucopyranosid	Björkling et al. 1989; Kirk et al. 1992; Andresen and Kirk., 1995
*Candida antarctica**	Benzol/Pyridin (2/1, v/v)	+ 2.00/ + 0.71	Methyl oleat	Methyl glucosid, Methyl galactosid, Octyl galactosid	Mutua and Akoh 1993
*Candida antarctica**	Benzol/Pyridin (2/1, v/v)	+ 2.00/ + 0.71	Methyl oleat, Eicosapentaensäure, Docosahexaensäure	Methyl glucosid, Methyl galactosid, Octyl galactosid	Akoh and Mutua 1994
*Candida antarctica**	t-Butanol	+ 0.80	Ethyl propionat, Ethyl decanoat	Methyl- bis Dodecyl-glucosid/fructosid /galactosid	Goede de et al. 1994
Pseudomonas cepacia	Acetonitril	- 0.33	Octansäure	Methyl α-D-galactopyranosid	Córdova et al. 1997
*Candida antarctica**	—		Dodecansäure	3-Chloropropyl D-glucopyranosid	Kirk et al. 1998
Porcine pancreas *Candida antarctica**	— —		ε-Caprolacton Trimethylen carbonat	α,ß-Ethyl glucopyranosid α,ß-Ethyl glucopyranosid	Bisht et al. 1998 Bisht et al. 1998
*Candida antarctica**, *Rhizomucor miehei**	2-Methyl-2-butanol; lösungsmittelfrei	+ 1.30	Ölsäure	α-D-Butyl glucosid	Bousquet et al. 1999

* immobilisierte Enzyme

Tab. 30   Lipase-katalysierte Glycolipid-Synthese unter Verwendung von derivatisierten Zuckern

Lipase	Lösungs-mittel/ Adjuvans	Log P	Lipid-Reaktionspartner	Modifizierter Zucker	Referenz
*Mucor miehei** *Chromob.iscosum** *Pseudomonas* sp.*	–		C8:0 - C18:0, C18:1; Methylester von C8:0 - C18:0, C18:1	1,2-O-Isopropyliden-D-glucofuranose; 1,2:3,4-Di-O-iso-propyliden-D-galactopyranose; 1,2-O-Isopropyliden-D-xylofuranose	Fregapane et al. 1991
*Mucor miehei**	–		C12:0, C18:0, C18:1	1,2:3,4-Di-O-isopropyliden-D-galactopyranose; 1,2-O-Isopropyliden-D-xylofuranose	Fregapane et al. 1994
*Mucor miehei**	Toluol	+ 2.50	C8:0 - C18:0, C18:1	Lactose tetraacetal; Maltose triacetal	Sarney et al. 1994
*Mucor miehei** *Candida ant.**	–		C12:0 - C18:0, C18:1, C20:4, C22:6,	1,2-O-Isopropyliden-D-xylofuranose	Ward et al. 1997
*Candida ant.**	–		2-Bromotetra-decansäure	1,2:3,4-di-O-isopropyliden-D-galactopyranose	Gao et al. 1999
*Mucor miehei**	Toluol	+ 2.50	2-Bromotetra-decansäure	Lactose tetraacetal	Gao et al. 1999
*Pseudomonas cepacia**	THF/Toluol (1/4, v/v)	+ 0.49/ + 2.50	Trifluoroethyl butanoat	4,6-O-Benzylidene-methyl-α- and ß-glucopyranosid	Panza et al. 1993
*Pseudomona s cepacia**	THF	+ 0.49	Vinyl acetat	4,6-O-Benzyliden- ß-D-gluco/galactopyranoside	Gridley et al. 1998
*Mucor miehei**	n-Hexan	+ 3.50	C18:0	Fructose-phenylboronat Komplex	Schlotterbeck et al. 1993; Scheckermann et al. 1995
*Mucor miehei**	n-Hexan; n-Heptan	+ 3.50 + 4.00	C18:0	Glucose-phenylboronat oder – butylboronat complex	Oguntimein et al. 1993
Pseudomonas sp.	t-Butanol	+ 0.80	Vinyl acrylat, C12:0, Olivenöl, Maisöl	Glucose- oder Galactose-phenylboronat Komplex	Ikeda and Klibanov 1993

* immobilisierte Enzyme

Tab. 31 Protease-katalysierte Glycolipid-Synthese

Protease	Lösungs-mittel	Log P	Lipid-Reaktions-partner	Zucker	Referenz
Protease N	DMF	- 1.00	Trifluoroethyl-caprylat	Saccharose	Carrea et al. 1989
Alcalase	Pyridin	+ 0.71	Vinyl laurat	Saccharose	Soedjak and Spradlin 1994
Subtilisin Carlsberg*	DMF	- 1.00	Trichloroethyl caprylat	Saccharose	Plou et al. 1995
Subtilisin CLEC	Pyridin	+ 0.71	Vinyl laurat	Saccharose	Polat et al. 1997
Trypsin (*Porcine pancreas*; modifiziert)	DMF	- 1.00	C18:1	Glucose	Ampon et al. 1991
Streptomyces sp.	DMF	- 1.00	2,2,2-Trichloro-ethyl-butyrat, Divinyl adipat	Glucose	Shibatani et al. 1997
Streptomyces sp.	DMSO oder DMF	- 1.30 - 1.00	Divinyl adipat	Glucose, Mannose, Galactose, α-Methyl D-galactose	Kitagawa et al. 1999

* adsorbiert an Celite

Tab. 32   Glycosidase-katalysierte Glycolipid-Synthese. Methode 1: Reverse Hydrolyse:
           Methode 2: Transglycosilierung

ß-Glucosidase	Alkohol	Zucker	Methode	Referenz
Mandel*	Benzylalkohol	Glucose Cellobiose	1 2	Marek et al. 1989
Mandel*	C5 - C12	Glucose	1	Vulfson et al. 1990a
Mandel*	C5 - C8	Methyl-ß-glucosid, Cellobiose, Glucose	2 1	Vulfson et al. 1990b
Trichoderma viride	C7, C8	Cellobiose	2	Shinoyama et al. 1991
Mandel	C3, C6, C8	Glucose	1	Chahid et al. 1992
Mandel	C8	Glucose	1	Ljunger et al. 1994
Mandel	Allylalkohol, Benzylalkohol	Glucose, Galactose	1	Vic and Crout 1995
Mandel	4-Hydroxybutter-säure-N-butylamid	Glucose Cellobiose	1 2	Fischer et al. 1995
*Pyrococcus furiosus**	4-Hydroxybutter-säure-N-butylamid	Cellobiose	2	Fischer et al. 1996
Mandel,,*Fusarium oxysporum*	C3 - C8	Glucose	1	Tsitsimpikou et al. 1996
Aspergillus niger	C1, C2	Cellobiose	2	Yan and Liau 1998
Mandel*	C4	Glucose	1	Otto et al. 1998c
Mandel*	C6, C8	Glucose	1	Yi et al. 1998
Mandel	2-(4-Methoxybenzyl)-1-cyclohexanol	Glucose/Phenyl-ß-glucose	1/2	Zarevucka et al. 1999
Mandel	C4	Glucose	1	Ismail et al. 1999b

*immobilisierte Enzyme

Tab. 33   Glycosidase-katalysierte Glycolipid-Synthese. Methode 1: Reverse Hydrolyse:
Methode 2: Transglycosilierung

Glycosidase	Alkohol	Zucker	Methode	Referenz
ß-Galactosidase (*Aspergillus oryzae*)	C4	Methyl -ß-galactosid	2	Beecher et al. 1990
ß-Galactosidase (*Aspergillus oryzae*)	C4	Lactose	2	Ismail et al. 1999a
ß-Galactosidase (*Escherichia coli*)	2-(4-Methoxy-benzyl)-1-cyclohexanol	Galactose/Phenyl-ß-D-galactose	1/2	Zarevucka et al. 1999
ß-Mannosidase (*Aspergillus niger*)	C1 - C8	ß-1,4-Mannobiose	2	Itoh and Kamiyama
ß-Mannosidase (*Rhizopus niveus*)	C1 - C4, Benzyl-alkohol	ß-1,4-Mannobiose	2	Fujimoto et al. 1997
ß-Xylosidase (*Aspergillus niger*)	C1 - C8; sec. C3,4,6; Benzylalkohol; Cyclo-hexanol	Xylobiose	2	Shinoyama et al. 1988; Shinoyama et al. 1991b
Kulturüberstand/ *Aureobasidium pullulans*	C8, C10, sec. C8, 2-Ethylhexanol	Xylan; Xylotetraose	2	Matsumura et al. 1996
Getrocknete Zellen/ *Aureobasidium pullulans*	C8	Xylan	2	Matsumura et al. 1999c
ß-Glycosidase (*Sulfolobus solfataricus*)	C1 - C8; sec. C5,6,7; 2-Methyl butanol	Phenyl ß-D-glucosid, Phenyl ß-D-galactosid	2	Trincone et al. 1991
α-Transglucosidase (*Talaromyces duponti*)	C1 - C7	Maltodextrine, Maltose	2	Bousquet et al. 1998
exo-ß-D-Glucos-aminidase (*Penicillium funiculosum*)	C1- C6; i-C3,4; Benzylalkohol	Chitosan	2	Matsumura et al. 1999a; 1999b

5 ANWENDUNGSPOTENTIAL BIOLOGISCHER GLYCOLIPIDE

Die in den vorhergehenden Kapiteln beschriebenen Biotenside können wegen der z. Zt. noch zu hohen Herstellungkosten mit etablierten chemischen Produkten kaum konkurrieren. Anwendungspotentiale eröffnen sich aber dort, wo die biologische Herkunft eine bessere Biokompatibilität und gute mikrobielle Abbaubarkeit verspricht. [Kesting et al. 1996] Diese Kriterien werden besonders gefordert bei großräumigen Eingriffen in die Natur, z.B. bei der tertiären Erdölförderung und der Dekontaminierung von ölhaltigen Arealen, [Banat 1995] im Pflanzenschutz, im kosmetischen Pflegebereich [Klekner & Kosaric 1993] und auf dem pharmazeutischen Sektor. Daher ist es nicht überraschend, dass gerade für diese Anwendungsgebiete eine Reihe von Labor- und auch Feldversuchen beschrieben werden.

5.1 Biotenside im Test für die tertiäre Erdölförderung

Die konventionelle Förderung fossilen Öls geschieht in drei Stufen:

1 Die primäre Förderung wird ermöglicht durch den internen Lagerstättendruck.
2 Die sekundäre Förderung erfolgt in Form einer Flutung durch Lagerstättenwasser.
3 Die tertiäre Erdölförderung beinhaltet chemische oder thermische Methoden. Zu den chemischen Methoden zählen die alkalische, CO_2- und Polymerflutung, zu den thermischen die *in situ* Verbrennung und die Dampfinjektion.

Die Stufe 3 ist nötig, da in den Stufen 1 und 2 häufig nur 8-30% des in der Lagerstätte befindlichen Öls gefördert werden kann. Besonders intensive Forschungsaktivitäten zur tertiären Erdölförderung wurden in den 70er Jahren entwickelt, als die Ölpreise stiegen und man sich der Verknappung der Rohölreserven bewusst wurde. Seit dieser Zeit werden auch biotechnologische Methoden getestet:

(a) *in situ* Einsatz von mikrobiellen Zellen (Anaerobier) im Ölreservoir: Bildung von organischen Säuren und Alkohol, CO_2, H_2, CH_4, Biotensiden, Biopolysacchariden
(b) Flutung mit Biotensiden, die zuvor außerhalb der Lagerstätte im Bioreaktor gezielt hergestellt worden sind.

Methode (a), die auch MEOR (microbial enhanced oil recovery) genannt wird, findet wegen des zu (b) geringeren Aufwands stärkere Beachtung. Dazu gehören u.a. die erfolgreichen modellhaften *in situ* Tests an Berea-Sandstein [Raiders et al. 1989] und die Verwendung von *Clostridium acetobutylicum* zur Schweröl-Förderung [Behlulgil et al. 1992]. Arbeiten nach dieser Methode sind in Übersichtsartikeln von Shennan & Levi [1987] und Khire & Khan [1994] zusammengefasst.

Methode (b) wurde u.a. erfolgreich angewandt bei der Extraktion von Bitumen aus Athabascaöl-Sand mit Hilfe eines bakteriellen Kulturüberstands [Zajic & Gerson 1978], zur 30%-igen Mehrentölung eines Lagerstättenbohrkerns durch Trehalose-6,6'-dicorynomycolate [Wagner et al. 1978; Wagner et al. 1980] und zur Erniedrigung der Viskosität von Rohölen durch Glycolipide des Stammes H-13 [Finnerty & Singer 1983]. Die durch MEOR oder (Bio)Tenside verursachten o/w-Emulsionen lassen sich anschließend durch mikrobielle De-Emulgatoren (Zellwandbestandteile) wieder spalten [Kosaric et al. 1983; 1987; Kosaric 1996].

5.2   Biotenside im Test gegen die Ölverschmutzung der Meere

Die Verschmutzung der Meere und Küsten mit aromatenhaltigen Rohölen ist ein weltweites Problem. Unter den wichtigsten Quellen des Öleintrags der letzten Jahre haben häufige widerrechtliche Öltanker-Entsorgungen, spektakuläre Tankerunfälle (1983, 1989) und die absichtliche Öleinleitung in den Persischen Golf (1991) besondere Aufmerksamkeit erfahren. Dramatische Schäden bei Seevögeln, -tieren und -pflanzen sind offensichtliche Folgen; auch Auswirkungen auf die Nahrungskette sind zu befürchten.

Hinsichtlich der Restölbeseitigung bei Öltankern empfehlen mehrere Autoren, Biotenside direkt einzusetzen, um die Viskosität des Öls herabzusetzen, dieses zu emulgieren oder mit nährstoffangereichertem (N-,P-Supplementierung) Wasser zu versetzen und die natürliche mikrobielle Mischpopulation direkt im Tank auf den vorhandenen Kohlenstoffquellen und unter guter Belüftung zu kultivieren [Banat et al. 1991; Bertrand et al. 1994; Gutnick & Rosenberg 1977; Gutnick 1994].

Im Gegensatz zu diesen geschlossenen Systemen gestaltet sich die Behandlung von offenen Systemen im marinen Bereich viel schwieriger und ist nur auf bestimmte Küstenbereiche begrenzt. Grundsätzlich kann man davon ausgehen, dass es unter den im Meer befindlichen Bakterien solche gibt, die für den Ölabbau sorgen. Um auch bei sehr hohem Öleintrag diesen natürlichen Abbau zu unterstützen, sind schon in den 80er Jahren Biotenside von terrestrischen Mikroorganismen in Feldversuchen im Norddeutschen Wattenmeer eingesetzt worden. Man erwartete von diesen Biotensiden im Vergleich zu chemischen Dispergatoren eine geringere Eigentoxizität und keine zusätzliche Belastung des

Lebensraums. Diese Erwartungen wurden bestätigt. [van Bernem 1984; 1987a,b; Lang et al. 1986] Die Tab. 34 zeigt , dass

1) die Dispersion durch chemische Tenside die Öl-Penetration in das Sediment fördert,
2) die Trehalose-dicorynomycolate TL-2 und Trehalose-tetraester TL-4 von *Rhodococcus erythropolis* die Penetration verhindern (im Falle von TL-2 ist nach 7 Monaten kein Rohöl mehr nachzuweisen),
3) die Biotenside weniger toxisch als die Syntheseprodukte sind.

Tab. 34   Einfluß von Tensiden auf die artifizielle Ölverschmutzung des Sediments im Norddeutschen Wattenmeer und deren Wirkungen auf spezielle marine Organismen. [Lang & Wagner 1993c]

Rohöl + Tensid	Penetration (3 Tage) (mg Öl/kg BTM)	Restöl nach 7 Monaten (%)	Überlebensfähigkeit / *Corophium volutator* (%)	IC_{50}/48h *Artemia*** (ppm)
Trehalose-dicorynomycolate	n.b.	0	n.b.	n.b
Trehalose-tetraester	30	n.b.	75	7.500
Rhamnolipide	100	n.b.	72	3.000
Finasol*	200	88	0	64
Corexit*	160	n.b.	5	440
ohne Tensid	100	67	35	n.b.

*Handelsname; **ohne Rohöl

Bei der Suche nach Biotensiden mit noch besserer Kompatibilität unter Nordsee-Bakterien, die auf Kohlenwasserstoffen kultiviert werden konnten wurden u.a. die schon bekannten emulsionsfördernden Trehalose-corynomycolate und -2,2′,3,4-tetraester bei dem marinen *Arthrobacter* sp. EK1 wiedergefunden. [Passeri et al. 1991a] Gefunden wurde daneben jedoch ein neuartiges Glucoselipid des vorher nicht bekannten Bakteriums *Alcanivorax borkumensis*. [Passeri et al. 1992; Yakimov et al. 1998] Parallel durchgeführte Toxizitätsuntersuchungen bestätigten in vergleichenden Tests mit anderen Biotensiden und chemischen Tensiden der sogenannten 1., 2. und 3. Generation beim diesem Glucoselipid eine hervorragende Biokompatibilität. [Poremba et al. 1989;1991a,b,c; Poremba 1990; Münstermann et al. 1992; Lang & Wagner 1993c] Auf der Basis von Untersuchungen zum Einfluß der (Bio)Tenside auf das Wachstum von anderen marinen Bakterien, Mikroalgen, Protozoen und auf Biolumineszenz (*Photobacter phosphoreum*) konnte abschließend eine Beurteilung zur Biokompatibilität der getesteten Produkte abgegeben werden: Das Glucoselipid schnitt am besten ab. Andere Autoren beweisen, dass die Emulgierfähigkeit der Biotenside sehr nützlich sein kann für die Bekämpfung der Folgen von Ölunfällen [Atlas & Bartha 1992; Atlas 1993]. Im März 1989 verunglückte der Supertanker „Exxon Valdez" an der Küste Alaskas; 40.000 Tonnen Rohöl strömten ins Meer. Danach bemühten sich viele Forschungsgruppen, den Schaden für die Umwelt zu begrenzen. Harvey et al. [1990] testeten die Fähigkeit eines Biotensids (Glycolipid, wahrscheinlich Rhamnoselipid) von *Pseudomonas aeruginosa* SB30, Rohöl vom betroffenen Alaska-Gestein zu lösen. Die 1%ige Glycolipid-Lösung bewirkte eine dreifach stärkere Ölablösung als Wasser allein und somit eine 60%ige Reinigung. Später wird zu diesem Unfall bilanziert, dass 20% des ausgelaufenen Öls sich verflüchtigt hätten bzw. der Photolyse unterlagen; 50% wurden biologisch abgebaut, entweder *in situ* (Küste) oder in der Wassersäule; 14% wurden gesammelt oder beseitigt; weniger als 1% blieben in der Wassersäule; 2% verblieben als inertes Material an der Küste und 13% im Sediment [Wolfe et al. 1994; Mueller et al. 1992].

Hinsichtlich der Ölkatastrophe am wärmeren Persischen Golf 1991 wurde von Höpner [1991] zwischenzeitlich resümiert, dass die guten Voraussetzungen für den Ölabbau im offenen Meer nicht für die Buchten gelte; er erwartet auch ausgedehnte Schäden auf dem Meeresgrund.

5.3   Biotenside im Test zur Bodensanierung (Altlasten)

Die Schadstoffpalette in Böden reicht von industriellen Abfällen (u.a. polychlorierte Biphenyle, Trichlorethylen, Pentachlorphenol und Dioxin), über polyaromatische Kohlenwasserstoffe, Rohöle, Raffinerie-Produkte (Kerosin, Benzin, Dieseltreibstoff, Benzol, Toluol) und Pestizide zu anorganischen Schwermetallen wie z.B. Cadmium.

Nach Franzius [1991] kommen zur Bodensanierung grundsätzlich folgende Verfahrenstechniken in Frage:

- thermische Verfahren
- chemisch-physikalische Verfahren
- Bodenluftabsaugverfahren
- biologische Verfahren.

Biologische Verfahren zielen auf den beschleunigten Abbau vorhandener organischer Verbindungen durch Aktivierung und Optimierung bereits vorhandener Bakterien sowie durch Zugabe von Starterkulturen oder Tensiden ab. Im Gegensatz zu den anderen Methoden werden biologische Verfahren sowohl *on site / off site* als auch eingeschränkt *in situ* getestet und angewendet. Im folgenden werden insbesondere diejenigen biologischen Verfahren vorgestellt, bei denen der Einfluss von Biotensiden untersucht wurde.

5.3.1 Rhamnoselipide im Test zur Bodensanierung

Die Rhamnoselipide R1 und R2 werden sehr häufig in einführenden Solubilisierungsexperimenten bis hin zum mikrobiellen Ölabbau im Bodenfestbett eingesetzt. Sie erhöhen die Dispersion von Octadecan in Wasser und tragen außerdem zu einer vierfach stärkeren Mineralisierung dieses Kohlenwasserstoffs durch *Pseudomonas aeruginosa* in Submerskultur bei [Zhang & Miller 1992, Beal & Betts 2000]. Sie verbessern die Hydrophobizität von langsam n-Alkan-abbauenden Pseudomonaden, woraufhin relativ zur Kontrolle die Biodegradation schneller verläuft [Zhang & Miller 1994]. Der Methylester des Dirhamnoselipids trägt in viel stärkerem Maße als das native Glycolipid zum mikrobiellen Abbau durch verschiedene Pseudomonaden bei [Zhang & Miller 1995]. Auf künstlich belasteten Sandböden zeigt sich zum einen ein fördernder Einfluss des Monorhamnoselipids auf den Transport von mikrobiellen Alkanabbauern in der Sandbodensäule [Bai et al. 1997a], sowie auf den Transport von ^{14}C-Hexadecan durch zwei Sandtypen mit verschiedenen Korngrößen [Bai et al. 1997b]. Auch sollen Rhamnoselipide in dieser Sandmatrix zu einer Verkürzung des n-C16-Abbaus durch *Pseudomonas* sp. R4 beitragen [Herman et al 1997].

Werden Böden unter wirklichkeitsnäheren Bedingungen mit Rhamnolipide supplementiert, d.h. dass Böden mit höherem Lehmgehalt und Öle mit (poly)aromatischen und chlorierten Bestandteilen einem Entölungsprozess in Langzeitversuchen (2 Monate) unterworfen wurden, wird beobachtet, dass extrazelluläre Tenside von *Pseudomonas aeruginosa* UG2 in geringer Konzentration den biologischen Abbau von n-C14, n-C16 und Pristan durch die natürliche Bodenpopulation beschleunigen, nicht aber den Abbau von 2-Methylnaphthalin [Jain et al. 1992].

Die Fähigkeit, polycyclische Aromaten und chlorierte Aromaten von verschiedenen Böden in einer Wasserphase lösen zu können, hängt stark vom Bodentyp ab, der Zeit für die artifizielle Bodenverölung und der Eigenadsorption der Biotenside an den Bodenpartikeln[van Dyke et al. 1993a].

Bei Vergleichsstudien zur Ablösung von polycyclischen Aromaten und polychlorierten Biphenyl-Verbindungen aus Lehmboden durch definierte Biotenside (u.a Emulsan) und zellfreie Kulturüberstände erwiesen sich die Rhamnolipide von *Pseudomonas aeruginosa* UG2 als am besten geeignet [van Dyke et al. 1993b]. Weitergehende Experimente mit 0,05-0,3% wässriger Rhamnolipidlösung erzielten gute Wirkung auf die Entfernung eines Modellöls, bestehend aus aliphatischen und aromatischen Kohlenwasserstoffen, aus einer gepackten Bodensäule [Scheibenbogen et al. 1994]. Bei Untersuchungen zur mikrobiellen Mineralisierung von Phenanthren, das künstlich an Lehmboden gebunden war, zeigen Rhamnoselipide einen leicht inhibierenden Effekt. Auf den Abbau von Phenanthren in tatsächlichen Altlast-Bodenproben wirken sie sich jedoch leicht förderlich aus [Providenti et al. 1995].

Ein ähnlicher Altlastboden diente Deschênes et al. [1996], um über 45 Wochen hinweg den biologischen Abbau der Kontaminanten ohne bzw. in Gegenwart unterschiedlicher Mengen an Rhamnoselipid und SDS zu kontrollieren. Dreiring-PAKs (Fluoren, Phenanthren, Anthracen) werden schnell abgebaut, Vierring-PAKs (Fluoranthen, Pyren u.a.) langsamer und hochmolekulare PAKs überhaupt nicht. Die Tenside wirkten nicht förderlich, bei Zusätzen von >100 µg g^{-1} Boden eher inhibierend, was auf den bevorzugten Abbau ihrer eigenen Strukturen zurückgeführt wird.

5.3.2 Übrige Biotenside im Test zur Bodensanierung

Über anwendungstechnische Tests anderer Biotenside liegen bisher wenige Publikationen vor. Zum erfolgreichen Einsatz des Sophoroselipids (-diacetat, -lacton) beim biologischen Abbau von Kohlenwasserstoffen und ihren chlorierten Derivaten in kontaminiertem Boden liegen Arbeiten von Kosaric & Lu [1992] bzw. Kosaric [1996] vor. Das Herbizid Metalochlor [2-Chloro-N-(2-ethyl)-6-methyl-phenyl)-N-(2-methoxy-1-methylethyl)-acetamid] wird signifikant stärker durch die Bodenpopulation abgebaut, wenn das Biotensid in einem gerührten Feststoff-haltigen System zugegeben wird. Das gleiche gilt für den Abbau von 2,4-Dichlorphenol und Naphthalin. Sojabohnen-Lecithin (97% Phospholipid-Gehalt) verdoppelt die Eliminierungsgeschwindigkeit von Phenanthren und Fluoranthen durch drei Bakterien unter realitätsfernen Bedingungen [Soeder et al. 1996]. Bei Verwendung des Lipopolysaccharids Emulsan zum Ölabbau wird eine Verminderung des biologischen Abbaus beobachtet. Die Autoren erklären diesen Effekt damit, dass das Biotensid den Kontakt der Zellen und der hydrophoben Kohlenstoffquellen verhindert [Foght et al. 1989].

Künstlich belastete Böden wurden sowohl im gerührten Bioreaktor (Submerskultur) als auch im Festbettreaktor sowie ohne bzw. mit Supplementierung auf Ölabbau getestet. Oberbremer & Müller-Hurtig [1989] und Oberbremer et al. [1990] registrierten einen Abbau des verwendeten Modellöls in der Reihenfolge Naphthalin, Cycloparaffin, Isoparaffin, Aromaten und n-Alkane. Ein Zusatz von Sophoroselipid verdoppelt die Ölabbaurate. Zum Schluss wird dieses Tensid sowie auch andere eingesetzte Glycolipide mineralisiert. Goclik et al. [1990] zeigten, dass im Vergleich zum Ölabbau durch die natürliche Bodenpopulation mit Hilfe von zugesetztem *Rhodococcus erythropolis* (Trehalose-Bildner) eine Verkürzung der Adaptionsphase bei der Modellöl-Verwertung eintritt. Von Beginn an eingesetzte Trehalose-dicorynomycolate übertreffen dieses Ergebnis nochmals. Mit realem Altlastboden, der mit Dieselöl kontaminiert war, führten Häusler et al. [1992] biologische Abbautests durch, die in Gegenwart von Sophoroselipid und insbesondere des chemischen Tensids Marlipal 013/70 (Hüls AG, Marl, Deutschland) in einem verstärkten Kohlenwasserstoffabbau endeten. In einem Boden-Festbettreaktor wurden zum Dieselölabbau Rhamnoselipide bzw. Rhamnoselipid-Produzenten, *Pseudomonas* sp. DSM 2874, zugegeben; [Czeschka et al. 1992] daraus resultierte eine kurzzeitige (Adaption) Verbesserung des Abbaus. Nach weiteren Untersuchungen, die neben der (Bio)Tensid-Zugabe auch eine Supplementierung mit Starterkulturen beinhalteten, konnte abschließend folgendes Resümee gezogen werden:

Bei Supplementierung wird eine Verkürzung der Hauptabbauphase in den Submerskulturen und eine bis zu 50% erhöhte maximale Abbaurate (g KW/kg Boden * Tag) im System des belüfteten Festbetts beobachtet. Bei synthetischen Tensiden kann es aber auch je nach Toxizität zu einer Hemmung der Abbauphase kommen. Die Steigerung der Abbaurate in der Hauptabbauphase führt nicht, wie erwartet, zu einer Verringerung der erreichten Restkontamination bei Abbruch der Versuche nach 300 h (Submerskultur) bzw. 98 Tagen (belüftetes Festbett). Dagegen verbleiben KW-Belastungen, insbesondere polycyclische Aromaten, die bis zu 100% über den durch die Referenzkultivierung erreichten Werten liegen [Wagner et al. 1995].

Übersichten und Einschätzungen zum möglichen Einsatz von Biotensiden in der Bodensanierung sind zu finden bei Müller-Hurtig et al. [1993] und Finnerty [1994].

In Studien zur Altlastsanierung bei Einsatz von chemisch synthetisierten Tensiden werden ähnlich wie bei den biologischen Tensiden Erfolge und Misserfolge berichtet [Liu et al. 1995; Rouse et al. 1994]. Als Beispiele seien hier die stimulierenden aber auch die inhibierenden Effekte eines nichtionischen Polyethylenglycols bei der Phenanthren- und Biphenyl-Mineralisierung [Aronstein & Alexander 1993] sowie eines nicht näher definierten technischen Produkts beim Pyrenabbau unter ungesättigten bzw. gesättigten Bedingungen erwähnt [Thibault et al. 1996].

Positiv auf den Phenanthrenabbau im Boden wirken kleine Mengen nichtionischer Alkoholethoxylate, die keine Aromaten-Desorption verursachen können [Aronstein et al. 1991]. Mikrobiellen PAK-Abbauern zugesetzte nichtionische Tenside Brij 30 und Triton X-100 verbessern die Naphthalin-Mineralisierung nicht, sind aber auch nicht schädlich [Liu et al. 1995].

Auch die Dekontamination schwermetallbelasteter Areale ist ein Testfeld für Biotenside. Wenn Emulsan in die Grenzfläche n-Hexadecan/Wasser gebracht wird, werden mehr als 3,5 µMol Uranium-Ionen (UO_2^{2+}) pro 1 mg Emulsan gebunden [Zosim et al. 1983]. Rhamnoselipide werden zur Komplexierung von Pb^{2+}-, Zn^{2+}- und Cd^{2+}-Ionen eingesetzt. Die maximale Bindungskapazität beträgt auf molarer Basis 0,2 Cd^{2+}/Rhamnoselipid. Die berechnete Stabilitätskonstante für auf molarer Basis 0,2 Cd^{2+}/Rhamnoselipid. Die berechnete Stabilitätskonstante für Cadmium-Rhamnoselipid (logK = -2,47) liegt höher als jene, die für Cadmium-Sediment und Cadmium-Huminsäure berichtet werden [Tan et al. 1994; Betts 1997].

5.4 Biologische Aktivitäten von Tensiden, insbesondere von mikrobiellen Glycolipiden

Tenside, die in der Körperpflege oder beim Reinigen von Textilien und harten Oberflächen im Haushalt und im industriellen Bereich benutzt werden, müssen unter dem Gesichtspunkt der Humantoxikologie sowie der aquatischen Toxizität untersucht werden. Hinsichtlich der hier vorherrschenden Tenside aus chemischer Synthese sind kürzlich Methoden und Ergebnisse zur Haut- bzw. Schleimhautverträglichkeit, Augenreizung, Kanzerogenität und Embryotoxizität und andrerseits zur Wirkung auf das Wachstum von Bakterien, Algen, Daphnien und Fischen umfassend beschrieben worden. [Künstler 1993; Aulmann & Sterzel 1997; Schöberl & Scholz 1993; Steber et al. 1997] Sollten mikrobielle Tenside in Zukunft aus Gründen ökonomischer Machbarkeit und geeigneter physiko-chemischer Eigenschaften ebenfalls in Anwendungsbereiche gelangen, die Auswirkungen auf die Umwelt haben könnten, z. B. Bodensanierung, so sind zuvor diese etablierten Standardtests auszuführen.

Im folgenden sollen jedoch nicht diese Fragen, sondern Studien zum möglichen Einsatz von Biotensiden in der Humantherapie sowie im Pflanzenschutz im Mittelpunkt stehen.

5.4.1 Lipopeptide

Mikrobielle Lipopeptide werden *de novo* zwar nicht in so großen Mengen gewonnen wie einige Glycolipide; aufgrund ihrer besonderen biologischen Eigenschaften sind sie jedoch attraktiv für mikrobiologische und molekular-biologische Untersuchungen (Übersichten bei Haferburg et al. [1986] sowie Lang & Wagner [1993b]). Die neueren Verbindungen nach Strukturen geordnet ergeben folgend eÜbersicht:

- Lactonische Lipopeptide
- cyclische Lipopeptide mit β- und α-Aminofettsäuren (u.a. Trapoxine A, B)
- cyclische Lipopeptide mit β-Hydroxyfettsäuren
- cyclische Lipopeptide/Echinocandin-Typ
- Glycolipodepsipeptide.

Viele dieser anionischen bzw. neutralen Substanzen, die Asparagin- bzw. Glutaminsäure-reich sind, inhibieren in Konzentrationen von 0,03-2 µg ml^{-1} das Wachstum von überwiegend aeroben gram-positiven Bakterien wie *Staphylococcus aureus* oder *Streptococcus pneumoniae*. Erst kürzlich berichteten Vollenbroich et al. [1997] über die Antimycoplasma-Wirkung von Surfactin. In *in vitro* Tests können Zellen von *Mycoplasma orale* durch tensidische Desintegration ihrer Membranen von humanen T-lymphoiden Zellinien entfernt werden, ohne letztere zu schädigen.

Die endogenen antimikrobiellen Peptide mit 12-45 Aminosäuren von Pflanzen und Tieren sind typischerweise kationisch (Lysin- bzw. Arginin-reich). Viele zeichnen sich durch antibakterielle (hauptsächlich gegen gram-negative), antiendotoxische, antibiotikumssteigernde oder antifungale Eigenschaften aus. Nach Hancock & Lehrer [1998] werden sie für den Gebrauch als neue Klasse antimikrobieller Agenzien und als Basis für die Herstellung von transgenen krankheitsresistenten Pflanzen und Tieren entwickelt.

5.4.2   Glycolipide

Übersichten zur biologischen Aktivität der hier beschriebenen mikrobiellen Glycolipide haben zunächst Haferburg et al. [1986] und später Lang & Wagner [1993b] vorgelegt. Bei antimikrobiellen Tests bewirkt der anionische Trehalose-2,2',3,4-tetraester keine Wachstumshemmung, ebensowenig das Cellobioselipid, dessen diesbezügliche Eigenschaften in der älteren Literatur sogar konträr dargestellt wurde [Haskins & Thorn 1951; Reed & Holder 1953].

Die Rhamnoselipide 1 und 2 und das Sophoroselipid SL-1 schränken das Wachstum von *Bacillus subtilis* in Konzentrationen von 10-35 µg ml^{-1} (IC$_{50}$) ein [Lang et al. 1989]. Bei Toxizitätstests an marinen Organismen, *Corophium volutator* und *Artemia*, im Rahmen der Studien für Maßnahmen zur Ölpestverhinderung im Norddeutschen Wattenmeer werden für Trehalose- und Rhamnoselipide weniger schädliche Effekte beobachtet als für einige synthetische Detergentien [van Bernem 1984; 1987a,b; Lang et al. 1986; Lang & Wagner 1993c].

In kürzlich durchgeführten antimikrobiellen Tests, in denen die neuartigen Lipo-oligosaccharide, das anionische Glucoselipid sowie Sophorose- und Mannosyl-erythritollipide eingesetzt wurden, ergaben sich die in Tab. 35 wiedergegebenen Daten.

Tab. 35   Wachstums-inhibierende Wirkung neuartiger Glycolipide gegenüber
           Bacillus megaterium.

Glycolipid	IC_{50} ($\mu g\ ml^{-1}$)
Lipopentaglucose	10
Lipotrisaccharid	<100
Lipotetrasaccharid	<50
Glucoselipid (anionisch)	150
2-Dodecyl-sophorosid SL-E-2-12	15
2-Tetradecyl-sophorosid SL-F-2-12	15
1-Dodecyl-sophoroside	25
Sophoroselipid - n-butylamid	10
Mannosyl-erythritollipid MEL A	50

Das grampositive Bakterium *Bacillus megaterium* wird bereits durch geringe
Konzentrationen fast aller Lipide im Wachstum gehemmt.

Das Gemisch der klassischen Sophoroselipide entwickelt starke antibakterielle
und antifungale Eigenschaften gegenüber *Staphylococcus aureus* (IC_{50} <100 µg
ml^{-1}) und *Candida parapsilosis* (IC_{50} <180 µg ml^{-1}). [Krivobok et al. [1994] Für
die Mannosyl-erythritollipide MEL-A und MEL-B existieren IC_{50}-Werte von 3
bis 25 µg ml^{-1} bei *Bacillus subtilis, Micrococcus luteus* und *Staphylococcus
aureus*. [Kitamoto et al. 1993b]
Anionische und nichtionische (Bio)Tenside hemmen eher grampositive als gram-
negative Bakterien, was vermutlich durch die sehr unterschiedlichen Zellwand-
strukturen verursacht wird. [Lang & Wagner 1993b]
Bei dem gramnegativen Bakterium *Acinetobacter calcoaceticus* wird bei
Biotensidzusatz (Sophoroselipide bzw. anionische Rhamnose- und
Trehaloselipide) keine Wachstumshemmung auf n-Hexadecan beobachtet, dafür
aber verstärkte spezifische Aktivitäten von Enzymen: der Malat-Dehydrogenase,
der Glucose-Dehydrogenase [Hommel et al. 1989] bzw. der NADP- und NAD-
abhängigen Fett-aldehyd-Dehydrogenasen. [Münstermann et al. 1992]
Rhamnoselipide wirken auch auf Pflanzen bzw. Pflanzenschädlinge. So
verbessert Rhamnoselipid die Benetzbarkeit von Blattoberflächen, wobei
wahrscheinlich die hydrophobe Wachsschicht abgelöst wird. [Bunster et al.
[1989] Beschrieben ist auch eine antiphytovirale Wirkung dieser Glycolipide bei
den Virus-Wirt-Kombinationen Tabakmosaik-Virus/*Nicotiana glutinosa* und
Kartoffel-X-Virus/*Nicotiana tabacum*. [Haferburg et al. 1987]
Reine Mono- und Dirhamnoselipide besitzen zoosporicide Aktivitäten gegenüber
Spezies dreier repräsentativer Gattungen von zoosporischen Pflanzenpathogenen:
Pythium aphanidermatum, Phytophtora capsici und *Plasmopara lactucae-radicis*.
In Konzentrationen von 5 bis 30 µg ml^{-1} bewirken beide Rhamnoselipide einen

Stillstand der Beweglichkeit und Lysis der gesamten Zoosporenpopulation innerhalb einer Minute, wobei das Dirhamnoselipid etwas besser geeignet erscheint. Die Autoren vermuten eine Interkalation der Glycolipide in die Plasmamembran mit anschließender Zerstörung; die Plasmamembran enthält wahrscheinlich 51% Protein und 49% Lipid, kaum Phospholipide, dafür Glycolipide und Neutrallipide. Andere Biotenside, wie Sophorose-, Trehaloselipide und Surfactin, zeigen keine Aktivität bis zu 1.000 µg ml^{-1} [Stanghellini & Miller [1997].

Immer interessanter wird die Wirkung von Biotensiden auf tierische und menschliche Zellen bzw. Zellinien. Möglich erscheinen medizinische Anwendungen als Emulgierhilfen für den Wirkstofftransport zum Wirkort, als Lungentensid-Supplementierung oder als Adjuvants für Vakzine bei der Immunantwort. Der letztgenannte Aspekt sowie Studien zu Antitumortests bilden im folgenden die Schwerpunkte [Kosaric 1996].

Eine der lebensnotwendigen Aufgaben des Immunsystems von Säugetieren ist der Schutz vor Infektionen. Dies gelingt durch ein Netzwerk von Interaktionen verschiedener lymphoider (B- und T-Lymphozyten) und phagozytierender Zellen (Monozyten, Makrophagen, Granulozyten) über Bildung und Freisetzung mehrerer Aktivierungs-, Wachstums- und Differenzierungsfakoren, z.B. Interleukin I, Interleukin II, Tumor-Nekrose-Faktor. Infektiöse Keime werden dadurch selektiv neutralisiert und eliminiert, die körperliche Unversehrtheit bleibt im Normalfall erhalten.

In einigen Fällen ist es jedoch angezeigt, das Abwehrsystem pharmakologisch zu unterstützen, entweder im Sinne einer Immunstimulation oder einer Immunsupression. Die Verstärkung der Immunantwort auf bestimmte körperfremde Strukturelemente (Antigene), die spezifische Immunstimulation, wird bei Impfungen (Vakzinierungen) angestrebt.

Neuentwickelte Vakzine in reiner Form sind weniger immunogen und müssen zusammen mit Adjuvantien, die die spezifische Immunantwort auf Antigene verstärken, verabreicht werden.

Lockhoff [1991] synthetisierte Glycosylamide mit zwei langen Alkylketten, die bei der primären humoralen Immunantwort (Synthese von Antikörpern der Klasse IgM) von Milz-Zellkulturen (Maus) auf Schafserythrozyten als Antigene eine dosisabhängige Steigerung der Zahl antikörperbildender Zellen von 1-100 µg ml^{-1} induzierten. Von besonderer Bedeutung ist dieser Effekt, da er prinzipiell von T-Lymphozyten unabhängig ist und die Steigerung der Antikörpersynthese antigenabhängig und nicht das Ergebnis einer unspezifischen, polyklonalen Stimulation ist. Von Gorbach et al. [1994] synthetisierten Chitooligo-saccharidlipide, die gewisse Strukturelemente des Lipids A von gram-negativen Bakterien aufweisen. Diese Lipide zeichnet eine nur geringe Toxizität und eine definierte immunstimulierende (Interleukin I, TNF) und Antitumor-Aktivität (Erlich Carcinom) in Mäusen aus.

Mikrobiell erzeugte Glycolipide steuern zu dieser Thematik ebenfalls positive Aspekte bei. So wurde zwar Trehalose-6,6'-dimycolat (TDM, Cord-Faktor) von *Mycobacterien, Nocardien* und *Rhodococci* einerseits nur als toxisches Glycolipid in Verbindung mit der Tuberkulose-Infektion betrachtet, [Goren 1972] andererseits werden immunmodulierende Aktivitäten gegenüber Leukämiezellen und Grippeviren beobachtet [Leclerc et al. 1976; Azuma et al. 1988].

Maus-Makrophagen, die zuvor mit Trehalose-6,6'-dimycolat von *Mycobacterium tuberculosis* behandelt wurden, verhindern Tumorwachstum. Die beobachtete Aktivität ist gekoppelt an die Gegenwart von Lipopolysaccharid aus *Salmonella enteritidis* [Grand-Perret et al. 1986]. Eine stärkere Lysis von Tumorzellen und zudem ohne stimulierendes Lipopolysaccharid bewirkt eine Vorbehandlung der Maus-Makrophagen mit Trehalose-2,3,6'-trimycolat von *Gordona aurantiaca* (= *Rhodococcus aurantiacus)*. Nach Zugabe von *E. coli* geben die Makrophagen noch mehr Superoxid (O_2^-), TNF und Interleukin I ab [Furukawa et al. 1990; Ohtsubo et al. 1991].

Pseudomonas aeruginosa produziert mehrere extrazelluläre Virulenzfaktoren, zu denen neben Proteasen (Elastase, alkalische Protease), Phospholipase C und Exotoxin A auch Rhamnoselipide gehören [Holst et al. 1996; Stanislavsky & Lam 1997]. Den letzteren werden cilostatische (Mikrotubuli betreffende) sowie Phospholipase-C-Aktivität steigernde Eigenschaften zugeschrieben [McClure & Schiller 1992; Read et al. 1992].

Auch werden biologische Aktivitäten von Biotensiden auf humane promyelocytische leukämische Zellinien wie HL60 oder U937 gefunden. Neben einem wachstumsinhibierenden Effekt induzieren das Succinoyl-Trehaloselipid STL-1 von *Rhodococcus erythropolis* SD-74 monocytische Differenzierung und das Mannosyl-erythritollipid von *Candida antarctica* T34 granulozytische Differenzierung. Tests zur NBT-Reduktion, Phagocytose-Aktivität und zum Fc-Rezeptor dienen als Zelldifferenzierungs-Methoden [Isoda et al. 1995; 1997a]. STL-1 bewirkt die Hemmung der Zellinie U937 sowie die Induktion der Differenzierung in Monocyten/Makrophagen. Außerdem aktiviert es diese U937-Zellen derart, dass sie einen cytotoxischen Effekt auf die humane Lungenkrebszellinie A549 verursacht, nicht aber auf die normale Lungenzellinie TIG-1 [Isoda et al. 1996].

Bekannt ist, dass ubiquitäre humane Membrankomponenten wie Ganglioside und Glycosphingolipide Zellwachstum, Adhäsion und Transmembran-Signalübertragung während Oncogenese, Differenzierung und oncogener Transformation modulieren, da die Glycolipid-Zusammensetzung und der Glycolipid-Metabolismus verändert sind [Hakomori & Igarashi 1992]. Vor diesem Hintergrund haben Isoda et al. [1997b] bei HL60-Zellen die hierfür verantwortlichen Produkte aufgespürt und die HL60-Zellen zusätzlich mit STL-1 bzw. MEL behandelt. Sie finden eine Inhibierung der Serin/Threonin-Phosphorylierungen an Protein-Kinase C in intakten HL60-Zellen durch G_{M3} (natürlich vorkommendes Glycolipid in HL60) und durch das Mannosyl-erythritollipid, nicht aber durch LacCer (natürlich vorkommend) und STL-1. Höhere G_{M3} -Konzentration führt aber auch für STL-1 zu einem inhibitorischen Effekt. Vergleichsstudien mit anderen, auch kommerziellen Produkten beweisen, dass ein Detergenz-Effekt ausgeschlossen werden kann. Hier sei angemerkt: Inhibitoren der Protein-Kinase C besitzen ein großes Potential als Antitumormittel, Phorbolester hingegen aktivieren Protein-Kinase C und wirken tumorstimulierend.

In einer weiteren Arbeit mit HL60-Zellinien werden andere mikrobielle Glycolipide mit einbezogen [Isoda et al. [1997a]. Alle getesteten Verbindungen außer Rhamnoselipid induzieren Zelldifferenzierung anstatt Zellwachstum. MEL-A, MEL-B und das Polyollipid von *Aureobasidium* sp. A21 bewirken eine Differenzierung in Granulozyten, Sophoroselipid (Lacton), STL-1 und STL-3 in Monozyten. Diese sechs Substanzen inhibieren auch die Aktivität der Phospholipid- und Ca^{2+}-abhängigen Protein-Kinase C.

Mannosyl-erythritollipide induzieren neuronale Differenzierung in PC 12-Zellen über eine Signalkaskade, wie Wakamatsu et al. kürzlich publizierten [2001].

5.5 Biologischer Abbau von (Bio)Tensiden

Naturstoffe sind biologisch abbaubar, da sie durch Enzymreaktionen synthetisiert werden und alle bekannten enzymatischen Umsetzungen grundsätzlich umkehrbar sind.

Verbindungen, die aus technischen Synthesen hervorgegangen sind, unterliegen dieser Regel nicht zwangsläufig, sondern nur dann, wenn ihre chemische Konstitution und Konfiguration derjenigen biogener Stoffe entspricht oder ähnelt.

Tenside stellen für die umsetzenden Organismen, in der Regel Bakterien, einen Sonderfall dar. Die Oberflächenaktivität erleichtert zwar den Kontakt der Bakterien mit dem Substrat, kann aber auf die Membranlipide solubilisierend und damit schädigend wirken. Auf diese Weise können in der Membran Öffnungen entstehen, die den Austritt des Cytoplasmainhalts ermöglichen. Andererseits existieren Bakterien, die hohe Tensidkonzentrationen schadlos überstehen und diese gut metabolisieren.

Die gesetzlich vorgeschriebenen Methoden zur Bestimmung des Totalabbaugrades beinhalten:

- Gelöster, organisch-gebundener Kohlenstoff (DOC, dissolved organic carbon)
- Chemischer Sauerstoffbedarf (CSB, engl. COD)
- Biochemischer Sauerstoffbedarf (BSB, engl. BOD)
- Kohlendioxid-Evolution (CO_2).

Praktische Erfahrungswerte hinsichtlich des Abbaus chemisch synthetisierter Tenside wurden von Schöberl [1993] und Steber et al. [1997] zusammengefasst. Bei Biotensiden erfolgten solche detaillierten Untersuchungen bisher nur für Emulsan [Shoham et al. 1983; Shoham & Rosenberg 1983]. In einigen hier zitierten Studien, z.B. bei Bioreaktorkultivierungen oder insbesondere beim Test in Bodensanierungsexperimenten, wird allerdings auf den biologischen Abbau aufmerksam gemacht. Glycosidische und Ester-Bindungen sowie größtenteils bekannte Zuckermonomere wie Glucose und (Hydroxy)Fettsäuren sollten von denjenigen Mikroorganismen, die nicht durch anionische bzw. nichtionische Biotenside inhibiert werden, abbaubar sein.

6 ZUSAMMENFASSUNG UND AUSBLICK

Diese Arbeit will einen umfassenden Überblick über das publizierte Schrifttum zum Thema Biotenside gewähren. Es werden sowohl die mikrobiell erzeugten Biotenside wie auch die durch Enzym-Katalyse synthetisierbaren Tenside vorgestellt. Besonderes Gewicht wird auf die Glycolipide gelegt.

Nach einer Einführung in den Begriff der Tenside allgemein, gekoppelt mit deren wichtigen physiko-chemischen Parametern und den diese Parameter ermittelnden Messmethoden werden die wichtigsten Biotenside genannt und mit ihren chemischen Strukturen aufgeführt.

Ein weiteres Kapitel ist u.a. den Screening-Methoden, den Tensid-Tests, den Kultivierungsgrundlagen von Mikroorganismen und vor allem auch der Aufdeckung von Biosynthesewegen und deren regulatorischen Mechanismen gewidmet.

Geordnet nach den Zucker-Strukturklassen werden im Hauptkapitel dieser Monographie (4. Kapitel) die Glycolipide mit biotechnologischem Potential behandelt. Hier werden die klassische Methoden erwähnt wie auch die neuesten Entwicklungen in der mikrobiellen Herstellung von Glycolipiden auch ungewöhnlicher Molekülstrukturen. Im Einzelnen werden die Lipide der Trehalose, Rhamnose, Glucose, Sophorose sowie Cellobiose und Mannose und zusätzlich die von Oligosacchariden präsentiert. Dabei wird eingegangen auf das jeweilige Wissen zu den mikrobiellen Produzenten, auf die chemischen Strukturen, die Biosyntheseuntersuchungen sowie auf die jeweiligen Tensideigenschaften. Ein Unterkapitel beschreibt eine kleine Auswahl auch anderer, vor allem Glyco-Glycerolipide.

Abgeschlossen wird dieses umfangreichste Kapitel mit den vielversprechenden enzymatischen Synthesemöglichkeiten von Biotensiden. Hierin enthalten sind die Synthesen mittels Lipasen, Proteasen und Glucosidasen. Tabellarisch wird versucht, einen möglichst umfassenden Literaturüberblick zu geben, wobei die wichtigsten Literaturbeiträge bis zum Ende des letzten Jahrhunderts berücksichtigt wurden.

Inhaltlich abgeschlossen wird das vorliegende Buch mit dem Anwendungspotential von Biotensiden, beginnend (wie auch historisch) mit dem Einsatz bei der tertiären Erdölförderung. Ihre Umwelttechnische Relevanz wird deutlich im Einsatz gegen die Verschmutzung der Meere und gegen die von Böden. Das enorme Potential, das von Biotensiden im pharmazeutischen Sektor in jüngster Zeit immer stärker in den Vordergrund tritt, kann hier nur angedeutet werden. Ihre biologischen Wirkungen reichen von einfacher Wachstumshemmung pathogener Keime über die Induktion von Differenzierung in Makrophagen bis hin zur Inhibierung von Tyrosin-Kinase C, also bis hin zu potentiellen antitumor-aktiven Substanzen.

In Abhängigkeit von ihrem molekularen Aufbau sind einige Biotenside, die hydrophileren, für o/w Emulsionen geeignet. Die mehr lipophilen Verbindungen sind eher als Netzmittel interessant.
Mit Blick auf mögliche industrielle Anwendungsfelder scheint der Gebrauch von Biotensiden als Bulkprodukt für Reinigungszwecke zur Zeit zweifelhaft. Der guten Performance der Produkte zum Trotz ist deren Herstellung im biotechnologischen Prozess (außer der Sophoroselipid-Produktion) nicht konkurrenzfähig zur chemischen Synthese.
Da jedoch einige Lipopeptide und Glycolipide biologische Aktivitäten zeigen, sind sie interessant für den Gebrauch als antibiotische, antiphyto-pathogene oder als antitumorale Agenzien sowie als Adjuvantien in der Immunologie. Zudem scheint der Kosmetikbereich ein vielversprechendes Anwendungsfeld zu werden.

Einige wertvolle Kohlenhydratrückgrate und optisch-aktive Hydroxyfettsäuren, die aus der Hydrolyse nativer bakterieller oder pilzlicher Glycolipide gewonnen werden können, sind von wachsendem Interesse als chirale Bausteine für die organische Synthese von, z.B., optisch-aktiven Agenzien oder Aromastoffen.

Fortschritte sind in den nächsten Jahren von der Biokatalyse zu erwarten, wenn die derzeitigen Probleme bei der Glycolipidbildung durch rationales Design, bei der gezielten Evolution (directed biosynthesis) der Enzyme sowie bei der Integration neuer Reaktionsprozesse ausgeräumt sind.
Vieles deutet daraufhin, als habe der rasche Fortschritt in der enzymatischen Katalyse, die immer öfter bereits zu maßgeschneiderten Produkten führt, auch in der Tensidindustrie ein verstärktes Echo gefunden.

7 ABKÜRZUNGEN UND SYMBOLE

7.1 Abkürzungen

ACP	Acyl-Carrier-Protein
ATCC	American Type Culture Collection, Rockville, Md, USA
ATP	Adenosintriphosphat
CL	Cellobioselipid
CoA	Coenzym A
cmc	critical micelle concentration
CSTR	Continuously stirred tank reactor
d	Dalton
DMF	N,N-Dimethylformamid
DMSO	Dimethylsulfoxid
DSC/DC	Dünnschichtchromatographie
DSM(Z)	Deutsche Sammlung für Mikroorganismen (und Zellkulturen)
EDTA	Ethylendiamintetraacetat
ELISA	Enzyme-linked immunosorbent assay
FAB-MS	Fast Atom Bombardment Mass Spectrometry
FID	Flammenionisationsdetektor
GC	Gaschromatographie
GC-MS	gekoppelte Gaschromatographie-Massenspektrometrie
HLB	Hydrophilic lipophilic balance
HPLC	Hochdruckflüssigkeitschromatographie
KW	Kohlenwasserstoff
MEL	Mannosyl-erythritollipid
MS	Massenspektrometrie
n.b.	nicht bestimmt
NBT	Nitroblau-tetrazolin Farbstoff
NMR	Nuclear Magnetic Resonance
o/w	oil-in-water emulsion
PAK	Polyaromatischer Kohlenwasserstoff
PCR	Polymerase chain reaction
PEP	Phosphoenylpyruvat
Pi	anorganisches Phosphat
RL	Rhamnoselipid
RQ	Respiratorischer Quotient
SDS	Sodium dodecylsulphate

SL	Sophoroselipid
TDP	Thymidin-diphosphat
TOF-SIMS	Time of flight-Secondary ion mass spectrometry
TL	Trehaloselipid
UDP	Uridin-diphosphat
w/o	water-in-oil emulsion
YE	Yeast Extract
YM-Medium	4 g l^{-1} Hefeextrakt, 10 g l^{-1} Malzextrakt, 4 g l^{-1} Glucose

7.2 Symbole

γ_{min}	[mN m^{-1}]	minimale Grenzflächenspannung (Wasser/Öl)
IC_{50}	[µg l^{-1}]	Inhibitory Concentration (50%)
μ_{max}	[h^{-1}]	maximale spezifische Wachstumsrate
π	[mN m^{-1}]	Filmdruck
pO_2	[%]	Sauerstoffpartialdruck
P_S	[g g^{-1} h^{-1}]	substratbezogene Produktivität
P_V	[g l^{-1} h^{-1}]	volumenbezogene Produktivität
Q_{CO2}	[g l^{-1} h^{-1}]	Kohlendioxidbildungsrate
Q_{O2}	[g l^{-1} h^{-1}]	Sauerstoffverbrauchsrate
RT	[°C]	Raumtemperatur
S	[g l^{-1}]	Substratkonzentration im Zulauf
σ_{min}	[mN m^{-1}]	minimale Oberflächenspannung (Wasser/Luft)
Upm	[min^{-1}]	Umdrehungen pro Minute
v/vm	[min^{-1}]	Volumen pro Volumen und Minute
X	[g l^{-1}]	Biomasse
$Y_{P/S}$	[g g^{-1}]	substratbezogener Produktertragskoeffizient
$Y_{P/X}$	[g g^{-1}]	biomassebezogener Produktertragskoeffizient

8 LITERATURVERZEICHNIS

Abu-Ruwaida AS, Banat IM, Haditirto S, Salem A & Kadri M (1991) Isolation of biosurfactant-producing bacteria: product characterization, and evaluation. Acta Biotechnol 11: 315-324

Aha B, Berger M, Haase B, Hermann J, Keil O, Machmüller G, Müller S, Waldinger C & Schneider M (1997a) Tenside aus nachwachsenden Rohstoffen. In: Nachwachsende Rohstoffe - Perspektiven für die Chemie, Tagungsband, (pp 66-78), Hrsg. Deutsches Bundesministerium für Ernährung, Landwirtschaft und Forsten, Köllen Druck, Bonn

Aha B, Berger M, Haase B, Hermann J, Keil O, Machmüller G, Müller S, Waldinger C & Schneider M (1997b) Tenside aus nachwachsenden Rohstoffen. In: Chemie nachwachsender Rohstoffe, Tagungsband, Hrsg. Österr. Bundesministerium für Umwelt, Jugend und Familie (pp 206-210), Radinger, Scheibbs

Akoh CC & Mutua LN (1994) Synthesis of alkyl glycoside fatty acid esters: effect of reaction parameters and the incorporation of n-3 polyunsaturated fatty acids. Enzyme Microb Technol 16: 115-119

Albrecht A, Rau U & Wagner F (1996) Initial steps of sophoroselipid biosynthesis by *Candida bombicola* ATCC 22214 grown on glucose. Appl Microbiol Biotechnol 46: 67-73

Alugupalli S, Portaels F & Larsson L (1994) Systematic study of the 3-hydroxy fatty acid composition of *Mycobacteria*. J Bacteriol 176: 2962-2969

Amato S, Vanik J & Kocka FE (1980) Identification of *Pseudomonas aeruginosa* with the API-20E system. Can J Microbiol 26: 554-555

Ampon K, Salleh AB, Teoh A, Yunus W, Razak WMZ & Basri M (1991) Sugar esterification catalysed by alkylated trypsin in dimethylformamide. Biotechn Lett 13: 25-30

Andresen O & Kirk O (1995) Fatty acid esters of ethyl glucoside, a unique class of surfactants. In: Carbohydrate Bioengineering, in: Progress in Biotechnology, Proceedings, Vol.10 (pp 343-349), Petersen SB, Svensson B & Pedersen S (eds), Elsevier, Amsterdam, Lausanne, New York, Oxford, Shannon, Tokyo

Arima K, Kakinuma A & Tamura G (1968) Surfactin, a crystalline peptide lipid surfactant produced by *Bacillus subtilis* : isolation, characterization and inhibition of fibrin clot formation. Biochem Biophys Res Commun 31: 488-494

Arino S, Marchal R & Vandecasteele J-P (1996) Identification and production of a rhamnolipidic biosurfactant by a *Pseudomonas* species. Appl Microbiol Biotechnol 45: 162-168

Aronstein BN, Calvillo YM & Alexander M (1991) Effect of surfactants at low concentrations on the desorption and biodegradation of sorbed aromatic compounds in soil. Environ Sci Technol 25: 1728-1731

Aronstein BN & Alexander M (1993) Effect of a non-ionic surfactant added to the soil surface on the biodegradation of aromatic hydrocarbons within the soil. Appl Microbiol Biotechnol 39: 386-390

Asbell MA & Eagon RG (1966) The role of multivalent cations in the organization and structure of bacterial cell walls. Biochem Biophys Res Commun 22: 664-671

Asmer H-J, Lang S, Wagner F & Wray V (1988) Microbial production, structure elucidation and bioconversion of sophorose lipids. J Am Oil Chem Soc 65: 1460-1466

Asmer H-J (1991) Trehaloselipid-Bildung: Untersuchungen zur Substratspezifität und biochemischen Acylierung von Trehalose durch das marine Bakterium *Arthrobacter* spec. EK1. Dissertation TU Braunschweig

Asmer H-J, Göbbert U, Kleppe F, Multzsch R, Schmeichel A, Steffen B, Lang S & Wagner F (1992) Selektive Veresterung von Fettsäuren mit Kohlenhydraten zu Glykolipiden. In: BMFT-Forschungsverbundvorhaben „Neue Einsatzmöglichkeiten nativer Öle und Fette als Chemierohstoffe", Tagungsband (pp 34-54), Hrsg. Forschungszentrum Jülich GmbH, WEKA, Linnich

Asselineau C & Asselineau J (1978) Trehalose-containing glycolipids. In: Progress in the chemistry of fats and other lipids, Vol 16 (pp 59-99), Pergamon Press

Atlas RM & Bartha R (1992) Hydrocarbon Biodegradation and oil-spill bioremediation. Adv Microbiol Ecol 12: 287-338

Atlas RM (1993) Bacteria and bioremediation of marine oil-spills. Oceanus 36: 71-81

Aulmann W & Sterzel W (1997) Toxicology of alkyl polyglycosides. In: Hill K, Rybinski W v & Stoll G (eds) Alkyl Polyglycosides (pp 151-167). VCH, Weinheim, New York, Basel, Cambridge, Tokyo

Azuma M, Sazaki K, Nishikawa Y, Takahashi T, Shimoda A, Suzutani T, Yoshida I, Sakuma T & Nakaya K (1988) Correlation between augmented resistance to influenza virus infection and histological changes in lung of mice treated with trehalose-6,6'-dimycolate. J Biol Response Mod 7: 473-482

Babu PS, Vaidya AN, Bal AS, Kapur R, Juwarkar A & Khanna P (1996) Kinetics of biosurfactant production by *Pseudomonas aeruginosa* strain BS2 from industrial wastes. Biotechnol Lett 18: 263-268

Baer HH & Wu X (1993) Synthesis of α,α-trehalose 2,3- and 2,3'-diesters with palmitic and stearic acid: potential immunoreactants for the serodiagnosis of tuberculosis. Carbohydr Res 238: 215-230

Bagi K & Simon LM (1999) Comparison of esterification and transesterification of fructose by porcine pancreas lipase immobilized on different supports. Biotechnol Techn 13: 309-312

Bai G, Brusseau ML & Miller RM (1997a) Influence of a rhamnolipid biosurfactant on the transport of bacteria through a sandy soil. Appl Environ Microbiol 63: 1866-1873

Bai G, Brusseau ML & Miller RM (1997b) Biosurfactant-enhanced removal of residual hydrocarbon from soil. J Contaminant Hydrol 25: 157-170

Banat IM, Samarah N, Murad M, Horne R & Banerjee S (1991) Biosurfactant production and use in oil tank clean-up. World J Microbiol Biotechnol 7: 80-88

Banat IM (1993) The isolation of a thermophilic biosurfactant producing *Bacillus* sp. Biotechnol Lett 15: 591-594

Banat IM (1995) Characterization of biosurfactants and their use in pollution removal - state of the art (review). Acta Biotechnol 15: 251-267

Banat IM, Makka, RS & Cameotra SS (2000) Potential commercial application of microbial surfactants. Appl Microbiol Biotechnol 53: 495-508

Banuett F (1995) Genetics of *Ustilago maydis*, a fungal pathogen that induces tumors in maize. Annu Rev Genet 29: 179-208

Bar-Ness R, Avrahamy T, Matsuyama T & Rosenberg M (1988) Increased cell surface hydrophobicity of a *Serratia marcescens* NS 38 mutant lacking wetting activity. J Bacteriol 170: 4361-4364

Barnes EM, Swindell AC & Wakil SJ (1970) Purifications and properties of a palmityl thioesterase II from *E. coli.* J Biol Chem 245: 3122-3128

Basse CW, Lottspeich F, Steglich W & Kahmann R (1996) Two potential indole-3-acetaldehyde dehydrogenases in the phytopathogenic fungus *Ustilago maydis.* Eur J Biochem 242: 648-656

Batrakov SG, Rozynov BV, Koronelli TV & Bergelson LD (1981) Two novel types of trehalose lipids. Chem Phys Lipids 29: 241-266

Beal R & Betts W B (2000) Role of rhamnolipid biosurfactants in the uptake and mineralization of hexadecane in *Pseudomonas aeruginosa.* J Appl Microbiol 89: 158-168

Beecher JE, Andrews AT, Vulfson EN (1990) Glycosidases in organic solvents: II. Transgalactosylation by polyethylene glycol-modified ß-galactosidase. Enzyme Microbial Technol 12: 955-959

Behlulgil K, Mehmetoglu T & Donmez S (1992) Application of microbial enhanced oil recovery technique to a Turkish heavy oil. Appl Microbiol Biotechnol 36: 833-835

Beilstein, Handbuch der Organischen Chemie (1977) 4. Ergänzungswerk, 3. Band, pp 873-874, pp 893-894, Springer Verlag, Berlin, Heidelberg, New York

Bendinger B, Rijnaarts HHM, Altendorf K & Zehnder AJB (1993) Physicochemical cell surface and adhesive properties of coryneform bacteria related to the presence and chain length of mycolic acids. Appl Environ Microbiol 59: 3973-3977

Benning C, Huang Z-H & Gage DA (1995) Accumulation of a novel glycolipid and a betaine lipid in cells of *Rhodobacter sphaeroides* grown under phosphate limitation. Arch Biochem Biophys 317: 103-111

Berger M, Machmüller G, Waldinger C & Schneider M (1998) Enzymatische Synthesen von Partialglyceriden und Zuckerestern. In: Biokonversion nachwachsender Rohstoffe. In: Schriftenreihe Nachwachsende Rohstoffe (Fachagentur Nachwachsende Rohstoffe e.V., ed.) Vol. 10: 139-153. Münster, Germany: Landwirtschaftsverlag

Bergström S, Theorell H & Davide H (1946) On a metabolic product of *Ps. pyocyanea,* pyolipic acid, active against *Myobact. tuberculosis.* Ark Kem Mineralog Geolog 23A: 1-12

Bernheimer AW & Avigad LS (1970) Nature and properties of a cytolytic agent produced by *Bacillus subtilis.* J Gen Microbiol 61: 361-369

Bertrand J-C, Bonin P, Goutx M, Gauthier M & Mille G (1994) The potential application of biosurfactants in combatting hydrocarbon pollution in marine environments. Res Microbiol 145: 53-56

Besra GS, Khoo K-H, Belisle JT, McNeil MR, Morris HR, Dell A & Brennan PJ (1994) New pyruvylated, glycosylated acyltrehaloses from *Mycobacterium smegmatis* strains, and their implications for phage resistance in mycobacteria. Carbohydr Res 251: 99-114

Besson F (1994) Characterization of the surfactin synthetase isolated from the *Bacillus subtilis* strain producing iturin. Biotechnol Lett 16: 1269-1274

Betts KS (1997) Biosurfactants remove metals from soil. *Environ Sci Technol* 31: 547 A

Bevinakatti HS & Mishra BK (1999) Sugar derived surfactants. Iin: Design and selection of performance surfactants (Karsa DR; ed.), in: Annual Surfactants Review (Karsa DR, Bognolo G, Callaghan IC, Harwell JH & Tsushima R; eds.). Vol. 2: 1-50, Sheffield, UK: Sheffield Academic Press

Bhattacharjee SS, Haskins RH & Gorin PAJ (1970) Location of acyl groups on two partly acylated glycolipids from strains of *Ustilago* (smut fungi). Carbohydr Res 13: 235-246

Biermann M, Schmid K & Schulz P (1994) Alkylpolyglucoside - Technologie und Eigenschaften. Henkel - Referate 30: 7-15

Bisht KS, Deng F, Gross RA, Kaplan DL & Swift G (1998) Ethyl glucoside as a multifunctional initiator for enzyme-catalyzed regioselective lactone ring-opening polymerization. J Am Chem Soc 120: 1363-1367

Björkling F, Godtfredsen SE & Kirk Ole (1989) A highly selective enzyme-catalysed esterification of simple glucosides. J Chem Soc Chem Commun 1989: 934-935

Bölker M, Urban M & Kahmann R (1992) The *a* mating type locus of *U. maydis* specifies cell signaling components. Cell 68: 441-450

Boothroyd B, Thorn JA & Haskins RH (1956) Biochemistry of the ustilaginales, XII. Characterization of extracellular glycolipids produced by *Ustilago* sp.. Can J Biochem Physiol 34: 10-14

Botham PA & Ratledge C (1979) A biochemical explanation for lipid accumulation in *Candida* 107 and other oleaginous microorganisms. J Gen Microbiol 114: 361-375

Boulton CA & Ratledge C (1983) Use of transition studies in continuous culture of *Lipomyces starkeyi*, an oleaginous yeast, to investigate the physiology of lipid accumulation. J Gen Microbiol 129: 2871-2876

Boulton CA & Ratledge C (1984) *Cryptococcus terricolus*, an oleaginous yeast re-examined. Appl Microbiol Biotechnol 20: 72-76

Bousquet M-P, Willemot RM & Monsan P (1998) Enzymatic synthesis of alkyl-α-glucoside catalysed by a thermostable α-transglucosidase in solvent-free organic medium. Appl Microbiol Biotechnol 50: 167-173

Brakemeier A, Lang S, Wullbrandt D, Merschel L, Benninghoven A, Buschmann N & Wagner F (1995) Novel sophorose lipids from microbial conversion of 2-alkanols. Biotechnol Lett 17: 1183-1188

Brakemeier A (1997) Mikrobielle Alkyl-Glycoside von *Candida bombicola*: Gewinnung, Strukturaufklärung und physiko-chemische Charakterisierung. Dissertation TU Braunschweig

Brakemeier A, Wullbrandt D & Lang S (1998a) Microbial alkyl-sophorosides based on 1-dodecanol or 2-,3- and 4-dodecanones. Biotechnol Lett 20: 215-218

Brakemeier A, Wullbrandt D & Lang S (1998b) *Candida bombicola*: production of novel alkyl-glycosides based on glucose / 2-dodecanol. Appl Microbiol Biotechnol 50: 161-166

Breithaupt TB & Light RJ (1982) Affinity chromatography and further characterization of the glucosyl-transferases involved in hydroxydocosanoic acid sophoroside production in *Candida bogoriensis*. J Biol Chem 257: 9622-9628

Brennan JP, Lehane DP & Thomas DW (1970) Acylglucoses of the *Corynebacteria* and *Mycobacteria*. Eur J Biochem 13: 117-123

Brennan PJ (1988) *Mycobacterium* and other actinomycetes. In: Ratledge C & Wilkinson SG (eds) Microbial Lipids, Vol 1: 203-298, Academic Press, London, San Diego, New York, Berkeley, Boston, Sydney, Tokyo, Toronto

Brown WA & Cooper DG (1991) Self-cycling fermentation applied to *Acinetobacter calcoaceticus* RAG-1. Appl Environ Microbiol 57: 2901-2906

Bryant FO (1990) Improved method for the isolation of biosurfactant glycolipids from *Rhodococcus* sp. strain H13A. Appl Environ Microbiol 56: 1494-1496

Bucholtz ML & Light RJ (1976a) Acetylation of 13-sophorosyloxydocosanoic acid by an acetyl-transferase purified from *Candida bogoriensis*. J Biol Chem 251: 424-430

Bucholtz ML & Light RJ (1976b) Hydrolysis of 13-sophorosyloxydocosanoic acid esters by acetyl- and carboxylesterases isolated from *Candida bogoriensis*. J Biol Chem 251: 431- 437

Bunster L, Fokkema NJ & Schippers B, (1989) Effect of surface-active *Pseudomonas* spp. on leaf wettability. Appl Environ Microbiol 55: 1340-1345

Burd G & Ward OP (1996a) Physicochemical properties of PM-factor, a surface-active agent produced by *Pseudomonas marginalis*. Can J Microbiol 42: 243-251

Burd G & Ward OP (1996b) Bacterial degradation of polycyclic aromatic hydrocarbons on agar plates: the role of biosurfactants. Biotechnol Tech 10: 371-374

Burd G & Ward OP (1997) Energy-dependent accumulation of particulate biosurfactant by *Pseudomonas marginalis*. Can J Microbiol 43: 391-394

Burger MM, Glaser L & Burton RM (1963) The enzymatic synthesis of a rhamnose-containing glycolipid by extracts of *Pseudomonas aeruginosa*. J Biol Chem 238: 2595-2601

Busscher HJ, Neu TR & van der Mei HC (1994) Biosurfactant production by thermophilic dairy streptococci. Appl Microbiol Biotechnol 41: 4 -7

Busscher HJ, van der Kuijl-Booij M & van der Mei HC (1996) Biosurfactants from thermophilic dairy streptococci and their potential role in the fouling control of heat exchanger plates. J Ind Microbiol 16: 15-21

Cameotra SS & Singh HD (1990) Purification and characterization of alkane solubilizing factor produced by *Pseudomonas* PG-1. J Ferment Bioeng 69: 341-344

Cameron DR, Cooper DG & Neufeld RJ (1988) The mannoprotein of *Saccharomyces cerevisiae* is an effective bioemulsifier. Appl Environ Microbiol 54: 1420-1425

Cao L, Bornscheuer UT & Schmid RD (1996) Lipase-catalyzed solid phase synthesis of sugar esters. Fett/Lipid 98: 332-335

Cao L, Fischer A, Bornscheuer UT, Schmid RD (1997) Lipase-Catalyzed solid phase synthesis of sugar fatty acid esters. Biocatalysis and Biotransformation 14: 269-283

Carrea G, Riva S, Secundo F & Danielli B (1989) Enzymatic synthesis of various 1'-*O*-sucrose and 1'-*O*-fructose esters. J Chem Soc Perkin Trans 1057-1061

Carreto L, Wait R, Nobre MF & Costa MS da (1996) Determination of the structure of a novel glycolipid from *Thermus aquaticus* 15004 and demonstration that hydroxy fatty acids are amide linked to glycolipids in *Thermus* sp. J Bacteriol 178: 6479-6486

Carrillo PG, Mardaraz C, Pitta-Alvarez SI & Giulietti AM (1996) Isolation and selection of biosurfactant-producing bacteria. World J Microbiol Biotechnol 12: 82-84

Casas JA & García-Ochoa F (1999) Sophorolipid Production by *Candida bombicola*: Medium Composition and Culture Methods. J Biosc Bioeng 88: 488-494

Casas JA, García de Lara S & García-Ochoa F (1997) Optimization of a synthetic medium for *Candida bombicola* growth using factorial design of experiments. Enzyme Microb Technol 21: 221-229

Chahid Z, Montet D, Pina M & Graille J (1992) Effect of water activity on enzymatic synthesis of alkylglycosides. Biotechnol Lett 14: 281-284

Chopineau J, McCafferty FD, Therisod M & Klibanov A M (1988) Production of biosurfactants from sugar alcohols and vegetable oils catalyzed by lipases in a non-aqueous medium. Biotechnol Bioeng 31: 208-214

Chun J, Kang S-O, Hah YC & Goodfellow M (1996) Phylogeny of mycolic acid-containing actinomycetes. J Ind Microbiol 17: 205-213

Cirigliano MC & Carman GM (1984) Isolation of a bioemulsifier from *Candida lipolytica*. Appl Environ Microbiol 48: 747-750

Cirigliano MC & Carman GM (1985) Purification and characterization of liposan, a bioemulsifier from *Candida lipolytica*. Appl Environ Microbiol 50: 846-850

Colaco C, Sen S, Thangavelu M, Pinder S & Roser B (1992) Extraordinary stability of enzymes dried in trehalose: simplified molecular biology. Bio/Technol 10: 1007-1011

Colombo D, Scala A, Taino IM, Toma L, Ronchetti F, Tokuda H, Nishino H, Nagatsu A & Sakakibara J (1996) 1-*O*-, 2-*O*- and 3-*O*-β-Glycosyl-*sn*-glycerols: structure - anti-tumor-promoting activity relationship. Bioorganic Med Chem Lett 6: 1187-1190

Cooper DG, Zajic JE & Gerson DF (1979) Production of surface-active lipids by *Corynebacterium lepus*. Appl Environ Microbiol 37: 4-10

Cooper DG & Zajic JE (1980) Surface-active compounds from microorganisms. In: Advances in Applied Microbiology, Vol 26: 229-253, Academic Press, Inc.

Cooper DG, Zajic JE, Gerson DF & Manninen KI (1980) Isolation and identification of biosurfactants produced during anaerobic growth of *Clostridium pasteurianum*. J Ferment Technol 58: 83-86

Cooper DG, MacDonald CR, Duff SJB & Kosaric N (1981a) Enhanced production of surfactin from *Bacillus subtilis* by continous product removal and metal cation additions. Appl Environ Microbiol 42: 408-412

Cooper DG, Zajic JE & Denis C (1981b) Surface active properties of a biosurfactant from *Corynebacterium lepus* . J Am Oil Chem Soc 58: 77-80

Cooper DG, Akit J. & Kosaric N (1982) Surface activity of the cells and extracellular lipids of *Corynebacterium fascians* CF15. J Ferment Technol 60: 19-24

Cooper DG & Paddock DA (1984) Production of a biosurfactant from *Torulopsis bombicola*. Appl Environ Microbiol 47: 173-176

Córdova A, Hult K & Iversen T (1997) Esterification of methyl glycoside mixtures by lipase catalysis. Biotechnol Lett 19: 15-18

Coulon D, Girardin M, Rovel B & Ghoul M (1995) Comparison of direct esterification and transesterification of fructose by *Candida antarctica* lipase. Biotechnol Lett 17: 183-186

Coulon D & Ghoul M (1998) The enzymatic synthesis of non-ionic surfactants: the sugar esters – An overview. Agro-Food-Industry Hi-Tech 9: 22-26

Coulon D, Girardin M & Ghoul M (1999) Enzymic synthesis of fructose monooleate in a reduced pressure pilot scale reactor using various acyl donors – and the influences of pressure, nature of the acyl donor and molar ratio sugar/acyl donor were investigated. Process Biochem 34: 913-918

Counter FT, Allen NE, Fukuda DS, Hobbs JN, Ott J, Ensminger PW, Mynderse JS, Preston DA & Wu CYE (1990) A54145 a new lipopeptide antibiotic complex: microbiological evaluation. J Antibiotics 43: 616-622

Coutinho C, Bernardes E, Félix D & Panek AD (1988) Trehalose as cryoprotectant for preservation of yeast strains. J Biotechnol 7: 23-32

Csuk R & Glänzer I (1991) Baker's yeast mediated transformations in organic chemistry. Chem Rev 91: 49-97

Cutler AJ & Light RJ (1979) Regulation of hydroxydocosanoic acid sophoroside production in *Candida bogoriensis* by the levels of glucose and yeast extract in the growth medium. J Biol Chem 254: 1944-1950

Czeschka K, Müller-Hurtig R & Wagner F (1992) Influence of biosurfactant producing microorganisms on the hydrocarbon degradation by an original soil population in a percolated soil fixed bed reactor. In: Preprints (DECHEMA, Hrsg.), Soil decontamination using biological processes, Karlsruhe, (pp. 421-428), Schön & Wetzel GmbH, Frankfurt a. M.

Daniel H-J, Reuss M & Syldatk C (1997) Untersuchungen zur „Single Cell Oil"-Bildung (SCO) von *Cryptococcus curvatus* ATCC 20509 in Molke. In: Kreysa G & Wagemann K (eds) 15. DECHEMA-Jahrestagung der Biotechnologen, Kurzfassungen, (pp 540-542), Schmitt, Frankfurt/Main

Daniel H-J, Reuss M & Syldatk C (1998) Production of Sophorolipids in high concentration from deproteinized whey and rapeseed oil in a two stage fed batch process using *Candida bombicola* ATCC 22214 and *Cryptococcus curvatus* ATCC 20509. Biotech Lett 20: 1153-1156

Daniels L, Linhardt RJ, Bryan BA, Mayerl F & Pickenhagen W (1988) Method for producing rhamnose. Europäisches Patent 0 282 942, Anmeldung: 17. 03. 1987, Offenlegung: 21. 09. 1989

Davila A-M, Marchal R & Vandecasteele J-P (1992) Kinetics and balance of a fermentation free from product inhibition: sophorose lipid production by *Candida bombicola*. Appl Microbiol Biotechnol 38: 6-11

Davila A-M, Marchal R, Monin N & Vandecasteele J-P (1993) Identification and determination of individual sophorolipids in fermentation products by gradient elution high-performance liquid chromatography with evaporative light-scattering detection. J Chromatogr 648: 139-149

Davila A-M, Marchal R & Vandecasteele J-P (1994) Sophorose lipid production from lipidic precursors: predictive evaluation of industrial substrates. J Ind Microbiol 13: 249-257

Davila A-M, Marchal R & Vandecasteele J-P (1997) Sophorose lipid fermentation with differentiated substrate supply for growth and production phase. Appl Microbiol Biotechnol 47: 496-501

Davis DA, Lynch HC & Varley J (1999) The production of Surfactin in batch culture by *Bacillus subtilis* ATCC 21332 is strongly influenced by the conditions of nitrogen metabolism. Enzyme Microbiol Technol 25: 322-329

Degn P, Pedersen LH, Duus J & Zimmermann W (1999) Lipase-catalysed synthesis of glucose fatty esters in tert-butanol. Biotechnol Lett 21: 275-280

De Koster CG, Heerma W, Pepermans HAM, Groenewegen A, Peters H & Haverkamp J (1995) Tandem mass spectrometry and nuclear magnetic resonance spectroscopy studies of *Candida bombicola* sophorolipids and product formed on hydrolysis by cutinase. *Analyt Biochem* 230: 135-148

Deml G, Anke T, Oberwinkler F, Giannetti BM & Steglich W (1980) Schizonellin A and B, new glycolipids from *Schizonella melanogramma*. Phytochem 19: 83-97

Denger K & Schink B (1995) New halo- and thermotolerant fermenting bacteria producing surface-active compounds. Appl Microbiol Biotechnol 44: 161-166

Desai JD (1987) Microbial surfactants: evaluation, types, production and future application. J Sci Ind Res 46: 440-449

Desai AJ, Patel KM & Desai JD (1988) Emulsifier production by *Pseudomonas fluorescens* during the growth on hydrocarbons. Curr Sci 57: 500-501

Desai JD & Desai AJ (1993) Production of biosurfactants. In: Kosaric N (ed) Biosurfactants. In: Surfactant Science Series Vol 48 (pp 65-97), Dekker, New York, Basel, Hong Kong

Desai JD & Banat IM (1997) Microbial production of surfactants and their commercial potential. Microbiol Mol Biol Rev 61: 47-64

Deschênes L, Lafrance P, Villeneuve J-P & Samson R (1996) Adding sodium dodecyl sulfate and *Pseudomonas aeruginosa* UG2 biosurfactants inhibits polycyclic aromatic hydrocarbon biodegradation in a weathered creosote-contaminated soil. Appl Microbiol Biotechnol 46: 638-646

Deshpande M & Daniels L (1995) Evaluation of sophorolipid biosurfactant production by *Candida bombicola* using animal fat. Bioresource Technol 54: 143-150

Dubnau E, Lanéelle M-A, Soares S, Bénichou A, Vaz T, Promé D, Promé J-C, Daffé M & Quémard A (1997) *Mycobacterium bovis* BCG genes involved in the biosynthesis of cyclopropyl keto- and hydroxy-mycolic acids. Mol Microbiol 23: 313-322

Ducret A, Giroux A, Trani M & Lortie R (1995) Enzymatic preparation of biosurfactants from sugars or sugar alcohols and fatty acids in organic media under reduced pressure. Biotechnol Bioeng 48: 214-221

Ducret A, Giroux A, Trani M & Lortie R (1996) Characterization of enzymatically prepared biosurfactants. J Am Oil Chem Soc 73: 109-113

Duvnjak Z, Cooper DG & Kosaric N (1982) Production of surfactant by *Arthrobacter paraffineus* ATCC 19558. Biotechnol Bioeng 24: 165-175

Duvnjak Z & Kosaric N (1985) Production and release of surfactant by *Corynebacterium lepus* in hydrocarbon and glucose media. Biotechnol Lett 7: 793-796

Duynstee HI, van Vliet MJ, van der Marel GA & van Boom JH (1998) An efficient synthesis of (*R*)-3-{(*R*)-3-[2-*O*-(α-L-rhamnopyranosyl)-α-L-rhamnopyranosyl]oxy-decanoyl}oxy-decanoic acid, a rhamnolipid from *Pseudomonas aeruginosa*. Eur J Org Chem 1998: 303-307

Edwards JR & Hayashi JA (1965) Structure of a rhamnolipid from *Pseudomonas aeruginosa*. Arch Biochem Biophys 111: 415-421

Esders TW & Light RJ (1972a) Characterization and in vivo production of three glycolipids from *Candida bogoriensis* : 13-glucopyranosyl-glucopyranosyl-oxydoco-sanoic acid and its mono- and diacetylated derivatives. J Lipid Res 13: 663-671

Esders TW & Light RJ (1972b) Glucosyl- and acetyltransferases involved in the biosynthesis of glycolipids from *Candida bogoriensis*. J Biol Chem 247: 1375-1386

Esders TW & Light RJ (1972c) Occurrence of a uridine diphosphate glucose:sterol glucosyl-transferase in *Candida bogoriensis*. J Biol Chem 247: 7494-7497

Eskuchen R & Nitsche M (1997) Technology and production of alkyl polyglycosides. In: Hill K, von Rybinski W & Stoll G (eds) Alkyl Polyglycosides (pp 9-22), VCH, Weinheim, New York, Basel, Cambridge, Tokyo

Espuny MJ, Egido S, Mercadé ME & Manresa RA (1995) Characterization of trehalose tetraester produced by a waste lubricant oil degrader *Rhodococcus* sp 51T7. Toxicol Environ Chem 48: 83-88

Espuny MJ, Egido S, Manresa RA & Mercadé ME (1996) Nutritional requirements of a biosurfactant producing strain *Rhodococcus* sp. 51T7. Biotechnol Lett 18: 521-526

Fabry B (1994) Tenside - Vergangenheit, Gegenwart und zukünftige Entwicklungen. SÖFW-Journal 120: 377-386

Falch BS, König GM, Sticher O & Wright AD (1995) Studies on the glycolipid content of the Cyanobacterium *Fischerella ambigua*. Planta Med 61: 540-543

Farrés J, Caminal G & Lopez-Santin J (1997) Influence of phosphate on rhamnose-containing exopolysaccharide rheology and production by *Klebsiella* I-714. Appl Microbiol Biotechnol 48: 522-527

Fell B (1993) Rohstoffe und Vorprodukte für die technische Synthese von Tensiden. In: Kosswig K & Stache H (eds) Die Tenside (pp 179-202), Hanser, München, Wien

Ferrer M, Cruces MA, Bernabé M, Ballesteros A & Plou FJ (1999) Lipase catalyzed regioselective acylation of sucrose in two-solvent mixtures. Biotechnol Bioeng 65: 10-16

Fiechter A, Käppeli O, Einsele A, Hug H & Schneider H (1977) Studien zur Aufnahme von Alkanen durch die Hefezellwand. In: Rehm HJ (ed) Biotechnologie, Vol 81:157-164, VCH, Weinheim, New York

Fiechter A (1992a) Biosurfactants: moving towards industrial application. Trends in Food Science & Technol 3: 286-293

Fiechter A (1992b) Integrated systems for biosurfactant synthesis. Pure & Appl Chem 64: 1739-1743

Fiehler K, Albrecht A, Rasch D & Rau U (1997) Kontinuierliche Produktion von Sophoroselipiden mit *Candida bombicola* ATCC 22214. Fett/Lipid 99:19-24

Finnerty WR & Singer ME (1983) Microbial enhancement of oil recovery. Bio/Technol 1: 47-54

Finnerty WR (1994) Biosurfactants in environmental biotechnology. Curr Opinion Biotechnol 5: 291-295

Fischer L, Bromann R, Kengen SWM, de Vos W.M & Wagner F (1996) Catalytical potency of β-Glucosidase from the extremophile *Pyrococcus furiosus* in gluco-conjugate synthesis. Bio/Technology 14: 88-91

Fischer L, Bromann R & Wagner F (1995) Enantioselective sythesis of several 1-*O*-β-D-Glucoconjugates using almond β-glucosidase (E.C. 3.2.1.21). Biotechnol Lett 17:1169-1174

Fluharty L & O'Brien JS (1969) A mannose- and erythritol-containing glycolipid from *Ustilago maydis*. Biochem 8: 2627-2632

Foght JM, Gutnick DL & Westlake DWS (1989) Effect of emulsan on biodegradation of crude oil in pure and mixed cultures. Appl Environ Microbiol 55: 36-42

Franzius V (1991) Möglichkeiten zur Bodensanierung. Chem-Ing-Tech 63: 348-358

Frautz B, Lang S & Wagner F (1984) Biosurfactant production by *Ustilago maydis*. In: Third European Congress in Biotechnology, Proceedings, Vol 1 (pp 79-83), VCH, Weinheim

Frautz B (1985) Bildung und Charakterisierung von Glykolipiden bei *Ustilago maydis* ATCC 14826 in Abhängigkeit vom Substrat. Dissertation TU Braunschweig

Frautz B, Lang S & Wagner F (1986) Formation of cellobiose lipids by growing and resting cells of *Ustilago maydis*. Biotechnol Lett 8: 757-762

Fregapane G, Sarney DB & Vulfson EN (1991) Enzymic solvent-free synthesis of sugar acetal fatty acid esters. Enzyme Microb Technol 13: 796-800

Fregapane G, Sarney DB, Greenberg SG, Knight DJ & Vulfson EN (1994) Enzymatic synthesis of monosaccharide fatty acid esters and their comparison with conventional products. J Am Oil Chem Soc 71: 87-91

Furukawa M, Ohtsubo Y, Sugimoto N, Katoh Y & Dohi Y (1990) Induction of tumoricidal activated macrophages by a liposome-encapsulated glycolipid, trehalose-2,3,6'-trimycolate from *Gordona aurantiaca*. FEMS Microbiol Immunol 64: 83-88

Fujimoto H, Isomura M, Ajisaka K (1997) Synthese of Alkyl-β-D-mannopyranosides and β-1,4-linked oligosaccharides using β-Mannosidase from *Rhizopus niveus*. Biosci Biotech Biochem 61: 164-165

Gamian A, Mordarska H, Ekiel I, Ulrich J, Szponar B & Defaye J (1996) Structural studies of the major glycolipid from *Saccharopolyspora* genus. Carbohydr Res 296: 55-67

Gao Ch, Whitcombe MJ, Vulson EN (1999) Enzymatic synthesis of dimeric and trimeric sugar-fatty acid esters. Enzyme and Microbial Technol 25: 264-270

Gartshore J, Lim Y C & Cooper D G (2000) Quantitative analysis of biosurfactants using Fourier Transform Infrared (FT-IR) spectroscopy. Biotech Lett 22: 169-172

Gastaldo L, Ciabatti R, Assi F, Restelli E, Kettenring JK, Zerilli LF, Romanò G, Denaro M & Cavalleri B (1992) Isolation, structure determination and biological activity of A-16686 factors A' 1, A' 2 and A' 3 glycolipodepsipeptide antibiotics. J Ind Microbiol 11: 13-18

Geke J, Jakobi G, Kihn-Botulinski M & Speckmann H-D (1993) Tenside zum Reinigen von Textilien und harten Oberflächen im Haushalt und im industriellen Bereich. In: Kosswig K & Stache H (eds), Die Tenside (pp. 281-337) Carl Hanser Verlag, München, Wien

George KM, Yuan Y, Sherman DR & Barry III CE (1995) The biosynthesis of cyclopropanated mycolic acids in *Mycobacterium tuberculosis*. Identification and functional analysis of CMAS-2. J Biol Chem 270: 27292-27298

Georgiou G, Lin S-C & Sharma MM (1992) Surface-active compounds from microorganisms. Bio/Technol 10: 60-65

Gerson DF & Zajic JE (1979a) Comparison of surfactant production from kerosene by four species of *Corynebacterium*. Antonie van Leeuwenhoek 45: 81-94

Gerson DF & Zajic JE (1979b) Microbial biosurfactants. Process Biochem 14: 20-29

Giani C, Wullbrandt D, Rothert R & Meiwes J (1997) *Pseudomonas aeruginosa* and its use in a process for the biotechnological preparation of L-rhamnose. United States Patent 5,658,793 (Hoechst AG, Frankfurt), Anmeldung: 5. 06. 1995, Pat. 19. 08. 1997

Göbbert U, Lang S & Wagner F (1984) Sophorose lipid formation by resting cells of *Torulopsis bombicola*. Biotechnol Lett 6: 225-230

Göbbert U, Schmeichel A, Lang S & Wagner F (1988) Microbial transesterification of sugar-corynomycolates. J Am Oil Chem Soc 65: 1519-1525

Goclik E, Müller-Hurtig R & Wagner F (1990) Influence of the glycolipid-producing bacterium *Rhodococcus erythropolis* on the degradation of a hydrocarbon mixture by an original soil population. Appl Microbiol Biotechnol 34: 122-126

Goede de ATJW, Van Oosterom M, Van Deurzen MPJ, Sheldon RA, Van Bekkum H & Van Rantwijk F (1994) Selective lipase-catalyzed esterification of alkyl glycosides. Biocatalysis 9: 145-155

Gorbach VI, Krasikova IN, Luk'yanov PA, Loenko YN, Solo'eva TF, Ovodov YS, Deev VV & Pimenov AA (1994). New glycolipids (chitooligosaccharide derivatives) possessing immunostimulating and antitumor activities. Carbohydr Res 260: 73-82

Goren MB (1972) Mycobacterial lipid: selected topics. Bacteriol Rev 36: 33-64

Gorin PAJ, Haskins RH & Spencer JFT (1960) Biochemistry of the ustilaginales, XIII. Observations on the structure and biosynthesis of 4-O-β-D-mannopyranosyl-D-erythritol. Can J BiochemPhysiol 38: 165-169

Gorin PAJ, Spencer JFT & Tulloch AP (1961) Hydroxy fatty acid glycosides of sophorose from *Torulopsis magnoliae*. Can J Chem 39: 846-855

Goswami P, Hazarika AK & Singh HD (1994) Hydrocarbon pseudosolubilizing and emulsifying proteins produced by *Pseudomonas cepacia* N1. J Ferment Bioeng 77: 28-31

Graber M, Morin A, Duchiron F & Monsan PF (1988a) Microbial polysaccharides containing 6-deoxysugars. Enzyme Microb Technol 10: 198-206

Graber-Gubert M, Morin A & Monsan P (1988b) Isolation of microorganisms producing 6-deoxyhexose-containing polysaccharides. System Appl Microbiol 10: 200-205

Grand-Perret T, Lepoivre M, Petit J-F & Lemaire G (1986) Macrophage activation by trehalose dimycolate. Requirement for an expression signal in vitro for antitumoral activity; biochemical markers distinguishing primed and fully activated macrophages. Eur J Immunol 16: 332-338

Grangemard I, Bonmatin J-M, Bernillon J, Das B C & Peypoux F (1999) Lichenysins G, a Novel Family of Lipopeptide Biosurfactants from *Bacillus licheniformis* IM 1307. J Antibiot 52: 363-373

Gridley JJ, Hacking AJ, Osborn HMI & Spackman DG (1998) Regioselective lipase-catalysed acylation of 4,6-O-benzylidene-α- and -β-D-pyranoside derivatives displaying a range of anomeric substituents. Tetrahedron 54: 14925-14946

Griffin WC (1979) Emulsions. In: Encyclopedia of Chemical Technology, 3rd Edition, Vol 8: 910-929

Gruber T, Chmiel H, Käppeli O, Sticher P & Fiechter A (1993) Integrated process for continuous rhamnolipid biosynthesis. In: Kosaric N (ed) Biosurfactants. In: Surfactant Science Series Vol 48: 157-173, Dekker, New York, Basel, Hong Kong

Guerra-Santos L, Käppeli O & Fiechter A (1984a) Process development for the production of biosurfactants. In: Third European Congress in Biotechnology, Vol 1 (pp 507-512), Verlag Chemie München (FRG)

Guerra-Santos L, Käppeli O & Fiechter A (1984b) *Pseudomonas aeruginosa* biosurfactant production in continuous culture with glucose as carbon source. Appl Environ Microbiol 48: 301-305

Guerra-Santos LH, Käppeli O & Fiechter A (1986) Dependence of *Pseudomonas aeruginosa* continuous culture biosurfactant production on nutritional and environmental factors. Appl Microbiol Biotechnol 24 :443-448

Guillardeau L, Montet D, Khaled N, Pina M & Graille J (1992) Fructose caprylate biosynthesis in a solvent-free medium (1992). Tenside Surf Det 29: 342-344

Gunawardana G, Rasmussen RR, Scherr M, Frost D, Brandt KD, Choi W, Jackson M, Karwowski JP, Sunga G, Malmberg L-H, West P, Chen RH, Kadam S, Clement JJ & McAlpine JB (1997) Corynecandin: a novel antifungal glycolipid from *Coryneum modonium*. J Antibiot 50: 884-886

Gutnick DL & Rosenberg E (1977) Oil tankers and pollution: a microbiological approach. Ann Rev Microbiol 31: 379-396

Gutnik DL & Shabtai Y (1987) Exopolysaccharide Bioemulsifiers. In: Kosaric N, Cairns WL & Gray NCC (eds) Biosurfactants and Biotechnology. In: Surfactants Science Series, Vol 25: 211-246, Dekker, New York, Basel

Gutnik D (1994) Microbiological treatment of contaminated storage containers. Res Microbiol 145: 56-60

Haase B, Machmüller G & Schneider MP (1998) Enzymatische Synthesen von Zuckerestern. In: Biokonversion nachwachsender Rohstoffe, Tagungsband, in: Schriftenreihe Nachwachsende Rohstoffe, Band 10:218-224, Hrsg. Fachagentur Nachwachsende Rohstoffe e.V. (Gülzow), LV-Druck, Landwirtschaftsverlag GmbH, Münster

Haferburg D, Hommel R, Claus R & Kleber H-P (1986) Extracellular microbial lipids as biosurfactants. Adv Biochem Eng/Biotechnol 33: 53-93

Haferburg D, Hommel R, Kleber H-P, Kluge S, Schuster G & Zschiegner H-J (1987) Antiphytovirale Aktivität von Rhamnolipid aus *Pseudomonas aeruginosa* . Acta Biotechnol 7: 353-356

Haffner T (1991) Untersuchungen zur Kultivierung und zur Synthese eines Glucoselipides bei einem marinen Bacterium spec. MM1. Diplomarbeit TU Braunschweig

Hancock REW & Lehrer R (1998) Cationic peptides: a new source of antibiotics. TIBTECH 16: 82-88

Hartmann S, Besra GS, Fraser JL, König WA, Minnikin DE & Ridell M (1994) Stereochemistry of 2,4-dimethyleicos-2-enoate from pyruvylated glycolipid of *Mycobacterium smegmatis*. Biochim Biophys Acta 1201: 339-344

Hartmann HA, Kahmann R & Bölker M (1996) The pheromone response factor coordinates filamentous growth and pathogenicity in *Ustilago maydis*. EMBO J 15: 1632-1641

Harvey S, Elashvili I, Valdes JJ, Kamely D & Chakrabarty AM (1990) Enhanced removal of Exxon Valdez spilled oil from alaskan gravel by a microbial surfactant. Bio/Technol 8: 228-230

Haskins RH. (1950) Biochemistry of the ustilaginales, I. Preliminary cultural studies of *Ustilago zeae*. Can J Res 25: 213-223

Haskins RH, & Thorn JA (1951) Biochemistry of the ustilaginales, VII. Antibiotic activity of ustilagic acid. Can J Botany 29: 585-592

Haskins RH, Thorn JA & Boothroyd B (1955) Biochemistry of the ustilaginales, XI. Metabolic products of *Ustilago zeae* in submerged culture. Can J Microbiol 1: 749-756

Hauser G & Karnovsky ML (1954) Studies on the production of glycolipid by *Pseudomonas aeruginosa*. J Bacteriol 68: 645-654

Hauser G & Karnovsky ML (1957) Rhamnose and rhamnolipid biosynthesis by *Pseudomonas aeruginosa*. J Biol Chem 224: 91-105

Hauser G & Karnovsky ML (1958) Studies on biosynthesis of L-rhamnose. J Biol Chem 233: 287-291

Häusler A, Müller-Hurtig R & Wagner F (1992) Influence of chemical- and biosurfactants on the microbial degradation of a fuel oil spill. In: DECHEMA Biotechnology Conferences Vol 5:1037-1041, VCH, Weinheim

Hauthal HG (1994) L-Rhamnose als Zuckerbaustein. Nachr Chem Tech Lab 42: 285

Hauthal HG (1996) Olympiade der Tenside. Nachr Chem Tech Lab 44: 876-878

Heinz E, Tulloch AP & Spencer JFT (1969) Stereospecific hydroxylation of long chain compounds by a species of *Torulopsis*. J Biol Chem 244: 882-888

Heinz E, Tulloch AP & Spencer JFT (1970) Hydroxylation of oleic acid by cell-free extracts of a species of *Torulopsis*. Biochim Biophys Acta 202: 49-55

Herman DC, Zhang Y & Miller RM (1997) Rhamnolipid (biosurfactant) effects on cell aggregation and biodegradation of residual hexadecane under saturated flow conditions. Appl Environ Microbiol 63: 3622-2627

Hill K (1997) History of alkyl polyglycosides. In: Hill K, von Rybinski W & Stoll G (eds) Alkyl polyglycosides (pp. 1-7), VCH, Weinheim, New York, Basel, Cambridge, Tokyo

Hill K, von Rybinski W & Stoll G (1997) Alkyl Polyglycosides: Technology, Properties and Applications. Weinheim, New York, Basel, Cambridge, Tokyo, VCH.

Hisatsuka K, Nakahara T, Sano N & Yamada K (1971) Formation of rhamnolipid by *Pseudomonas aeruginosa* and its function in hydrocarbon fermentation. Agr Biol Chem 35: 686-692

Hisatsuka K, Nakahara T & Yamada K (1972) Protein-like activator for n-alkane oxidation by *Pseudomonas aeruginosa* S_7B_1. Agr Biol Chem 36: 1361-1369

Hoffmann H & Ulbricht W (1993) Physikalische Chemie der Tenside. In: Kosswig K & Stache H (eds) Die Tenside (pp 1-114), Hanser, München, Wien

Holst O; Weckesser J & Mayer H (1983) Co-extraction of lipopolysaccharide and an ornithine-containing lipid from *Rhodomicrobium vannielii*. FEMS Lett 19: 33-36

Holst O (1985) Bakterielle Ornithinlipide - Lipoaminosäuren interessanter Struktur und unbekannter Funktion. Forum Mikrobiol 8: 225-228

Holst O, Ulmer AJ, Brade H, Flad H-D & Rietschel ET (1996) Biochemistry and cell biology of bacterial endotoxins. FEMS Immunol Med Microbiol 16: 83-104

Hommel R, Stüwer O, Stuber W, Haferburg D & Kleber H-P (1987) Production of water-soluble surface-active exolipids by *Torulopsis apicola*. Appl Microbiol Biotechnol 26: 199-205

Hommel R, Götzrath M & Kleber H-P (1989) Enzyme production by growing cells of *Acinetobacter* in presence of sophoroselipid and Triton X-100. Acta Biotechnol 9: 461-465

Hommel RK (1990) Formation and physiological role of biosurfactants produced by hydrocarbon-utilizing microorganisms. Biodegradation 1: 107-119

Hommel RK & Ratledge C (1990) Evidence for two fatty alcohol oxidases in the biosurfactant-producing yeast *Candida (Torulopsis) bombicola*. FEMS Microbiol Lett 70: 183-186

Hommel RK & Huse K (1993) Regulation of sophorose lipid production by *Candida (Torulopsis) apicola*. Biotechnol Lett 15: 853-858

Hommel RK & Ratledge C (1993) Biosynthetic mechanisms of low molecular weight surfactants and their precursor molecules. In: Kosaric N (ed) Biosurfactants. In: Surfactant Science Series Vol 48: 3-63, Dekker, New York, Basel, Hong Kong

Hommel RK, Lassner D, Weiss J & Kleber H-P (1994a) The inducible microsomal fatty alcohol oxidase of *Candida (Torulopsis) apicola*. Appl Microbiol Biotechnol 40: 729-734

Hommel RK, Stegner S, Huse K & Kleber H-P (1994b) Cytochrome P-450 in the sophorose-lipid-producing yeast *Candida (Torulopsis) apicola*. Appl Microbiol Biotechnol 40: 724-728

Hommel RK, Stegner S, Weber L & Kleber H-P (1994c) Effect of ammonium ions on glycolipid production by *Candida (Torulopsis) apicola*. Appl Microbiol Biotechnol 42: 192-197

Hommel RK, Weber L, Weiss A, Himmelreich U, Rilke O & Kleber H-P (1994d) Production of sophorose lipid by *Candida (Torulopsis) apicola* grown on glucose. J Biotechnol 33: 147-155

Höpner T (1991) Die Ölkatastrophe am Golf - Zwischenbilanz, Zustandsbeschreibung, Maßnahmen, Prognosen. Z Umweltchem Ökotox 3: 354-361

Horowitz S & Griffin WM (1991) Structural analysis of *Bacillus licheniformis* 86 surfactant. J Ind Microbiol 7: 45-52

Hull SR, Gray JSS, Koerner TAW & Montgomery R (1995) Trehalose as a common industrial fermentation byproduct. Carbohydr Res 266: 147-152

Hunter SW, Murphy RC, Clay K, Goren MB & Brennan PJ (1983) Trehalose-containing lipooligosaccharides. A new class of species-specific antigens from *Mycobacterium*. J Biol Chem 258: 10481-10487

Ikeda I & Klibanov AM (1993) Lipase-catalyzed acylation of sugars solubilized in hydrophobic solvents by complexation. Biotechnol Bioeng 42: 788-791

Imperato F & Nazzaro R (1996) Luteolin 7-*O*-sophoroside from *Pteris cretica*. Phytochem 41:337-338

Inoue S & Ito S (1982) Sophorolipids from *Torulopsis bombicola* as microbial surfactants in alkane fermentations. Biotechnol Lett 4: 3-8

Inoue S, Kimura Y & Utsunomiya T (1986) Neuer Mikroorganismus (*Torulopsis bombicola* KSM-36). Deutsches Patent DE 35 25 411 A1 (Kao Corp., Tokio, JP) Anmeldung (Jp): 25. 07. 1984, Offenlegung (DE) : 30. 01. 1986

Inoue S (1988) Biosurfactants in cosmetic applications. In: Applewhite TH (ed) Proceedings of the World Conference on Biotechnology for the Fats and Oil Industry (pp 206-210), American Oil Chemists' Society, USA

Iqbal S, Khalid ZM & Malik KA (1995) Enhanced biodegradation and emulsification of crude oil and hyperproduction of biosurfactants by a gamma ray-induced mutant of *Pseudomonas aeruginosa*. Lett Appl Microbiol 21: 176-179

Ishigami Y, Suzuki S, Funada T, Chino M, Uchida Y & Tabuchi T (1987a) Surface-active properties of succinoyl trehalose lipids as microbial biosurfactants. J Jpn Oil Chem Soc (Yukagaku) 36: 847-851

Ishigami Y, Gama Y, Nagahora H, Yamaguchi M, Nakahara H & Kamata T (1987b) The pH-sensitive conversion of molecular aggregates of rhamnolipid biosurfactant. Chem Lett 1987: 763-766

Ishigami Y, Gama Y & Kitamoto D (1992) Sophoroselipid-Derivate. Japanisches Patent / Anmeldung AZ: Toku Gan Hei 4-279561 (Agency of Industrial Science and Technology, Higaski 1-1, Tsukuba, Ibaraki), Anmeldung: 24. 09. 1992, Offenlegung: 12. 04. 1994

Ishigami Y (1993) Biosurfactants face increasing interest. Inform 4: 1156-1165

Ishigami Y, Gama Y, Ishii F & Choi YK (1993) Colloid chemical effect of polar head moieties of a rhamnolipid-type biosurfactant. Langmuir 9: 1634-1636

Ishigami Y, Gama Y, Sano Y, Lang S & Wagner F (1994) Interfacial and micellar behavior of glucose lipid. Biotechnol Lett 16: 593-598

Ishigami Y, Ishii F, Choi YK & Kajiuchi T (1996) Estimation of polarity and fluidity of colloidal interfaces and biosurfaces using rhamnolipid B pyrenacylester as surface-active fluorescent probe. Colloid Surf B 7: 215-220

Ishigami Y & Suzuki S (1997) Development of biochemicals-functionalization of biosurfactants and natural dyes. Progress in Organic Coatings 31: 51-61

Ismail A, Soultani S & Ghoul M (1999) Enzymatic-catalyzed synthesis of alkylglycosides in monophasic and biphasic systems. I. The transglycosylation reaction. J Biotechnol 69: 135-143

Ismail A, Soultani S & Ghoul M (1999) Enzymatic-catalyzed synthesis of alkyl-glycosides in monophasic and biphasic systems. II. The reverse hydrolysis reaction. J Biotechnol 69: 145-149

Isoda H, Shinmoto H, Matsumura M & Nakahara T (1995) Differentiation of human leukemia cells by bacterial extracellular glycolipids. In: Beuvery et al. (eds) Animal Cell Technology: Developments towards the 21st Century (pp 993-997), Kluwer Academic Publishers

Isoda H, Shinmoto H, Matsumura M & Nakahara T (1996) Succinoyl trehalose lipid induced differentiation of human monocytoid leukemic cell line U937 into monocyte-macrophages. Cytotechn 19: 79-88

Isoda H, Kitamoto D, Shinmoto H, Matsumura M & Nakahara T (1997a) Microbial extracellular glycolipid induction of differentiation and inhibition of the protein kinase C activity of human promyelocytic leukemia cell line HL60. Biosci Biotech Biochem 61: 609-614

Isoda H, Shinmoto H, Kitamoto D, Matsumura M & Nakahara T (1997b) Differentiation of human promyelocytic leukemia cell line HL60 by microbial extracellular glycolipids. Lipids 32: 263-271

Itazaki H, Nagashima K, Sugita K, Yoshida H, Kawamura Y, Yasuda Y, Matsumoto K, Ishii K, Uotani N, Nakai H, Terui A, Yoshimatsu S, Ikenishi Y & Nakagawa Y (1990) Isolation and structural elucidation of new cyclotetrapeptides, trapoxins A and B, having detransformation activities as antitumor agents. J Antibiotics 43: 1524-1532

Ito S & Inoue S (1982) Sophorolipids from *Torulopsis bombicola:* possible reaction to alkane uptake. Appl Environ Microbiol 43: 1278-1283

Itoh S, Honda H, Tomita F & Suzuki T (1971) Rhamnolipids produced by *Pseudomonas aeruginosa* grown on n-paraffin. J Antibiotics 24: 855-859

Itoh S & Suzuki T (1972) Effect of rhamnolipids on growth of *Pseudomonas aeruginosa* mutant deficient in n-paraffin-utilizing ability. Agr Biol Chem 36: 2233-2235

Itoh S & Suzuki T (1974) Fructose-lipids of *Arthrobacter, Corynebacteria, Nocardia* and *Mycobacteria* grown on fructose. Agr Biol Chem 38: 1443-1449

Itoh H & Kamiyawa Y (1995) Synthesis of alkyl ß-mannosides from mannobiose by *Aspergillus niger* ß-mannosidase. J Ferment Bioeng 80: 510-512

Jain DK, Lee H & Trevors JT (1992) Effect of addition of *Pseudomonas aeruginosa* UG2 inocula or biosurfactants on biodegradation of selected hydrocarbons in soil. J Ind Microbiol 10: 87-93

Janssen AEM, Klabbers C, Franssen MCR & Van't Reed K (1991) Enzymatic synthesis of carbohydrate esters in 2-pyrrolidone. Enzyme Microb Technol 13: 565-572

Jarvis FG & Johnson MJ (1949) A glyco-lipide produced by *Pseudomonas aeruginosa*. J Am Chem Soc 71: 4124-4126

Jenny K, Käppeli O & Fiechter A (1991) Biosurfactants from *Bacillus licheniformis*: structural analysis and characterization. Appl Microbiol Biotechnol 36: 5-13

Jenny K, Deltrieu V & Käppeli O (1993) Lipopeptide Production by *Bacillus licheniformis*. In: Kosaric N (ed) Biosurfactants. In: Surfactant Science Series Vol 48: 135-156, Dekker, New York, Basel, Hong Kong

Johnson V, Singh M, Saini VS, Adhikari DK, Sista V & Yadav NK (1992) Bioemulsifier production by an oleaginous yeast *Rhodotorula glutinis* IIP-30. Biotechnol Lett 14: 487-490

Jones DF (1967) Novel macrocyclic glycolipids from *Torulopsis gropengiesseri*. J Chem Soc (C): 479-484

Jones DF (1968) Microbial oxidation of long-chain aliphatic compounds. Part II. Branched-chain alkanes. J Chem Soc (C): 2809-2815

Jones DF & Howe R (1968a) Microbial oxidation of long-chain aliphatic compounds. Part I. Alkanes and alk-1-enes. J Chem Soc (C): 2801-2808

Jones DF & Howe R (1968b) Microbial oxidation of long-chain aliphatic compounds. Part III. 1-Halogenoalkanes, 1-cyanohexadecane, and 1-alkoxyalkanes. J Chem Soc (C): 2816-2821

Jung S, Coulon D, Girardin M & Ghoul M (1998) Structure and surface-active property determinations of fructose monooleates. J Surfactants Detergents 1: 53-57

Kakinuma A, Hori M, Sugino H, Yoshida I, Isono M, Tamura G & Arima K (1969) Determination of the location of lactone ring in surfactin. Agr Biol Chem 33: 1523-1524

Kamada T, Gama Y, Nakahara H, Kamata T & Ishigami Y (1988) Characteristics of synthetic homologues of corynomycolic acids as microbial biosurfactant. In: Proceedings of the 19th World Congress of the International Society for Fat Research (pp. 768-774)

Kamisango K-I, Saadat S, Dell A & Ballou CE (1985) Pyruvylated glycolipids from *Mycobacterium smegmatis*. Nature and location of the lipid components. J Biol Chem 260: 4117-4121

Käppeli O & Fiechter A (1976) The mode of interaction between the substrate and cell surface of the hydrocarbon-utilizing yeast *Candida tropicalis* . Biotechnol Bioeng 18: 967-974

Käppeli O & Fiechter A (1977) Component from the cell surface of the hydrocarbon-utilizing yeast *Candida tropcalis* with possible relation to hydrocarbon transport. J Bacteriol 131: 917-921

Käppeli O, Mueller M & Fiechter A (1978) Chemical and structural alterations at the cell surface of *Candida tropicalis*, induced by hydrocarbon substrate. J Bacteriol 133: 952-958

Käppeli O, Walther P, Mueller M & Fiechter A (1984) Structure of the cell surface of the yeast *Candida tropicalis* and its relation to hydrocarbon transport. Arch Microbiol 138: 279-282

Kato A & Arima K (1971) Inhibitory effect of sucrose ester of lauric acid on the growth of *Escherichia coli*. Biochem Biophys Commun 42: 596-601

Kawashima H, Nakahara T, Oogaki M & Tabuchi T (1983) Extracellular production of a mannosylerythritol lipid by a mutant of *Candida* sp. from n-alkanes and triacylglycerols. J Ferment Technol 61: 143-149

Kesting W, Tummuscheit M, Schacht H & Schollmeyer E (1996) Ecological washing of textiles with microbial surfactants. Pogr Colloid Polym Sci 101: 125-130

Khaled N, Montet D, Pina M & Graille J (1991) Fructose oleate synthesis in a fixed catalyst bed reactor. Biotechnol Lett 13: 167-172

Khire JM & Khan Ml (1994) Microbially enhanced oil recovery (MEOR). Part 1. Importance and mechanism of MEOR. Enzyme Microb Technol 16: 170-172

Kim JE, Han JJ, Rhee JS (1998) Effect of salt hydrate pair on lipase-catalyzed regioselective Monoacylation of sucrose. Biotechnol Bioeng 57: 121-125

Kim J-S (1988) Bildung von anionischen Trehalose-2,2′,3,4-tetraestern durch *Rhodococcus erythropolis* DSM 43215 auf n-Alkanen verschiedener Kettenlänge. Dissertation TU Braunschweig

Kim J-S, Powalla M, Lang S, Wagner F, Lünsdorf H & Wray V (1990) Microbial glycolipid production under nitrogen limitation and resting cell conditions. J Biotechnol 13: 257-266

Kim H-S, Yoon B-D, Lee C-H, Suh H-H, Oh H-M, Katsuragi T & Tani Y (1997a) Production and properties of a lipopeptide biosurfactant from *Bacillus subtilis* C9. J Ferment Bioeng 84: 41-46

Kim P, Oh D-K, Kim S-Y & Kim J-H (1997b) Relationship between emulsifying activity and carbohydrate backbone structure of emulsan from *Acinetobacter calcoaceticus* RAG-1. Biotechnol Lett 19: 457-459

Kim S-Y, Oh D-K & Kim J-H (1997c) Biological modification of hydrophobic group in *Acinetobacter calcoaceticus* RAG-1 emulsan. J Ferment Bioeng 84: 162-164

Kim S-Y, Oh D-K, Lee KH & Kim J-H (1997d) Effect of soybean oil and glucose on sophorose lipid fermentation by *Torulopsis bombicola* in continuous culture. Appl Microbiol Biotechnol 48: 23-26

Kirchner G, Scollar MP & Klibanov AM (1985) Resolution of racemic mixtures via lipase catalysis in organic solvents. J Am Chem Soc 107: 7072-7076

Kirk O, Björkling F, Godtfredsen SE & Larsen TO (1992) Fatty acid specificity in lipase-catalyzed synthesis of glucoside esters. Biocatalysis 6: 127-134

Kirk O, Pedersen FD & Fuglsang CC (1998) Preparation and properties of a new type of carbohydrate-based cationic surfactant. J Surfactants Detergents 1: 37-40

Kitagawa M, Fan H, Raku T, Shibatani Sh, Maekawa Y, Hiraguri Y, Kurane R & Tokiwa Y (1999) Selective enzymatic preparation of vinyl sugar esters using DMSO as a denaturing co-solvent. Biotechnol Lett 21: 355-359

Kitagawa M & Tokiwa Y (1998) Synthesis of polymerizable sugar ester prossessing long spacer catalyzed by lipase from Alcaligenes sp. and its chemical polymerization. Biotechnol Lett 20: 627-630

Kitamoto D, Akiba S, Hioki C & Tabuchi T (1990a) Extracellular accumulation of mannosylerythritol lipids by a strain of *Candida antarctica*. Agr Biol Chem 54: 31-36

Kitamoto D, Haneishi K, Nakahara T & Tabuchi T (1990b) Production of mannosylerythritol lipids by *Candida antarctica* from vegetable oils. Agr Biol Chem 54: 37-40

Kitamoto D, Fuzihiro T, Yanagishita H, Nakane T & Nakahara T (1992a) Production of mannosylerythritol lipids as resting cells of *Candida antarctica*. Biotechnol Lett 14: 305-310

Kitamoto D, Takashi N, Noriko N, Tadaatsu N & Takeshi T (1992b) Intracellular accumulation of mannosylerythritol lipids as storage materials by *Candida antarctica*. Appl Microbiol Biotechnol 36: 768-772

Kitamoto D, Nemoto T, Yanagishita H, Nakane T, Kitamoto H & Nakahara T (1993a) Fatty-acid metabolism of mannosylerythritol lipids as biosurfactants produced by *Candida antarctica*. J Jpn Oil Chem Soc (Yukagaku) 42: 346-358

Kitamoto D, Yanagishita H, Shinbo T, Nakane T, Kamisawa C & Nakahara T (1993b) Surface active properties and antimicrobial activities of mannosylerythritol lipids as biosurfactants produced by *Candida antarctica*. J Biotechnol 29: 91-96

Kitamoto D, Yanagishita H, Haraya K & Kitamoto HK (1995) Effect of cerulenin on the production of mannosylerythritol lipids as biosurfactants by *Candida antarctica*. Biotechnol Lett 17: 25-30

Kitamoto D, Ghosh S, Ourisson G & Nakatani Y (2000) Formation of giant vesicles from diacylmannosylerythritols, and their binding to concanavalin A. Chem Commun 2000: 861-862

Kizawa H, Miyazaki J-I, Yokota A, Kanegae Y, Miyagawa K-I & Sugiyama Y (1995) Trehalose production by a strain of *Micrococcus varians*. Biosc Biotech Biochem 59: 1522-1527

Klein J & Wagner F (1987) Different strategies to optimize the production phase of immobilized cells. Annals of the New York Academy of Sciences 501: 306-316

Klekner V, Kosaric N & Zhou QH (1991) Sophorose lipids produced from sucrose. Biotechnol Lett 13: 345-348

Klekner V & Kosaric N (1993) Biosurfactants for cosmetics. In: Kosaric N (ed) Biosurfactants. In: Surfactant Science Series Vol 48 (pp 373-389), Dekker, New York, Basel, Hong Kong

Kleppe F (1992) Untersuchungen zur biokatalytischen Acylierung von Zuckern und Fettalkoholen. Dissertation TU Braunschweig

Knoche HW & Shively JM (1972) The structure of an ornithine-containing lipid from *Thiobacillus thiooxidans*. J Biolog Chem 247: 170-178

König S, Quitzsch K, König B, Hommel R, Haferburg D & Kleber H-P (1993) Physicochemical investigations in systems of composition biosurfactant/sodium dodecyl sulfate/water around the critical micelle concentration. Colloids Surf, B, 1: 33-41

Kobayashi T, Ito S & Okamoto K (1987) Production of mannosylerythritol by *Candida* sp. KSM-1529. Agr Biol Chem 51: 1715-1716

Kobayashi K, Komeda T, Miura Y, Kettoku M & Kato M (1997) Production of trehalose from starch by novel trehalose-producing enzymes from *Sulfolobus solfataricus* KM1. J Ferment Bioeng 83: 296-298

Koch AK, Käppeli O, Fiechter A & Reiser J (1991) Hydrocarbon assimilation and biosurfactant production in *Pseudomonas aeruginosa* mutants. J Bacteriol 173: 4212-4219.

Kohring B, Baier R, Niehaus K, Pühler A & Flaschel E (1996) Kultivierung, Aufreinigung und Charakterisierung von Glykolipidderivaten: Fermentative Gewinnung von Nodulationsfaktoren mit dem Bodenbakterium *Rhizobium meliloti*. In: Kreysa G (ed) 14. DECHEMA-Jahrestagung der Biotechnologen, Kurzfassungen, Vol 1 (p 16), Schmitt, Frankfurt/Main

Kohring B, Niehaus K, Pühler A & Flaschel E (1997) Produktion von Bodenbakterien der Gattung *Rhizobium* im Pilot-Maßstab und Gewinnung ihrer Glykolipide. In: Kreysa G & Wagemann K (eds) 15. DECHEMA-Jahrestagung der Biotechnologen, Kurzfassungen, (pp 540-542), Schmitt, Frankfurt/Main

Kosaric N, Gray NCC & Cairns WL (1983) Microbial emulsifiers and de-emulsifiers. In: Rehm HJ, Reed G & Dellweg H (eds) Biotechnology, Vol 3 (pp 575-592), VCH, Weinheim, Deerfield Beach, Basel

Kosaric N, Cairns WL & Gray NCC (1987) Microbial de-emulsifiers. In: Kosaric N, Cairns WL & Gray NCC (eds) Biosurfactants and Biotechnology. In: Surfactants Science Series, Vol 25: 247-321, Marcel Dekker, New York, Basel

Kosaric N, Choi HY & Blaszczyk R (1990) Biosurfactant Production from *Nocardia* SFC-D. Tenside Surf Det 27: 294-297

Kosaric N (1992) Biosurfactants in industry. Pure & Appl Chem 64: 1731-1737

Kosaric N & Lu G (1992) Removal of chlorinated aromatics in presence of sophorose biosurfactants. In: Preprints (DECHEMA, VAAM, Hrsg.), Soil decontamination using biological processes (pp. 44-51), Schön & Wetzel GmbH, Frankfurt a. M.

Kosaric N (1996) Biosurfactants. In: Rehm HJ, Reed G, Pühler A & Stadler P (eds) Biotechnology, Vol 6: 659-717, VCH Weinheim, New York, Basel, Cambridge, Tokyo

Kosswig K (1993) Herstellung, Eigenschaften und Verwendung von Tensiden. In: Kosswig K & Stache H (eds) Die Tenside (pp 115-177), Hanser, München, Wien

Kretschmer, A, Lang S, Marwede G, Ristau E & Wagner F (1981) Formation of surface active glycolipids by n-alkane utilizing microorganisms. In: Vezina C & Singh K (eds) Advances in Biotechnology, Vol 1: 475-479, Pergamon, Canada

Kretschmer A, Bock H & Wagner F (1982) Chemical and physical characterization of interfacial-active lipids from *Rhodococcus erythropolis* grown on n-alkanes. Appl Environ Microbiol 44: 864-870

Kretschmer A & Wagner F (1983) Characterization of biosynthetic intermediates of trehalose dicorynomycolates from *Rhodococcus erythropolis* grown on n-alkanes. Biochim Biophys Acta 753: 306-313

Krivobok S, Guiraud P, Seigle-Murandi F & Steiman R (1994) Production and toxicity assessment of sophorosides from *Torulopsis bombicola*. J Agric Food Chem 42: 1247-1250

Künstler K (1993) Humantoxikologie der Tenside. In: Kosswig K & Stache H (eds) Die Tenside (pp 483-500), Hanser, München, Wien

Ku MA & Hang YD (1995) Enzymatic synthesis of esters in organic medium with lipase from *byssochlamys fulva*. Biotechnol Lett 17: 1081-1084

Kurosawa T, Sakai K, Nakahara T, Oshima Y & Tabuchi T (1994) Extracellular accumulation of the polyol lipids, 3,5-dihydroxydecanoyl and 5-hydroxy-2-decenoyl esters of arabitol and mannitol, by *Aureobasidium* sp. Biosci Biotech Biochem 58: 2057-2060

Kurane R, Hatamochi K, Kakuno T, Kiyohara M, Kawaguchi K, Mizuno Y, Hirano M & Taniguchi Y (1994) Purification and characterization of lipid bioflocculant produced by *Rhodococcus erythropolis*. Biosci Biotech Biochem 58: 1977-1982

Kurane R, Hatamochi K, Kakuno T, Kiyohara M, Tajima T, Hirano M & Taniguchi Y (1995) Chemical structure of lipid bioflocculant produced by *Rhodococcus erythropolis*. Biosci Biotech Biochem 59: 1652-1656

Lang S, Gilbon A, Syldatk C & Wagner F (1984) Comparison of interfacial active properties of glycolipids from microorganisms. In: Mittal KL & Lindman B (eds) Surfactants in Solution, Vol 2: 1365-1376, Plenum Publishing Corporation, New York

Lang S, Frautz B, Henke GA, Kim JS, Syldatk C & Wagner F (1986) Production and biological activity of biosurfactants. Biol Chem Hoppe Seyler 367: 212 (Supplement 17th FEBS Meeting Berlin, 1986)

Lang S & Wagner F (1987) Structure and properties of biosurfactants. In: Kosaric N, Cairns WL & Gray NCC (eds) Biosurfactants and Biotechnology. In: Surfactants Science Series, Vol 25: 21-45, Marcel Dekker, New York, Basel

Lang S, Katsiwela E & Wagner F (1989) Antimicrobial effects of biosurfactants. Fat Sci Technol 91: 363-366

Lang S, Multzsch R, Passeri A, Schmeichel A, Steffen B, Wagner F, Hamann D & Cammenga HK (1991) Unusual wax esters and glycolipids: biocatalytical formation and physico-chemical characterization. Acta Biotechnol 4: 379-386

Lang S & Wagner F (1993a) Bioconversion of oils and sugars to glycolipids. In: Kosaric N (ed) Biosurfactants. In: Surfactant Science Series Vol 48: 205-227, Marcel Dekker, New York, Basel, Hong Kong

Lang S & Wagner F (1993b) Biological activities of biosurfactants. In: Kosaric N (ed) Biosurfactants. In: Surfactant Science Series Vol 48: 251-268, Marcel Dekker, New York, Basel, Hong Kong

Lang S & Wagner F (1993c) Biosurfactants from marine microorganisms. In: Kosaric N (ed) Biosurfactants. In: Surfactant Science Series Vol 48: 391-417, Marcel Dekker, New York, Basel, Hong Kong

Lang S & Wagner F (1995) Mikrobielle und enzymatische Synthese von Biotensiden auf der Basis nachwachsender Rohstoffe. Fat Sci Technol 97: 69-77

Lang S, Brakemeier A, Rau U, Spöckner S & Wagner F (1996a) Oberflächenaktive Sophoroselipide von *Candida bombicola*. In: Hefe und Hefeprodukte, Tagungsband, Hrsg. Versuchsanstalt der Hefeindustrie e.V. (pp 115-122)

Lang S, Brakemeier A, Rau U & Wagner F (1996b) Biotechnological production of interfacial active glycolipids. In: Oils - Fats - Lipids, Proceedings of the 21st Congress of the ISF, The Hague, Vol 1: 53-54, PJ Barnes & Associates, Bridgwater, England

Lang S, Brakemeier A, Schlotterbeck A & Wagner F (1996c) Biotechnological synthesis of surface-active glycolipids. Euro Cosmetics 4: 41-45

Lang S, Brakemeier A, Seiffert-Störiko A & Wullbrandt D (1997a) Neuartige Sophoroselipide, Verfahren zu deren Herstellung und Verwendung. Deutsches Patent / Anmeldung 197 49 413.7 (Hoechst AG, Frankfurt) Anmeldung: 7.11.1997, Offenlegung: 12. 05. 1999

Lang S, Spöckner S, Rasch D, Schlotterbeck A & Rau U (1997b) Biokonversion von Pflanzenölen zu Tensiden. In: Chemie nachwachsender Rohstoffe, Tagungsband, Hrsg. Österr. Bundesministerium für Umwelt, Jugend und Familie (pp 107-112), Radinger, Scheibbs

Lang S (1999) Production of microbial glycolipids. In: Bucke C (ed) Carbohydrate Biotechnology. In: Walker JM (ed) Methods in Biotechnology, pp. 103-118, Humana Press, Totowa, New Jersey

Lang S & Philp J (1998) Surface-active lipids in *rhodococci*. Antonie van Leeuwenhoek 74: 59-70

Lang S, Rau U, Rasch D, Spöckner S & Vollbrecht E (1998a) Mikrobielle Gewinnung von oberflächenaktiven Glykolipiden auf der Basis pflanzlicher Öle und Kohlenhydrate. In: Biokonversion nachwachsender Rohstoffe, Tagungsband, in: Schriftenreihe Nachwachsende Rohstoffe, Band 10: 154-163, Hrsg. Fachagentur Nachwachsende Rohstoffe e.V. (Gülzow), LV-Druck, Landwirtschaftsverlag GmbH, Münster

Lang S, Vollbrecht E, Schlotterbeck A, Zellmer D, Park S-H, Boger A & Fischer L (1998b) Bakterielle und enzymatische Konversion nachwachsender Rohstoffe zu Tensiden und Untersuchung ihrer Eigenschaften. In: BML-Forschungsverbundprojekt „Chemische Nutzung heimischer Pflanzenöle 1", Tagungsband, Hrsg. Fachagentur Nachwachsende Rohstoffe e.V., im Druck

Lang S & Fischer L (1999) Microbial and enzymatic production of biosurfactants. I n: Design and selection of performance surfactants (Karsa DR; ed.); in: Annual Surfactants Review (Karsa DR, Bognolo G, Callaghan IC, Harwell JH & Tsushima R; eds.), Vol. 2: 51-103   Sheffield, UK: Sheffield Academic Press

Lang S & Wullbrandt, D (1999) Rhamnose lipids - biosynthesis, microbial production and application potential. Appl Microbiol Biotechnol 51: 22-32

Leclerc C, Lamensans A, Chedid L, Draper JC, Petit JF, Wietzerbin J & Lederer E (1976) Nonspecific immunoprevention of L1210 leukemia by cord factor (6,6'-dimycolate of trehalose) administered in a metabolizable oil. Cancer Immunol Immunother 1: 227-232

Lee KH & Kim JH (1993) Distribution of substrates carbon in sophorose lipid production by *Torulopsis bombicola*. Biotechnol Lett 15: 263-266

Lehmler C, Steinberg G, Snetselaar KM, Kahmann R & Bölker M (1997) Identification of a motor protein required for filamentous growth in *Ustilago maydis*. EMBO J 16: 3464-3473

Leman J (1997) Oleaginous microorganisms: an assessment of the potential. Adv Appl Microbiol 43: 195-243

Lemieux RU, Thorn JA, Brice C & Haskins RH (1951) Biochemistry of the ustilaginales, II. Isolation and partial characterization of ustilagic acid. Can J Chem 29: 409-414

Lemieux RU (1951) The biochemistry of the ustilaginales, III. The degradation products and proof of the chemical heterogeneity of ustilagic acid. Can J Chem 29: 415-425

Lemieux RU & Giguere J (1951) Biochemistry of the ustilaginales, IV. The configurations of some β-hydroxyacids and the bioreduction of β-ketoacids. Can J Chem 29: 678-690

Lemieux RU & Charanduk R (1951) Biochemistry of the ustilaginales, VI. The acyl groups of ustilagic acid. Can J Chem 29: 759-766

Lemieux RU (1953) Biochemistry of the ustilaginales, VIII. The structures and configurations of the ustilic acids. Can J Chem 31: 396-417

Lemieux RU, Thorn JA & Bauer HF (1953) Biochemistry of the ustilaginales, IX. The β-D-cellobioside units of the ustilagic acid. Can J Chem 31: 1054-1059

Li ZY, Lang S, Wagner F, Witte L & Wray V (1984) Formation and identification of interfacial-active glycolipids from resting microbial cells of *Arthrobacter* sp. and potential use in tertiary oil recovery. Appl Environ Microbiol 48: 610-617

Lin S-C, Carswell KS, Sharma MM & Georgiou G (1994a) Continuous production of the lipopeptide biosurfactant of *Bacillus licheniformis* JF-2. Appl Microbiol Biotechnol 41: 281-285

Lin S-C, Minton MA, Sharma MM & Georgiou G (1994b) Structural and immunological characterization of a biosurfactant produced by *Bacillus licheniformis* JF-2. Appl Environ Microbiol 60: 31-38

Lin S-C (1996) Biosurfactants: recent advances. J Chem Tech Biotechnol 66: 109-120

Linhardt RJ, Bakhit R, Daniels L, Mayerl F & Pickenhagen W (1989) Microbially produced rhamnolipid as a source of rhamnose. Biotechnol Bioeng 33: 365-368

Liu Z, Jacobson AM & Luthy RG (1995) Biodegradation of naphthalene in aqueous nonionic surfactant systems. Appl Environ Microbiol 61: 145-151

Ljunger G, Adlercreutz P & Mattiasson B (1994) Lipase catalyzed acylation of glucose. Biotechnol Lett 16: 1167-1172

Ljunger G, Adlercreutz P & Mattiasson B (1994) Enzymatic synthesis of octyl-β-glucoside in octanol at controlled water activity. Enzyme Microb Technol 16: 751-755

Lockhoff O (1991) Glycolipide als Immunmodulatoren - Synthesen und Eigenschaften. Angew Chem 103: 1639-1649

Lottermoser K, Schunck W-H & Asperger O (1996) Cytochromes P450 of the sophorose lipid-producing yeast *Candida apicola*: Heterogeneity and polymerase chain reaction-mediated cloning of two genes. Yeast 12: 565-575

MacElwee CG, Lee H & Trevors JT (1990) Production of extracellular emulsifying agent by *Pseudomonas aeruginosa* UG1. J Ind Microbiol 5: 25-32

Makkar RS & Cameotra SS (1997) Biosurfactant production by a thermophilic *Bacillus subtilis* strain. J Ind Microbiol Biotechnol 18: 37-42

Makkar RS & Cameotra SS (1998) Production of biosurfactant at mesophilic and thermophilic conditions by a strain of *Bacillus subtilis*. J Ind Microbiol Biotechnol 20: 48-52

Manresa MA, Bastida J, Mercadé ME, Robert M, de Andrés J, Espuny MJ & Guinea J (1991) Kinetic studies on surfactant production by *Pseudomonas aeruginosa* 44T1. J Ind Microbiol 8: 133-136

Marek M, Novotna Z, Jary J & Kocikova V (1989) Enzyme preparation of benzyl β-D Glucopyranoside. Biocatalysis 2: 239-243

Margaritis A, Zajic JE & Gerson DF (1979) Production and surface-active properties of microbial surfactants. Biotechnol Bioeng 21: 1151-1162

Marin M, Pedregosa A & Laborda F (1996) Emulsifier production and microscopial study of emulsions and biofilms formed by the hydocarbon-utilizing bacteria *Acinetobacter calcoaceticus* MM5. Appl Microbiol Biotechnol 44: 660-667

Markham KR & Campos M (1996) 7- and 8-*O*-methylherbacetin-3-*O*-sophorosides from bee pollens and some structure/activity observations. Phytochem 43: 763-767

Martin M, Bosch P, Parra J L, Espuny MJ & Virgili A (1991) Structure and bioconversion of trehalose lipids. Carbohydr Res 220: 93-100

Maruta K, Nakada T, Kubota M, Chaen H, Sugimoto T, Kurimoto M & Tsujisaka Y (1995) Formation of trehalose from maltooligosaccharides by a novel enzymatic system. Biosci Biotech Biochem 59: 1829-1834

Matsufuji M, Nakata K & Yoshimoto A (1997) High production of rhamnolipids by *Pseudomonas aeruginosa* growing on ethanol. Biotechnol Lett 19: 1213-1215

Matsumura Sh, Kinta Y, Sakiyama K & Toshima K (1996) Enzymatic synthesis of alkyl xylobioside and xyloside from xylan and alcohol. Biotechnol Lett 18: 1335-1340

Matsumura Sh, Yao E & Toshima K (1999) One-step preparation of alkyl β-D-glucosaminide by the transglycosylation of chitosan and alcohol using purified exo-β-D-glucosaminidase. Biotechnol Lett 21: 451-456

Matsumura Sh, Yao E, Sakiyama K & Toshima K (1999) Novel direct preparation of n-Butyl 2-amino-2-deoxy-β-D-glucopyranoside from chitosan and n-butanol using bio-catalyst. Chemistry Lett 1999: 373-374

Matsumura D, Nakamura T, Yao E & Toshima K (1999) Biocatalytic one-step synthesis of n-octyl β-D-Xylotrioside and Xylobioside from Xylan and n-Octanol in supercritical dioxide. Chemistry Lett 581-582

Matsuyama T, Fujita M & Yano I (1985) Wetting agent produced by *Serratia marcescens*. FEMS Microbiol Lett 28: 125-129

Matsuyama T, Murakami T, Fujita M, Fujita S & Yano I (1986) Extracellular vesicle formation and biosurfactant production by *Serratia marcescens*. J Gen Microbiol 132: 865-875

Matsuyama T, Sogawa M & Yano I (1987) Direct colony thin-layer chromatography and rapid characterization of *Serratia marcescens* mutants defective in production of wetting agents. Appl Environ Microbiol 53: 1186-1188

Matsuyama T, Sogawa M & Nakagawa Y (1989) Fractal spreading growth of *Serratia marcescens* which produces surface active exolipids. FEMS Microbiol Lett 61: 243-246

Matsuyama T, Kaneda K, Ishizuka I, Toida T & Yano I (1990) Surface-active novel glycolipid and linked 3-hydroxy fatty acids produced by *Serratia rubidaea*. J Bacteriol 172: 3015-3022

Matsuyama T & Nakagawa Y (1996) Surface-active exolipids: analysis of absolute chemical structures and biological functions. J Microbiol Methods 25: 165-175

McCaffrey WC & Cooper DG (1995) Sophorolipids production by *Candida bombicola* using self-cycling fermentation. J Ferment Bioeng 79: 145-151

McCLure CD & Schiller NL (1992) Effects of Pseudomonas *aeruginosa* rhamnolipids on human monocyte-derived macrophages. J Leukocyte Biol 51: 97-102

Mercadé ME, Robert M, Espuny MJ, Bosch MP, Manresa MA, Parra JL & Guinea J (1988) New surfactant isolated from *Pseudomonas* 42A2. J Am Oil Chem Soc 65: 1915-1916

Mercadé ME & Manresa MA (1994) The use of agroindustrial by-products for biosurfactant production. J Am Oil Chem Soc 71: 61-64

Miyazaki J-I, Miyagawa K-I & Sugiyama Y (1996) Trehalose accumulation by a basidiomycotinous yeast, *Filobasidium floriforme*. J Ferment Bioeng 81: 315-319

Morin A, Duchiron F & Monsan PF (1987) Production and recovery of rhamnose-containing polysaccharides from *Acinetobacter calcoaceticus*. J Biotechnol 6: 293-306

Mueller JG, Resnick SM, Shelton ME & Pritchard PH (1992) Effect of inoculation on the biodegradation of weathered Prudhoe Bay crude oil. J Ind Microbiol 10: 95-102

Mukai K, Tabuchi A, Nakada T, Shibuya T, Chaen H, Fukuda S, Kurimoto M & Tsujisaka Y (1997) Production of trehalose from starch by thermostable enzymes from *Sulfolobus acidocaldarius*. Starch/Stärke 49: 26-30

Mukesh D, Sheth D, Mokashi A, Wagh J, Tilak JM, Banerji AA & Thakkar KR (1993) Lipase catalysed esterification of isosorbide and sorbitol. Biotechnol Lett 15: 1243-1246

Müller-Hurtig R, Matulovic U, Feige I & Wagner F (1987) Comparison of the formation of rhamnolipids with free and immobilized cells of *Pseudomonas* spec. DSM 2874 with glycerol as C-substrate. In: Neijssel OM, van der Meer RR & Luyben KCAM (eds) Proc. 4th European Congress on Biotechnology, Vol 2: 257-260, Elsevier Science Publishers B.V., Amsterdam

Müller-Hurtig R, Wagner F, Blaszczyk R & Kosaric N (1993) Biosurfactants for environmental control. In: Kosaric N (ed) Biosurfactants. In: Surfactant Science Series Vol 48: 251-268, Dekker, New York, Basel, Hong Kong

Mulligan CN, Cooper DG & Neufeld RJ (1984) Selection of microbes producing biosurfactants in media without hydrocarbons. J Ferment Technol 62: 311-314

Mulligan CN, Chow TY-K & Gibbs BF (1989a) Enhanced biosurfactant production by a mutant *Bacillus subtilis* strain. Appl Microbiol Biotechnol 31: 486-489

Mulligan CN & Gibbs BF (1989b) Correlation of nitrogen metabolism with biosurfactant production by *Pseudomonas aeruginosa*. Appl Environ Microbiol 55: 3016-3019

Mulligan CN, Mahmourides G & Gibbs BF (1989c) Biosurfactant production by a chloramphenicol tolerant strain of *Pseudomonas aeruginosa*. J Biotechnol 12: 37-44

Mulligan CN, Mahmourides G & Gibbs BF (1989d) The influence of phosphate metabolism on biosurfactant production by *Pseudomonas aeruginosa*. J Biotechnol 12: 199-210

Münstermann B, Poremba K, Lang S & Wagner F (1992) Studies on environmental compatibility: influence of (bio)surfactants on marine microbial and enzymatic systems. In: Soil decontamination using biological processes, Preprints, DECHEMA, VAAM (pp 414-420), Schön & Wetzel GmbH, Frankfurt am Main

Murakami N, Imamura H, Sakakibara J & Yamada N (1990) Seven new monogalactosyl diacylglycerols isolated from the axenic cyanobacterium *Phormidium tenue*. Chem Pharm Bull 38: 3497-3499

Murakami N, Morimoto T, Imamura H, Ueda T, Nagai S, Sakakibara J & Yamada N (1991) Studies on glycolipids. III. Glyceroglycolipids from an axenically cultured cyanobacterium, *Phormidium tenue*. Chem Pharm Bull 39: 2277-2281

Muriel JM, Bruque JM, Olías JM & Jiménez-Sánchez (1996) Production of biosurfactants by *Cladosporium resinae*. Biotechnol Lett 18: 235-240

Mutua LN & Akoh CC (1993) Synthesis of alkyl glycoside fatty acid esters in non-aqueous media by *Candida* sp. lipase. J Am Oil Chem Soc 70: 43-46

Nakagawa Y & Matsuyama T (1993) Chromatographic determination of optical configuration of 3-hydroxy fatty acids composing microbial surfactants. FEMS Microbiol Lett 108: 99-102

Nakagawa Y, Kishida K, Kodani Y & Matsuyama T (1997) Optical configuration analysis of hydroxy fatty acids in bacterial lipids by chiral column high-performance liquid chromatography. Microbiol Immunol 41: 27-32

Nakayama S, Takahashi S, Hirai M & Shoda M (1997) Isolation of new variants of surfactin by a recombinant *Bacillus subtilis*. Appl Microbiol Biotechnol 48: 80-82

Navon-Venezia S, Zosim Z, Gottlieb A, Legmann R, Carmeli S, Ron EZ & Rosenberg E (1995) Alasan, a new bioemulsifier from *Acinetobacter radioresistens*. Appl Environ Microbiol 61: 3240-3244

Neu TR, Härtner T & Poralla K (1990) Surface active properties of viscosin: a peptidolipid antibiotic. Appl Microbiol Biotechnol 32: 518-520

Neu TR (1996) Significance of bacterial surface-active compounds in interaction of bacteria with interfaces. Microbiol Rev 60: 151-166

Nickel D, Rybinski W v, Kutschmann E-M, Stubenrauch C & Findenegg GH (1996) The importance of the emulsifying and dispersing capacity of alkyl polyglycosides for applications in detergent and cleaning agents. Fett/Lipid 98: 363-369

Nickel D, Förster T & Rybinski W v (1997) Physicochemical properties of alkyl polyglycosides. In: Hill K, Rybinski W v & Stoll G (eds) Alkyl Polyglycosides (pp 39-69), VCH, Weinheim, New York, Basel, Cambridge, Tokyo

Nielsen T H, Christophersen C, Anthoni U & Soerensen J (1999) Viscosinamide, a new cyclic depsipeptide with surfactant and antifungal properties produced by *Pseudomonas fluorescens* DR 54. J Appl Microbiol 86: 80-90

Niepel T, Meyer H, Wray V & Abraham W-R (1997) A new type of glycolipid, 1-[α-manno-pyranosyl-(1α-3)-(6-*O*-acyl-α-mannopyranosyl)]-3-*O*-acylglycerol, from *Arthrobacter atrocyaneus*. Tetrahedron 53: 3593-3602

Oberbremer A & Müller-Hurtig R (1989) Aerobic stepwise hydrocarbon degradation and formation of biosurfactants by an original soil population in a stirred reactor. Appl Microbiol Biotechnol 31: 582-586

Oberbremer A, Müller-Hurtig R & Wagner F (1990) Effect of the addition of microbial surfactants on hydrocarbon degradation in a soil population in a stirred reactor. Appl Microbiol Biotechnol 32: 485-489

Ochsner UA, Koch AK, Fiechter A & Reiser J (1994a) Isolation and characterization of a regulatory gene affecting rhamnolipid biosurfactant synthesis in *Pseudomonas aeruginosa*. J Bacteriol 176: 2044-2054

Ochsner UA, Fiechter A & Reiser J (1994b) Isolation, characterization and expression in *Escherichia coli* of the *Pseudomonas aeruginosa rlhAB* genes encoding a rhamnosyltransferase involved in rhamnolipid biosurfactant synthesis. J Biol Chem 269: 19787-19795

Ochsner UA & Reiser J (1995) Autoinducer-mediated regulation of rhamnolipid biosurfactant synthesis in *Pseudomonas aeruginosa*. Proc Natl Acad Sci 92: 6424-6428

Ochsner UA, Reiser J, Fiechter A & Witholt B (1995) Production of *Pseudomonas aeruginosa* rhamnolipd biosurfactants in heterologous hosts. Appl Environ Microbiol 61: 3503-3506

Ochsner UA, Hembach T & Fiechter A (1996) Production of rhamnolipid biosurfactants. In: Fiechter A (ed) Advances in biochemical engineering biotechnology, Vol 53: 89-118, Springer-Verlag, Berlin, Heidelberg, New York

Oguntimein G, Erdmann H & Schmid RD (1993) Lipase catalysed synthesis of sugar ester in organic solvents. Biotechnol Lett 15: 175-180

Ohno A, Ano T & Shoda M (1992) Production of a lipopeptide antibiotic surfactin with recombinant *Bacillus subtilis* . Biotechnol Lett 14: 1165-1168

Ohno A, Ano T & Shoda M (1995) Effect of temperature on production of lipopeptide antibiotics, iturin A and surfactin by a dual producer, *Bacillus subtilis* RB14, in solid-state fermentation. J Ferment Bioeng 80: 517-519

Ohno A, Ano T & Shoda M (1996) Use of soybean curd residue, okara, for the solid state substrate in the production of a lipopeptide antibiotic, iturin A, by *Bacillus subtilis* NB22. Process Biochem 31: 801-806

Ohtsubo Y, Furukawa M, Imagawa T, Sugimoto N, Ikutoh M, Nakatsugi S, Katoh Y, Shinka S & Dohi Y (1991) Growth inhibition of tumour cells by a liposome-encapsulated, mycolic acid-containing glycolipid, trehalose 2,3,6'-trimycolate. Immunology 74: 497-503

Ortalo-Magné A, Lemassu A, Lanéelle M-A, Bardou F, Silve G, Gounon P, Marchal G & Daffé M (1996) Identification of surface-exposed lipids on the cell envelopes of *Mycobacterium tuberculosis* and other mycobacterial species. J Bacteriol 178: 456-461

Osman M, Ishigami Y, Someya J & Jensen HB (1996) The bioconversion of ethanol to biosurfactants and dye by a novel coproduction technique. J Am Oil Chem Soc 73: 851-856

Otto RT, Bornscheuer UT, Syldatk C & Schmid RD (!998a) Lipase-catalyzed synthesis of arylaliphatic esters of ß-D(+)-glucose, n-alkyl- and arylglucosides and characterization of their surfactant properties. J Biotechnol 64: 231-237

Otto RT, Bornscheuer UT, Scheib H, Pleiss J, Syldatk Ch & Schmid RD (1998b) Lipase-catalyzed esterification of unusual substrates: Synthesis of glucuronic acid and ascorbic acid (vitamin C) esters. Biotechnol Lett 20: 1091-1094

Otto RT, Bornscheuer UT, Syldatk Ch & Schmid RD (1998c) Synthesis of aromatic n-alkyl-glucoside esters in a coupled β-glucosidase and lipase reaction. Biotechnol Lett 20:, 437-440

Otto RT, Scheib H, Bornscheuer UT, Syldatk C & Schmid RD (2000) Substrate specificity of lipase B from *Candida antarctica* in the synthesis of arylaliphatic glycolipids. J Mol Catal B: Enzymatic 8: 201-211

Panza L, Luisetti M, Crociati E & Riva S (1993) Selective acylation of 4,6-*O*-benzylidene glyco-pyranosides by enzymatic catalysis. J Carbohydr Chem 12: 125-130

Parra JL, Guinea J, Manresa MA, Robert M, Mercadé ME, Comelles F & Bosch MP (1989) Chemical characterization and physicochemical behavior of biosurfactants. J Am Oil Chem Soc 66: 141-145

Parra JL, Pastor J, Comelles F, Manresa MA & Bosch MP (1990) Studies of biosurfactants obtained from olive oil. Tenside Surf Det 27: 302-306

Passeri A (1991) Marine Biotenside: Untersuchungen zur Strukturaufklärung eines Trehaloselipidtetraesters und zur Biosynthese eines Glucoselipids. Dissertation TU Braunschweig

Passeri A, Lang S, Wagner F & Wray V (1991a) Marine biosurfactants, II. Production and characterization of an anionic trehalose tetraester from the marine bacterium *Arthrobacter* sp. EK1. Z Naturforsch 46 c: 204-209

Passeri A, Schmidt M, Lang S, Wagner F, Wray V & Gunkel W (1991b) Formation of glycolipids by n-alkanes utilizing marine bacteria. Kieler Meeresforsch, Sonderheft 8: 331-334

Passeri A, Schmidt M, Haffner T, Wray V, Lang S & Wagner F (1992) Marine biosurfactants, IV. Production, characterization and biosynthesis of an anionic glucose lipid from the marine bacterial strain MM1. Appl Microbiol Biotechnol 37: 281-286

Patel RM & Desai AJ (1997a) Biosurfactant production by *Pseudomonas aeruginosa* GS3 from molasses. Lett Appl Microbiol 25: 91-94

Patel RM & Desai AJ (1997b) Surface-active properties of rhamnolipids from *Pseudomonas aeruginosa* GS3. J Basic Microbiol 37: 281-286

Persson A, Österberg E & Dostalek M (1988) Biosurfactant production by *Pseudomonas fluorescens* 378: growth and product characteristics. Appl Microbiol Biotechnol 29: 1-4

Peypoux F, Guinand M, Michel G, Delcambe L, Das BC & Lederer E (1978) Structure of iturin A, a peptidolipid antibiotic from *Bacillus subtilis*. Biochem 17: 3992-3996

Peypoux F & Michel G (1992) Controlled biosynthesis of Val[7]- and Leu[7]-surfactins. Appl Microbiol Biotechnol 36: 515-517

Peypoux F, Bonmatin J M & Wallach J (1999) Recent trends in the biochemistry of surfactin. Appl Microbiol Biotechnol 51: 553-563

Phale PS, Savithri HS, Rao NA & Vaidyanathan CS (1995) Production of biosurfactant "Biosur-Pm" by *Pseudomonas maltophila* CSV89: characterization and role in hydrocarbon uptake. Arch Microbiol 163: 424-431

Plou FJ, Cruces MA, Bernabe M, Martin-Lomas M, Parra JL & Ballesteros A (1995) Enzymatic synthesis of partially acylated sucroses. Annals New York Academy of Sciences 750: 332-337

Plou FJ, Cruces MA, Pastor E, Ferrer M, Bernabe M & Ballesterose A (1999) Acylation of sucrose with vinyl esters using immobilized hydrolases: demonstration that chemical catalysis may interfere with enzymatic catalysis. Biotechnol Lett 21: 635-639

Polat T, Bazin HG & Linhardt RJ (1997) Enzyme catalyzed regioselective synthesis of sucrose fatty acid surfactants. J Carbohydr Chem 16: 1319-1325

Poremba K, Gunkel W, Lang S & Wagner F (1989) Mikrobieller Ölabbau im Meer. Biologie in unserer Zeit 19: 145-148

Poremba K (1990) Wirkung von Biotensiden auf marine Mikroorganismen. Dissertation TU Braunschweig

Poremba K, Gunkel W, Lang S & Wagner F (1991a) Microbiotests with marine organisms for studying the toxic potential of biosurfactants and synthetic surfactants. Kieler Meeresforsch, Sonderheft 8: 327-330

Poremba K, Gunkel W, Lang S & Wagner F (1991b) Marine biosurfactants, III. Toxicity testing with marine microorganisms. Z Naturforsch 46 c: 210-216

Poremba K, Gunkel W, Lang S & Wagner F (1991c) Toxicity testing of synthetic and biogenic surfactants on marine microorganisms. Environ Toxicol Water Qual 6: 157-163

Portmann M-O & Birch G (1995) Sweet taste and solution properties of α,α-trehalose. J Sci Food Agric 69: 275-281

Powalla M, Lang S & Wray V (1989) Penta- and disaccharide lipid formation by *Nocardia corynebacteroides* grown on n-alkanes. Appl Microbiol Biotechnol 31: 473-479

Powalla M (1990) Mikrobielle Bildung und Charakterisierung grenzflächenaktiver Penta- und Disaccharidlipide aus *Nocardia corynebacteroides*. Dissertation TU Braunschweig

Providenti MA, Flemming CA, Lee H & Trevors JT (1995) Effect of addition of rhamnolipid biosurfactants or rhamnolipid-producing *Pseudomonas aeruginosa* on phenanthrene mineralization in soil slurries. FEMS Microbiol Ecol 17: 15-26

Pruthi V & Cameotra SS (1997a) Production of a biosurfactant exhibiting excellent emulsification and surface active properties by *Serratia marcescens*. World J Microbiol Biotechnol 13: 133-135

Pruthi V & Cameotra SS (1997b) Short communication: Production and properties of a biosurfactant synthesized by *Arthrobacter protophormiae* - an antarctic strain. World J Microbiol Biotechnol 13: 137-139

Pruthi V & Cameotra SS (1997c) Rapid identification of biosurfactant-producing bacterial strains using a cell surface hydrophobicity technique. Biotechnol Tech 11: 671-674

Puzo G, Tissié G, Aurelle H, Lacave C & Promé J-C (1979) Occurence of 3-oxo-acyl groups in the 6,6'-diesters of α-D-trehalose. Eur J Biochem 98: 99-105

Quémard A, Lanéelle M-A, Marrakchi H, Promé D, Dubnau E & Daffé M (1997) Structure of a hydroxymycolic acid potentially involved in the synthesis of oxygenated mycolic acids of the *Mycobacterium tuberculosis* complex. Eur J Biochem 250: 758-763

Raiders RA, Knapp RM & McInerney MJ (1989) Microbial selective plugging and enhanced oil recovery. J Ind Microbiol 4: 215-230

Ramana KV & Karanth NG (1989a) Production of biosurfactants by the resting cells of *Pseudomonas aeruginosa* CFTR-6. Biotechnol Lett 11: 437-442

Ramana KV & Karanth NG (1989b) Factors affecting biosurfactants production using *Pseudomonas aeruginosa* CFTR-6 under submerged conditions. J Chem Technol Biotechnol 45: 249-257

Ramsay BA, Cooper DG, Margaritis A & Zajic J E (1983) Rhodochrous bacteria: biosurfactant production and demulsifying ability. In: Zajic J E, Cooper D G, Jack T R & Kosaric N (eds) Microbial enhanced oil recovery (pp 61-65), PennWell Books, Tulsa, Oklahoma

Ramsay B, McCarthy J, Guerra-Santos L, Kappeli O, Fiechter A & Margaritis A (1988) Biosurfactant production and diauxic growth of *Rhodococcus aurantiacus* when using n-alkanes as the carbon source. Can J Microbiol 34: 1209-1212

Rapp P, Bock H, Wray V & Wagner F (1979) Formation, isolation and characterization of trehalose dimycolates from *Rhodococcus erythropolis* grown on n-alkanes. J Gen Microbiol 115: 491-503

Ratledge C (1997) Microbial lipids. In: Rehm HJ, Reed G, Pühler A & Stadler P (eds) Biotechnology, Vol 7: 133-197, VCH Weinheim

Rau U, Carette A, Manzke C, Fiehler K, Schwartze J & Wagner F (1995) Produktion und Aufarbeitung von Glykolipiden. In: Verfahren und Verfahrensschritte zur biotechnischen Produktion von Wertstoffen, DECHEMA-GVC-Tagungsband, Irsee, Vortrag 8, 4 S.

Rau U, Manzke C & Wagner F (1996) Influence of substrate supply on the production of sophorose lipids by *Candida bombicola* ATCC 22214. Biotechnol Lett 18: 149-154

Rau U, Spöckner S, Fiehler K & Lang S (1997) Mikrobielle Tenside aus Pflanzenölen. In: Nachwachsende Rohstoffe - Perspektiven für die Chemie, Tagungsband, (pp 218-222), Hrsg. Deutsches Bundesministerium für Ernährung, Landwirtschaft und Forsten, Köllen Druck, Bonn

Rau U, Fiehler K, Rasch D, Spöckner S & Lang S (1998) Produktion und Charakterisierung von eukaryotischen Glykolipiden. In: BML-Forschungsverbundprojekt „Chemische Nutzung heimischer Pflanzenöle 1", Tagungsband, Hrsg. Fachagentur Nachwachsende Rohstoffe e.V., im Druck

Rau U, Hammen S, Heckmann R, Wray V & Lang S (2001) Sophorolipids: a source for novel compounds. Ind Crops Prod 13: 85-92

Read RC, Roberts P, Munro N, Rutman A, Hastie A, Shyrock T, Hall R, McDonald-Gibson W, Lund V & Taylor G (1992) Effect of *Pseudomonas aeruginosa* rhamnolipids on mucociliary transport and ciliary beating. J Appl Physiol 72: 2271-2277

Reed RW & Holder MA (1953) The antibacterial spectrum of ustilagic acid. Can J Med Sci 31: 505-511

Reiling HE, Thanei-Wyss U, Guerra-Santos LH, Hirt R, Käppeli O & Fiechter A (1986) Pilot plant production of rhamnolipid biosurfactant by *Pseudomonas aeruginosa*. Appl Environ Microbiol 51: 985-989

Reiser J, Koch AK, Ochsner UA & Fiechter A (1993) Genetics of surface-active compounds. In: Kosaric N (ed) Biosurfactants. In: Surfactant Science Series Vol 48: 231-249, Dekker, New York, Basel, Hong Kong

Rendell NB, Taylor GW, Somerville M, Todd H, Wilson R & Cole J (1990) Characterization of *Pseudomonas* rhamnolipids. Biochim Biophys Acta 1045: 189-193

Rich JO, Bedell BA & Dordick JS (1995) Controlling enzyme-catalyzed regioselectivity in sugar ester synthesis. Biotechnol Bioeng 45: 426-434

Rilke O, Baum A, Weiss J, Hommel R & Kleber H-P (1992) Kinetics of enzymatic lysis, formation and regeneration of protoplasts of *Candida (Torulopsis) apicola*. World J Microbiol Biotechnol 8: 14-20

Ristau E (1983) Mikrobielle Produktion von grenzflächenaktiven Trehaloselipiden aus n-Alkanen; Strukturaufklärung eines anionischen Trehalosetetraesters. Dissertation TU Braunschweig

Ristau E & Wagner F (1983) Formation of novel anionic trehalosetetraesters from *Rhodococcus erythropolis* under growth limiting conditions. Biotechnol Lett 5: 95-100

Robert M, Mercadé ME, Bosch MP, Parra JL, Espuny MJ, Manresa MA & Guinea J (1989) Effect of the carbon source on biosurfactant production by *Pseudomonas aeruginosa* 44T1. Biotechnol Lett 11: 871-874

Rosenberg E, Zuckerberg A, Rubinovitz C & Gutnick DL (1979) Emulsifier of *Arthrobacter* RAG-1: Isolation and emulsifying properties. Appl Environ Microbiol 37: 402-408

Rosenberg E, Rubinovitz C, Gottlieb A, Rosenhak S & Ron EZ (1988a) Production of biodispersan by *Acinetobacter calcoaceticus* A2. Appl Environ Microbiol 54: 317-322

Rosenberg E, Rubinovitz C, Legmann R & Ron EZ (1988b) Purification and properties of *Acinetobacter calcoaceticus* A2 biodispersan. Appl Environ Microbiol 54: 323-326

Rosenberg E (1993) Microbial diversity as a source of useful biopolymers. J Ind Microbiol 11: 131-137

Rosenberg E, Ron EZ (1999) High- and low-molecular-mass microbial surfactants. Appl Microbiol Biotechnol 52: 154-162

Rouse JD, Sabatini DA, Suflita JM & Harwell JH (1994) Influence of surfactants on microbial degradation of organic compounds. Crit Rev Environ Sci Technol 24: 325-370

Roxburgh JM, Spencer JFT & Sallans HR (1954) Submerged culture fermentation, Factors affecting the production of ustilagic acid by *Ustilago zeae*. Agricultural and Food Chemistry 2: 1121-1124

Rybinski von W. & Hill K (1998) Alkylpolyglycoside – Eigenschaften und Anwendungen einer neuen Tensidklasse. Angew Chem 110: 1394-1412

Saadat S & Ballou C (1983) Pyruvylated glycolipids from *Mycobacterium smegmatis*. Structures of two oligosaccharide components. J Biol Chem 258: 1813-1818

Saito N, Lu TS, Yokoi M, Shigihara A & Honda T (1993) An acylated cyanidin 3-sophoroside-5-glucoside in the violet-blue flowers of *Pharbitis nil*. Phytochem 33: 245-247

Sarney DB, Kappeler H, Fregapane G & Vulfson EN (1994) Chemo-enzymatic synthesis of di-saccharide fatty acid esters. J Am Oil Chem Soc 71: 711-714

Sarney DB, Barnard MJ, Virto M & Vulfson EN (1997) Enzymatic synthesis of sorbitan esters using a low-boiling-point azeotrope as a reaction solvent. John Wiley & Sons, Inc., 351-356

Scheckermann C, Schlotterbeck A, Schmidt M, Wray V & Lang S (1995) Enzymatic monoacylation of fructose by two procedures. Enzyme Microb Technol 17: 157-162

Scheibenbogen K, Zytner RG, Lee H & Trevors JT (1994) Enhanced removal of selected hydrocarbons from soil by *Pseudomonas aeruginosa* UG2 biosurfactants and some chemical surfactants. J Chem Tech Biotechnol 59: 53-59

Schenk T, Schuphan I & Schmidt B (1995) High-performance liquid chromatographic determination of the rhamnolipids produced by *Pseudomonas aeruginosa*. J Chromatogr A 693: 7-13

Schlotterbeck A, Lang S, Wray V & Wagner F (1993) Lipase-catalyzed monoacylation of fructose. Biotechnol Lett 15: 61-64

Schmeichel A (1989) Bildung und Charakterisierung von Zuckercorynomycolaten mit *Corynebacterium* spezies M9b. Dissertation TU Braunschweig

Schmeichel A, Lang S & Wagner F (1989) Transesterification of carbohydrate-corynomycolates by *Corynebacterium* sp. In: DECHEMA Biotechnology Conferences 3 (pp 267-270), VCH, Weinheim

Schmidt M, Lang S & Wagner F (1988) Influence of Mn^{2+}-ions on growth and surfactin formation of *Bacillus subtilis*. In: DECHEMA Biotechnology Conferences Vol 1: 333-337, VCH, Weinheim

Schmidt M, Passeri A, Schulz D, Lang S, Wagner F, Poremba K, Gunkel W & Wray V (1989) Formation of biosurfactants by oil degradating marine microorgansims. In: DECHEMA Biotechnology Conferences Vol 3: 811-814, VCH, Weinheim

Schmidt M (1990) Bildung und Strukturermittlung eines neuen Glukoselipides und Charakterisierung des Produzenten als marines Bakterium der Gattung *Alcaligenes* sp. MM1. Dissertation TU Braunschweig

Schöberl P (1993) Biologischer Tensid-Abbau. In: Kosswig K & Stache H (eds) Die Tenside (pp 409-464), Hanser, München, Wien

Schöberl P & Scholz N (1993) Aquatische Toxizität von Tensiden. In: Kosswig K & Stache H (eds) Die Tenside (pp 465-482), Hanser, München, Wien

Schulz D, Passeri A, Schmidt M, Lang S, Wagner F, Wray V & Gunkel W (1991a) Marine biosurfactants, I. Screening for biosurfactants among crude oil degrading marine microorganisms from the North Sea. Z Naturforsch 46 c: 197-203

Schulz D, Passeri A, Schmidt M, Lang S, Wagner F, Wray V, Poremba K & Gunkel W (1991b) Screening for biosurfactants among crude oil degrading marine microorganisms. Kieler Meeresforsch, Sonderheft 8: 322-326

Schulz D (1992) Strukturaufklärung und Charakterisierung von Biotensiden des marinen Bakteriums *Arthrobacter* sp. SI1 und der marinen Hefe NS/JR 1. Dissertation TU Braunschweig

Seay T & Lueking DR (1986) Purification and properties of acyl coenzyme A thioesterase II from *Rhodopseudomonas sphaeroides*. Biochemistry 25: 2480-2485

Serrat JM, Caminal G, Gòdia F, Solà C & López-Santin J (1995) Production and purification of rhamnose from microbial polysaccharide produced by *Klebsiella* sp. I-714. Bioprocess Engineering 12: 287-291

Shabtai Y & Wang DIC (1990) Production of emulsan in a fermentation process using soybean oil (SBO) in a carbon-nitrogen coordinated feed. Biotechnol Bioeng 35: 753-765

Shennan JL & Levi JD (1987) In situ microbial enhanced oil recovery. In: Kosaric N, Cairns WL & Gray NCC (eds) Biosurfactants and Biotechnology. In: Surfactants Science Series, Vol 25: 163-181, Dekker, New York, Basel

Shepherd R, Rockey J, Sutherland IW & Roller S (1995) Novel bioemulsifiers from microorganisms for use in foods. J Biotechnol 40: 207-217

Sheppard JD & Mulligan CN (1987) The production of surfactin by *Bacillus subtilis* grown on peat hydrolysate. Appl Microbiol Biotechnol 27: 110-116

Sheppard JD, Jumarie C, Cooper DG & Laprade R (1991) Ionic channels induced by surfactin in planar lipid bilayer membranes. Biochim Biophys Acta 1064: 13-23

Shi YP, Li JY & Li ZY (1997) A sophorose lipid from microbial conversion of oleyl alcohol. Chin Chem Lett 8: 417-418

Shibatani Sh, Kitagawa M, Tokiwa Y (1997) Enzymatic synthesis of vinyl sugar ester in dimethylformamide. Biotechnol Lett 19: 511-514

Shinoyama H, Kamiyama Y, Yasui T (1988) Enzymatic synthesis of alkyl β-xylosides from xylobiose by application of the transxylosyl reaction of *aspergillus niger* β-xylosidase. Agric Biol Chem 52: 2197-2212

Shinoyama H, Gama Y, Nakahara H, Ishigami Y & Yasui T (1991) Surface active properties of heptyl β-D-xyloside synthesized by utilizing the transxylosyl activity of β-xylosidase. Bull Chem Soc Jpn 64: 291-292

Shinoyama H, Takei K, Ando A, Fujii T, Sasaki M, Doi Y & Yasui T (1991) Enzymatic synthesis of useful alkyl β-glucosides. Agric Biol Chem 55: 1679-1681

Shirahashi H, Murakami N, Watanabe M, Nagatsu A, Sakakibara J, Tokuda H, Nishino H & Iwashima A (1993) Isolation and identification of anti-tumor-promoting principles from the fresh-water cyanobacterium *Phormidium tenue*. Chem Pharm Bull 41: 1664-1666

Shoham Y & Rosenberg E (1983) Enzymatic depolymerisation of emulsan. J Bacteriol 156: 161-167

Shoham Y, Rosenberg M & Rosenberg E (1983) Bacterial degradation of emulsan. Appl Environ Microbiol 46: 573-579

Shulga AN, Karpenko EV, Eliseev SA & Turovsky AA (1993) The method for determination of anionogenic bacterial surface-active peptidolipids. Microbiol J 55: 85-88

Siegmund I & Wagner F (1991) New method for detecting rhamnolipids excreted by *Pseudomonas* species during growth on mineral agar. Biotechnol Techn 5: 265-268

Siemann M & Wagner F (1993) Prospects and limits for the production of biosurfactants using immobilized biocatalysts. In: Kosaric N (ed) Biosurfactants. In: Surfactant Science Series Vol 48: 99-133, Dekker, New York, Basel, Hong Kong

Sim L, Ward OP & Li Z-Y (1997) Production and characterisation of a biosurfactant isolated from *Pseudomonas aeruginosa* UW-1. J Ind Microbiol Biotechnol 19: 232-238

Singer VME & Finnerty WR (1990) Physiology of biosurfactant synthesis by *Rhodococcus* species H13-A. Can J Microbiol 36: 741-745

Singer VME, Finnerty WR & Tunelid A (1990) Physical and chemical properties of a biosurfactant synthesized by *Rhodococcus* species H13-A. Can J Microbiol 36: 746-750

Singh M & Desai JD (1988) Hydrocarbon emulsifying activity of bacterial strains: potential of *Arthrobacter paraffineus*. Curr Sci 57: 1307-1308

Smith S, Mikkelsen J, Witkowski A & Libertini LJ (1986) Thioesterase II: structure-function relationships. Biochem Soc Trans 14: 583-584

Soeder CJ, Papaderos A, Kleespies M, Kneifel H, Haegel F-H & Webb L (1996) Influence of phytogenic surfactants (quilla saponin and soya lecithin) on bioelimination of phenanthrene and fluoranthene by three bacteria. Appl Microbiol Biotechnol 44: 654-659

Soedjak HS & Spradlin JE (1994) Enzymatic transesterification of sugars in anhydrous pyridine. Biocatalysis 11: 241-248

Sosa-Morales ME, Guevara-Lara F, Martínez-Juárez VM & Paredes-López O (1997) Production of indole-3-acetic acid by mutant strains of *Ustilago maydis* (maize smut/huitlacoche). Appl Microbiol Biotechnol 48: 726-729

Spellig T, Bottin A & Kahmann R (1996) Green fluorescent protein (GFP) as a new vital marker in the phytopathogenic fungus *Ustilago maydis*. Mol Gen Genet 252: 503-509

Spencer JFT, Gorin PAJ & Tulloch AP (1970) *Torulopsis bombicola* sp. n. Antonie van Leeuwenhoek 36: 129-133

Spencer JFT, Spencer DM & Tulloch AP (1979) Extracellular glycolipids of yeasts. In: Rose AH (ed) Economic Microbiology, Vol 3: 523-540, Academic Press, London

Spöckner S (1994) Funktionalisierung eines mikrobiellen Sophoroselipides. Diplomarbeit TU Braunschweig

Spöckner S & Lang S (1998) Glycolipide von *Ustilago maydis* auf der Basis heimischer Pflanzenöle. In: Biokonversion nachwachsender Rohstoffe, Tagungsband, in: Schriftenreihe Nachwachsende Rohstoffe, Band 10: 225-230, Hrsg. Fachagentur Nachwachsende Rohstoffe e.V. (Gülzow), LV-Druck, Landwirtschaftsverlag GmbH, Münster

Spöckner S, Wray V, Nimtz M & Lang S (1999) Glycolipids of the smut fungus *Ustilago maydis* from cultivation on renewable resources. Appl Microbiol Biotechnol 51: 33-39

Stamatis H, Sereti V & Kolisis FN (1998) Studies on the enzymatic synthesis of sugar esters in organic medium and supercritical carbon dioxide. Chem Biochem Eng 12: 151-156

Stanghellini ME & Miller RM (1997) Biosurfactants - Their identity and potential efficacy in the biological control of zoosporic plant pathogens. Plant Disease 81: 4-12

Stanislavsky ES & Lam JS (1997) *Pseudomonas aeruginosa* antigens as potential vaccines. FEMS Microbiol Rev 21: 243-277

Steber J, Guhl W, Stelter N & Schröder FR (1997) Ecological evaluation of alkyl polyglycosides. In: Hill K, Rybinski W v & Stoll G (eds) Alkyl Polyglycosides (pp 177-190), VCH, Weinheim, New York, Basel, Cambridge, Tokyo

Stüwer O, Hommel R, Haferburg D & Kleber H-P (1987) Production of crystalline surface-active glycolipids by a strain of *Torulopsis apicola*. J Biotechnol 6: 259-269

Suzuki T, Tanaka K, Matsubara I & Kinoshita S (1969) Trehalose lipid and α-branched-β-hydroxy fatty acid formed by bacteria grown on n-alkanes. Agr Biol Chem 33: 1619-1627

Suzuki T & Itoh S (1972) Verfahren zur biotechnischen Herstellung rhamnosehaltiger Glycolipide. Deutsches Patent 2 150 375 (Kyowa Hakko Kogyo Co. Ltd, Tokio) Anmeldung: 14. 10. 1970, Offenlegung: 20. 04. 1972

Suzuki T, Tanaka H & Itoh S (1974) Sucrose lipids of *Arthrobacteria, Corynebacteria* and *Nocardia* grown on sucrose. Agr Biol Chem 38: 557-563

Syldatk C, Matulovic U & Wagner F (1984) Biotenside - Neue Verfahren zur mikrobiellen Herstellung grenzflächenaktiver, anionischer Glykolipide. Biotech-Forum 1: 58-66

Syldatk C, Lang S, Wagner F, Wray V & Witte L (1985a) Chemical and physical characterization of four interfacial-active rhamnolipids from *Pseudomonas* spec. DSM 2874 grown on n-alkanes. Z Naturforsch 40 c: 51-60

Syldatk C, Lang S, Matulovic U & Wagner F (1985b) Production of four interfacial active rhamnolipids from n-alkanes or glycerol by resting cells of *Pseudomonas* species DSM 2874. Z Naturforsch 40 c: 61-67

Syldatk C & Wagner F (1987) Production of biosurfactants. In: Kosaric N, Cairns WL & Gray NCC (eds) Biosurfactants and Biotechnology. In: Surfactants Science Series, Vol 25: 89-120, Dekker, New York, Basel

Syldatk C, Stoffregen A, Wuttke F & Tacke R (1988) Enantioselective reduction of acetyldimethylphenylsilane: a screening with thirty strains of microorganisms. Biotechnol Lett 10: 731-736

Tahara Y, Yamada Y & Kondo K (1975) Occurrence of phosphatidylcholine in *Gluconobacter cerinus*. Agr Biol Chem 39: 2261-2262

Tahara Y, Kameda M, Yamada Y & Kondo K (1976a) A new lipid; the ornithine and taurine-containing "Cerilipin". Agr Biol Chem 40: 243-244

Tahara Y, Yamada Y & Kondo K (1976b) A new lysine-containing lipid isolated from *Agrobacterium tumefaciens*. Agr Biol Chem 40: 1449-1450

Takaichi S, Tamura Y, Azegami K, Yamamoto Y & Ishidsu J-I (1997) Carotenoid glucoside mycolic acid esters from the nocardioform actinomycetes, *Rhodococcus rhodochrous*. Phytochem 45: 505-508

Takayama K & Armstrong EL (1976) Isolation, characterization, and function of 6-mycolyl-6′-acetyl-trehalose in the H37Ra strain of *Mycobacterium tuberculosis*. Biochem 15: 441-447

Takeshima H, Kitao C & Omura S (1977) Inhibition of the biosynthesis of leucomycin by cerulenin. J Biochem 81: 1127-1132

Tan H, Champion JT, Artiola JF, Brusseau ML & Miller RM (1994) Complexation of cadmium by a rhamnolipid biosurfactant. Environ Sci Technol 28: 2402-2406

Tanaka K & Suzuki T (1973a) Verfahren zur Herstellung von Fettsäureestern von Zuckern. Deutsches Patent 1 905 472 (Kyowa Hakko Kogyo Co. Ltd, Tokio) Anmeldung: 1. 02. 1968, Offenlegung: 1.10. 1970

Tanaka K & Suzuki T (1973b) Verfahren zur Herstellung eines $C_{20}H_{40}O_2$-Fettsäuretrehaloseesters. Deutsches Patent 1 965 972 (Kyowa Hakko Kogyo Co. Ltd, Tokio) Anmeldung: 1. 02. 1968, Offenlegung: 17. 12. 1970

Tanaka K & Suzuki T (1973c) Verfahren zur Herstellung des Trehaloseesters der einbasischen Fettsäure $C_{32}H_{64}O_2$. Deutsches Patent 1 965 975 (Kyowa Hakko Kogyo Co. Ltd, Tokio) Anmeldung: 1. 02. 1968, Offenlegung: 21. 01. 1971

Therisod M & Klibanov AM (1986) Facile enzymatic preparation of monoacylated sugars in pyridine. J Am Chem Soc 108: 5638-5640

Thibault SL, Anderson M & Frankenberger Jr WT (1996) Influence of surfactants on pyrene desorption and degradation in soils. Appl Environ Microbiol 62: 283-287

Thijsse GJE (1964) Fatty acid accumulation by acrylate inhibition in an alkane oxidizing *Pseudomonas*. Biochim Biophys Acta 84: 195-197

Thijsse GJE (1964) Fatty acid accumulation by acrylate inhibition in an alkane oxidizing *Pseudomonas*. Biochim Biophys Acta 84: 195-197

Thorn JA & Haskins RH (1951) Biochemistry of the ustilaginales, V. Factors affecting the formation of ustilagic acid by *Ustilago zeae*. Can J Botany 29: 403-410

Tomiyasu I, Yoshinaga J, Kurano F, Kato Y, Kaneda K, Imaizumi S & Yano I (1986) Occurence of a novel glycolipid, trehalose-2,3,6'-trimycolate in a psychrophilic acid-fast bacterium. FEBS Lett 203: 239-242

Trincone A, Nicolaus B, Lama L, Morzillo P, de Rosa M & Gambacorta A (1991) Enzyme-catalyzed synthesis of alkyl β-D-glycosides with crude homogenate of *sulfolobus solfataricus*. Biotechnol Lett 13: 235-240

Tsitsimpikou C, Xhirogianni K, Markopoulou O & Kolisis FN (1996) Comparison of the ability of β-glucosides from almonds and *fusarium oxysporum* to produce n-alkyl-β-glucosides in organic solvents. Biotechnol Lett 18: 387-392

Tsuzuki W, Kitamura Y, Suzuki T & Kobayashi Sh (1999) Synthesis of sugar fatty acid esters by modified lipase. John Wiley & Sons, Inc., 267-271

Tulloch AP, Spencer JFT & Gorin PAJ (1962) The fermentation of long-chain compounds by *Torulopsis magnoliae*. I. Structures of the hydroxy fatty acids obtained by the fermentation of fatty acids and hydrocarbons. Can J Chem 40: 1326-1338

Tulloch AP, Hill A & Spencer JFT (1968a) Structure and reactions of lactonic and acidic sophorosides of 17-hydroxyoctadecanoic acid. Can J Chem 46: 3337-3351

Tulloch AP, Spencer JFT & Deinema MH (1968b) A new hydroxy fatty acid sophoroside from *Candida bogoriensis*. Can J Chem 46: 345-348

Tulloch AP & Spencer JFT (1972) Formation of a long-chain alcohol ester of hydroxy fatty acid sophoroside by fermentation of fatty alcohol by a *Torulopsis* species. J Org Chem 37: 2868-2870

Uchida Y, Misawa S, Nakahara T & Tabuchi T (1989) Factors affecting the production of succinoyl trehalose lipids by *Rhodococcus erythropolis* SD-74 grown on n-alkanes. Agr Biol Chem 53: 765-769

Uchida Y, Tsuchiya R, Chino M, Hirano J & Tabuchi T (1989) Extracellular accumulation of mono- and di-succinoyl trehalose lipids by a strain of *Rhodococcus erythropolis* grown on n-alkanes. Agr Biol Chem 53: 757-763

Upasani VN, Desai SG, Moldoveanu N & Kates M (1994) Lipids of extremely halophilic archaeobacteria from saline environments in India: a novel glycolipid in *Natronobacterium* strains. Microbiology 140: 159-1966

Utaka M, Higashi H & Takeda A (1987) Asymmetric reduction of 3-oxo-octadecanoic acid with fermenting baker's yeast. An easy synthesis of optically pure (+)-(2*R*,3*R*)-corynomycolic acid. J Chem Soc Chem Commun 1987: 1368-1369

Vaara M (1992) Agents that increase the permeability of the outer membrane. Microbiol Rev 56: 395-411

Van Bernem K-H (1984) Experimentelle Untersuchungen zur Wirkung von Rohöl und Rohöl/Tensid-Gemischen im Ökosystem Wattenmeer. II. Eindringverhalten und Persistenz von Rohölkohlenwasserstoffen in Sedimenten nach experimeteller Kontamination. Senckenbergiana marit 16: 13-30

Van Bernem KH (1987a) Migrationsverhalten von Kohlenwasserstoffen im Sediment (Einfluß mikrobieller und synthetischer Tenside). UBA-Texte (Umweltbundesamt, GER) 6: 22-33

Van Bernem KH (1987b) Feldtestverfahren zum Effekt von Ölen und Tensiden im Watt. UBA-Texte (Umweltbundesamt, GER) 6: 64-74

Van der Vegt W, Van der Mei HC, Noordmans J & Busscher HJ (1991) Assessment of bacterial biosurfactant production through axisymmetric drop shape analysis by profile. Appl Microbiol Biotechnol 35: 766-770

Van Dyke MI, Couture P, Brauer M, Lee H & Trevors JT (1993a) *Pseudomonas aeruginosa* UG2 rhamnolipid biosurfactants: structural characterization and their use in removing hydrophobic compounds from soil. Can J Microbiol 39: 1071-1078

Van Dyke MI, Gulley SL, Lee H & Trevors JT (1993b) Evaluation of microbial surfactants for recovery of hydrophobic pollutants from soil. J Ind Microbiol 11: 163-170

Vic G & Crout D HG (1995) Synthesis of allyl and benzyl β-D-glucopyranosides and allyl β-D-galactopyranoside from D-glucose or D-galactose and the corresponding alcohol using almond β-D-glucosidase. Carbohydrate Research 279: 315-319

Vollbrecht E, Heckmann R, Wray V, Nimtz M & Lang S (1998) Production and structure elucidation of di- and oligosaccharide lipids (biosurfactants) from *Tsukamurella* spec. nov. J Appl Microbiol Biotechnol 50: 530-537

Vollenbroich D, Pauli G, Özel M & Vater J (1997) Antimycoplasma properties and application in cell culture of surfactin, a lipopeptide antibiotic from *Bacillus subtilis*. Appl Environ Microbiol 63: 44-49

Volpe JV & Vagelos PR (1973) Saturated fatty acid biosynthesis and its regulation. Annu Rev Biochem 42: 21-60

Vulfson E, Patel R & Law BA (1990) Alkyl-β-Glucoside synthesis in a water-organic two-phase system. Biotechnol Lett 12: 397-402

Vulfson E, Patel R, Beecher JE, Andrews AT & Law BA (1990) Glycosidases in organic solvents: I. Alkyl-β-glucoside synthesis in a water-organic two-phase system. Enzyme Microb Technol 1990 12: 950-954

Vulfson EN (1993) Enzymatic synthesis of food ingredients in low-water media. Food Sci Technol 4: 209-215

Von Rybinski W & Hill K (1998) Alkylpolyglycoside - Eigenschaften und Anwendungen einer neuen Tensidklasse. Angew Chem 110: 1394-1412

Wagner F, Rapp P, Lindörfer W, Schulz W & Gebetsberger W (1978) Verfahren zum Fluten von Erdöllagerstätten mittels Dispersionen nichtionogener grenzflächenaktiver Stoffe in Wasser. Deutsches Patent 26 46 507 (GBF, Braunschweig; Wintershall AG, Celle) Anmeldung: 15. 10. 1976, Offenlegung: 13. 04. 1978

Wagner F, Bock H & Kretschmer A (1980) Gewinnung von Tensiden mit n-Alkan-oxidierenden Mikroorganismen. In: Lafferty RM (ed) Fermentation (pp 181-192), Springer, Wien, New York

Wagner F, Behrendt U, Bock H, Kretschmer A, Lang S & Syldatk C (1983) Production and chemical characterization of surfactants from *Rhodococcus erythropolis* and *Pseudomonas* sp. MUB grown on hydrocarbons. In: Zajic JE, Cooper DG, Jack TR & Kosaric N (eds) Microbial enhanced oil recovery (pp 55-60), PennWell Books, Tulsa, Oklahoma

Wagner F, Kim J-S, Lang S, Li Z-Y, Marwede G, Matulovic U, Ristau E & Syldatk C (1984) Production of surface active anionic glycolipids by resting and immobilized microbial cells. In: Proc. 3rd European Congress on Biotechnology, Vol I: 3-8, Verlag Chemie, Weinheim

Wagner F, Ristau E, Li Z-Y, Lang S, Schulz W, Hofmann H-J, Sewe K-U & Lindörfer W (1987a) Gemische aus Trehaloselipid-2,2',3,4-tetraestern und Verfahren zu deren Herstellung. Deutsches Patent 32 48 167 C2 (Wintershall AG, Celle) Anmeldung: 27. 12. 1982, Offenlegung: 28. 06. 1984

Wagner F, Ristau E, Lang S, Hofmann H-J, Sewe K-U & Lindörfer W (1987b) Verfahren zur Herstellung von Trehaloseestern. Deutsches Patent 34 05 371 C2 (Wintershall AG, Celle) Anmeldung: 15. 02. 1984, Offenlegung: 5. 09. 1985

Wagner F & Lang S (1988) Nonionic and anionic biosurfactants: microbial production, structures and physico-chemical properties. In: Proceedings of the 2nd World Surfactants Congress (pp71-80), Paris

Wagner F & Lang S (1993) Enzymatische Reaktionen in der Oleochemie zur Herstellung von Spezialchemikalien. In: Eggersdorfer M, Warwel S & Wulff G (Hrsg) Nachwachsende Rohstoffe - Perspektiven für die Chemie (pp 109-126), VCH Weinheim, New York, Basel, Cambridge, Tokyo

Wagner F, Müller-Hurtig R, Czeschka K, Haberz A, Häusler A, Lehmann M, Bullido I & Basso B (1995) Einfluß von Starterkulturen und Tensiden auf den Ölabbau im Boden. In: BMBF-Forschungsverbundvorhaben „Verbesserung des mikrobiellen Abbaus und der Lumineszenz- analytik von Erdölprodukten im Boden", Projekt-Nr. 0310083A

Wagner F & Lang S (1996) Microbial and enzymatic synthesis of interfacial active glycolipids. In: Proceedings of the 4th World Surfactants Congress (pp 125-137), Barcelona

Wakamatsu Y, Zhao X, Jin Ch, Day N, Shibahara M, Nomura N, Nakahara T, Murata T & Yokoyama K (2001) Mannosylerythritol lipid induces characteristics of neuronal differentiation in PC 12 cells through an ERK-related signal cascade. Eur J Biochem 268: 374-383

Waldhoff H, Scherler J & Schmitt M (1998) Analyse von Alkylpolyglycosiden. Chemie in Labor und Biotechnik 49: 47-50

Wallace PA & Minnikin DE (1994) Synthesis of 4,6:2',3':4',6'-tri-*O*-cyclohexylidene-α,α'-trehalose-2-palmitate: an intermediate for the synthesis of mycobacterial 2,3-di-*O*-acyl-α,α'-trehalose antigens. Carbohydr Res 263: 43-59

Wallace PA & Minnikin DE (1996) Synthesis and structure of acyl trehaloses from *Mycobacteria*. In: Tyman JHP (ed) Synthesis in lipid chemistry (pp 119-162), The Royal Society of Chemistry, Cambridge, UK

Ward OP, Fang J & Li Z (1997) Lipase-catalyzed synthesis of a sugar ester containing arachidonic acid. Enzyme Microb Technol 20: 52-56

Wasserman HH, Keggi JJ & McKeon JE (1961) Serratamolide, a metabolic product of *Serratia*. J Am Chem Soc 83: 4107-4108

Wasserman HH, Keggi JJ & McKeon JE (1962) The structure of serratamolide. J Am Chem Soc 84: 2978-2982

Watanabe M, Aoyagi Y, Ohta A & Minnikin DE (1997) Structures of phenolic glycolipids from *Mycobacterium kansasii*. Eur J Biochem 248: 93-98

Weber L, Stach J, Haufe G, Hommel R & Kleber H-P (1990) Elucidation of the structure of an unusual cyclic glycolipid from *Torulopsis apicola*. Carbohydr Res 206: 13-19

Weber L, Döge C, Haufe G, Hommel R & Kleber H-P (1992) Oxygenation of hexadecane in the biosynthesis of cyclic glycolipids in *Torulopsis apicola*. Biocatalysis 5: 267-272

Wicke C, Hüners M, Wray V, Nimtz M, Bilitewski U & Lang S (2000) Production and Structure Elucidation of Glycerolipids from a Marine Sponge-Associated *Microbacterium* Species. J Nat Prod 63: 621-626

Wilkinson SG (1972) Composition and structure of the ornithine-containing lipid from *Pseudomonas rubescens*. Biochim Biophys Acta 270: 1-17

Willumsen PA & Karlson U (1997) Screening of bacteria, isolated from PAH-contaminated soils, for production of biosurfactants and bioemulsifiers. Biodegradation 7: 415-423

Wolfe DA, Hameedi MJ, Galt JA, Watabayashi G, Short J, O'Claire C, Rice S, Michel J, Payne JR, Braddock J, Hanna S & Sale D (1994) The fate of the oil spilled from the Exxon Valdez. Environ Sci Technol 28: 561 A-568 A

Woudenberg-van Oosterom M, Rantwijk Fv & Sheldon RA (1996) Regioselective Acylation of disaccharides in tert-butyl alcohol catalyzed by *Candida antarctica* lipase. Biotechnol Bioeng 49:328-333

Wullbrandt D (1998) Biotechnische Herstellung von L-Rhamnose. In: Biokonversion nachwachsender Rohstoffe, Tagungsband, in: Schriftenreihe Nachwachsende Rohstoffe, Band 10: 164-172, Hrsg. Fachagentur Nachwachsende Rohstoffe e.V. (Gülzow), LV-Druck, Landwirtschaftsverlag GmbH, Münster

Yakimov MM, Golyshin PN, Lang S, Moore ERB, Abraham W-R, Lünsdorf H & Timmis KN (1998) *Alcanivorax borkumensis* gen. nov., sp. nov., a new hydrocarbon-degrading and surfactant-producing marine bacterium. Int J Syst Bacteriol 48: 339-348

Yamaguchi M, Sato A & Yukuyama A (1976) Microbial production of sugar-lipids. Chem Ind 4: 741-742

Yan T-R & Liau J-Ch (1998) Synthesis of alkyl β-glucosides from cellobiose with *aspergillus niger* β-glucosidase II. Biotechnol Lett 20: 653-657

Yan Y, Bornscheuer UT, Cao L & Schmid RD (1999) Lipase-catalyzed solid-phase synthesis of sugar fatty acid esters, removal of byproducts by azeotropic distillation. Enzyme Microb Technol 25: 725-728

Yi Qu, Sarney DB, Khan JA & Vulfson EN (1998) A. Novel approach to Biotransformations in aqueous-organic two-phase systems: enzymatic synthesis of alkyl β-[D]-glucosides using microencapsulated β-Glucosidase. John Wiley & Sons, Inc. 385-390

Yoshida M, Nakamura N & Horikoshi K (1997) Production of trehalose from starch by maltose phosphorylase and trehalose phosphorylase from a strain of *Plesiomonas*. Starch/Stärke 49: 21-26

Zarevucka M, Vacek M, Wimmer Z & Brunet C (1999) Models for glycosidic juvenogens: enzymatic formation of selected alkyl-ß-D-glucopyranosides and alkyl-ß-galacto-pyranosides under microwave irradiation. Biotechnol Lett 21: 785-790

Zajic JE, Gignard H & Gerson DF (1977) Properties and biodegradation of a bioemulsifier from *Corynebacterium hydrocarboclastus*. Biotechnol Bioeng 19. 1303-1320

Zajic JE & Gerson DF (1978) Microbial extraction of bitumen from Athabasca oil sand. In: Strausz OP & Lown EM (eds) Oil sand and oil shale chemistry (pp 145-161), Verlag Chemie International

Zajic JE & Seffens W (1984) Biosurfactants. Critical Rev Biotechnol 1: 87-107

Zajic JE & Mahomedy AY (1984) Biosurfactants: intermediates in the biosynthesis of amphipathic molecules in microbes. In: Atlas RM (ed.) Petroleum microbiology (pp 221-297), MacMillan Publishing Company, New York

Zhang Y & Miller RM (1992) Enhanced octadecane dispersion and biodegradation by a *Pseudomonas* rhamnolipid surfactant (biosurfactant). Appl Environ Microbiol 58: 3276-3282

Zhang Y & Miller RM (1994) Effect of *Pseudomonas* rhamnolipid biosurfactant on cell hydrophobicity and biodegradation of octadecane. Appl Environ Microbiol 60: 2101-2106

Zhang Y & Miller RM (1995) Effect of rhamnolipid (biosurfactant) structure on solubilization and biodegradation of *n*-alkanes. Appl Environ Microbiol 61: 2247-2251

Zhou QH, Klekner V & Kosaric N (1992) Production of sophorose lipids by *Torulopsis bombicola* from safflower oil and glucose. J Am Oil Chem Soc 69: 89-91

Zhou QH & Kosaric N (1993) Effect of lactose and olive oil on intra- and extracellular lipids of *Torulopsis bombicola*. Biotechnol Lett 15: 477-482

Zhou QH & Kosaric N (1995) Utilization of canola oil and lactose to produce biosurfactant with *Candida bombicola*. J Am Oil Chem Soc 72: 67-71

Zinjarde S, Chinnathambi S, Lachke AH & Pant A (1997) Isolation of an emulsifier from *Yarrowia lipolytica* NCIM 3589 using a modified mini isoelectric focusing unit. Lett Appl Microbiol 24: 117-121

Zosim Z, Gutnick D & Rosenberg E (1983) Uranium binding by emulsan and emulsanosols. Biotechnol Bioeng 25: 1725-1735

Zuckerberg A, Diver A, Peeri Z, Gutnick DL & Rosenberg E (1979) Emulsifier of *Arthrobacter* RAG-1: chemical and physical properties. Appl Environ Microbiol 37: 414-420

R